"十四五"高等院校国家规划应用型专业教材

数据库原理与应用实战教程

黄玉蕾　林青　张健　主编

天津大学出版社

TIANJIN UNIVERSITY PRESS

内容简介

本书以关系型数据库 MySQL 和华为云数据库 GaussDB 为平台,讲解了关系型数据库设计、数据库原理、数据库管理操作、数据库应用系统开发等技术,并拓展介绍了云数据库 GaussDB 的实践操作和应用。

本书的核心设计理念是工作过程系统化。全书依据新一代信息技术产业岗位来设置章节和任务,以项目为载体、以任务为驱动,引导学生做中学、学中做。全书由"基础篇""提高篇""应用篇"和"拓展篇"四篇组成,以学生选课系统、企业新闻发布系统、网上商城系统的数据库分析与数据操纵贯穿全书。知识点由浅入深,由易到难,层层递进,让学生在任务的推进中理解、消化知识点并掌握数据库应用与开发技能。此外,本书内容中还融入了丰富的思政元素,培养学生执著、专注、精益求精的态度和一流的职业素养与品质。同时,本书还配备了配套的教学大纲、教学 PPT、案例数据库、习题和参考答案、教学视频、实验指导手册等。学生可以通过登录智慧树慕课平台获取本书对应的慕课视频、章节测试题、章节讨论题、期末测试题等丰富的资源。

本书内容丰富、通俗易懂、实用性强、案例完整,既可作为高等院校计算机相关专业的数据库课程的教材,也可作为广大专业技术人员的技术参考书。

图书在版编目(CIP)数据

数据库原理与应用实战教程 / 黄玉蕾 , 林青 , 张健主编 . -- 天津 : 天津大学出版社 , 2023.4(2024.7重印)
"十四五"高等院校国家规划应用型专业教材
ISBN 978-7-5618-7454-7

Ⅰ.①数… Ⅱ.①黄… ②林… ③张… Ⅲ.①关系数据库系统－高等学校－教材 Ⅳ.① TP311.132.3

中国国家版本馆 CIP 数据核字 (2023) 第 071380 号

出版发行	天津大学出版社
地　　址	天津市卫津路 92 号天津大学内(邮编:300072)
电　　话	发行部:022-27403647
网　　址	www.tjupress.com.cn
印　　刷	天津泰宇印务有限公司
经　　销	全国各地新华书店
开　　本	787mm×1092mm　1/16
印　　张	19.5
字　　数	487 千
版　　次	2023 年 4 月第 1 版
印　　次	2024 年 7 月第 2 次
定　　价	55.00 元

前　言

　　数据库技术是计算机科学技术中发展最快的技术之一，它是一项实用性很强的技术，应用范围非常广泛。随着信息时代的发展，目前数据库技术已经广泛应用于各个领域，小到一个企业的工资管理、人事管理，大到国家政府部门的电子政务系统建设等，数据库技术已经成为各个领域的核心技术和重要基础。

　　本书从数据库技术的实际应用出发，以任务驱动、案例教学为主要教学方式，旨在突出应用型本科教育的特点，注重培养学生适应信息化社会要求的数据处理能力。本书以提高学生的应用能力为目标，以实际应用案例为主线，具有实例引导、项目驱动的特点。在分析案例的基础上，本书展开介绍了数据库技术应用的具体实现过程，使学生切实感受到数据库技术在现实生活中的应用，充分激发学生的学习主动性，使其熟练掌握数据库应用的基本知识和技术，不但能提高其分析问题和解决问题的能力，还能提高其自主学习和获取计算机新知识、新技术的能力。

　　本书系统、全面地介绍了 MySQL 的实用技术，具有概念清晰、系统全面、精讲多练、实用性强和突出技能培训等特点。全书从数据库的设计开始，通过大量丰富、实用、前后衔接的数据库项目来完整地介绍 MySQL 数据库技术，让学生全面、系统地掌握 MySQL 数据库管理系统及其应用开发的相关知识，围绕学生选课系统、企业新闻发布系统、网上商城系统三个系统的实施与管理，由浅入深，以理论联系实际的方式，从具体问题分析开始，在解决问题的过程中讲解知识，培养学生的操作技能。

　　习近平总书记在党的二十大报告中指出，"培养什么人、怎样培养人、为谁培养人是教育的根本问题。育人的根本在于立德。全面贯彻党的教育方针，落实立德树人根本任务，培养德智体美劳全面发展的社会主义建设者和接班人"。数据库课程作为计算机专业的核心课程，也应落实立德树人的根本任务，故本书在每个章节中融入了思想政治教育元素，激发学生学习热情，提升学生的道德素养,为培养德智体美劳全面发展的社会主义建设者和接班人贡献力量。

本书由华为技术有限公司数据库团队专家和西安培华学院联合编写。本书为西安培华学院立项自编教材,其中第1、2、3章由黄玉蕾执笔;第4、5、6章由林青执笔;第7、8、9章由张健执笔。林青负责对全书内容进行组织和统稿。

在本书的编写过程中,华为技术有限公司数据库团队专家任洒苗、刘建岗、赵新新提供了有关GaussDB(for MySQL)和GaussDB(for openGauss)数据库管理系统的技术资料,并给予技术指导;张林燕对第9章内容进行了审阅,并提出了宝贵意见;西安培华学院韦蕊、刘丽景两位老师给予了各种支持和帮助。在此一并对他们表示感谢。

由于作者水平有限,本书难免有不足之处,敬请广大读者批评指正。

编者

2022 年 6 月

目录
Contents

基础篇

提高篇

应用篇

拓展篇

基础篇

第1章　数据库系统概述

本章学习目标

知识目标

● 了解数据库的基本概念与发展历史。

● 掌握数据库的体系结构。

● 理解数据模型的基本概念。

态度目标

● 数据库技术的应用：具备数据的价值认识和安全意识。

● 数据库行业的发展：建立"数据强国"的思想。

　　大数据时代下，数据的价值越来越高。数据库技术是管理数据的重要方法。目前，从事数据库管理的专业人员，不仅要懂得数据采集和存储管理，而且要能够正确使用数据。

　　本章主要介绍数据库的相关知识内容，包括基本概念、数据模型、数据库的发展、关系型数据库语言等。

1.1　基本概念

1.1.1　数据

　　数据是描述现实世界的事物的符号，有多种表现形式，可以是数字，也可以是文字、图形、图像、声音、语言等。在数据库中数据是描述事物的符号记录，例如在学生选课管理数据库中，学生信息的记录包括学号、姓名、性别、年龄、籍贯和联系电话等，这些信息就是数据。

　　数据可以按性质和表现形式进行分类。按性质来分，包括：定位的数据，如各种坐标数据；定性的数据，如表示事物属性的数据，如是居民区、河流、道路等；定量的数据，即反映事物数量特征的数据，如长度、面积、体积质量、速度等；定时的数据，即反映事物时间特性的数据，如年、月、日、时、分、秒等。按表现形式来分，包括：数字数据，如各种统计或量测数据；模拟数据，由连续函数组成，是指在某个区间连续变化的物理量，又可以分为图形数据（如点、线、面）、符号数据、文字数据和图像数据等，如温度的变化等。

1.1.2　数据库

数据库（Database）指长期存储在计算机内的、有组织的、可共享的数据集合。通俗地讲，数据库就是存储数据的地方，就像冰箱是存储食物的地方一样。在生活中，我们每个人都在使用数据库，当我们在电话簿里查找联系人时，就是在使用数据库；在浏览器上进行搜索时，也是在使用数据库；在登录相关网络系统时也需要依靠数据库验证自己的用户名和密码。

数据库实际上就是一个文件集合，是一个存储数据的仓库，本质上就是一个文件系统。数据库按照特定的格式把数据存储起来，用户可以对存储的数据进行增、删、改、查操作。

数据库的特点主要有以下几个。

（1）实现数据共享。

数据共享指所有用户可同时存取数据库中的数据。用户也可以用各种方式通过接口使用数据库，并提供数据共享。

（2）降低数据的冗余度。

同文件系统相比，数据库实现了数据共享，从而避免了用户各自建立应用文件。这样一来便减少了大量重复数据，降低了数据冗余度，维护了数据的一致性。

（3）实现数据的独立。

数据的独立性包括逻辑独立性（在数据库中其逻辑结构和应用程序相互独立）和物理独立性（数据的物理结构的变化不影响数据的逻辑结构）。

（4）对数据进行集中控制。

在文件系统中，数据处于一种分散的状态，不同的用户或同一用户在不同处理任务中其文件之间毫无关系。利用数据库可对数据进行集中控制和管理，并通过数据模型表示各种数据的组织以及数据间的联系。

（5）实现数据的一致性和可维护性，以确保数据的安全性和可靠性。

这一特点主要表现为：安全性控制，防止数据丢失、错误更新和越权使用；完整性控制，保证数据的正确性、有效性和相容性；并发控制，在同一时间周期内允许对数据进行多路存取，还能防止用户之间的不正常交互作用。

（6）故障恢复。

故障恢复是由数据库管理系统提供的一套方法，可及时发现故障和修复故障，从而防止数据被破坏。数据库管理系统能尽快恢复运行时出现的故障，包括物理上或是逻辑上的错误，比如对系统的误操作造成的数据错误等。

1.1.3　数据库管理系统

数据库管理系统（Database Management System，DBMS）是数据库系统的核心软件之一，是位于用户与操作系统之间的数据管理软件，用于建立、使用和维护数据库。数据库管理系统提供的功能主要包括以下几个。

（1）数据定义功能。

数据库管理系统提供数据定义语言（Data Definition Language，DDL），用户通过它可以方便地对数据库中的数据对象进行定义。

（2）数据操纵功能。

数据库管理系统还提供数据操纵语言（Data Manipulation Language，DML），用户可以使用 DML 操纵数据，实现对数据的基本操作，如查询、插入、删除和修改等。

（3）数据库的运行管理。

数据库在建立、运用和维护时由数据库管理系统统一管理、统一控制，以保证数据的安全性、完整性、多用户对数据的并发使用及发生故障后的系统恢复。例如：数据的完整性检查功能保证用户输入的数据满足相应的约束条件；数据库的安全保护功能保证只有拥有权限的用户才能访问数据库中的数据；数据库的并发控制功能可使多个用户在同一时刻并发地访问数据库中的数据；数据库管理系统的故障恢复功能可以在数据库出现故障时对其进行恢复，以保证数据库的可靠性。

（4）提供方便、有效地存取数据库信息的接口和工具。

编程人员可通过编程语言与数据库之间的接口进行数据库应用程序的开发。数据库管理员（Database Administrator，DBA）可通过数据库管理系统提供的工具对数据库进行管理。

（5）数据库的建立和维护功能。

数据库的建立和维护功能包括数据库初始数据的输入、转换功能，数据库的转储、恢复功能，数据库的重组织功能和性能监控、分析功能等。这些功能通常由一些应用程序来完成。

1.1.4 数据库系统

数据库系统（Database System，DBS）由硬件和软件共同构成。硬件主要用于存储数据库中的数据，包括计算机、存储设备等。软件主要包括数据库管理系统、支持数据库管理系统运行的操作系统以及支持多种语言进行应用开发的访问技术等。

数据库系统是指在计算机系统中引入数据库后的系统。完整的数据库系统结构如图1.1 所示。

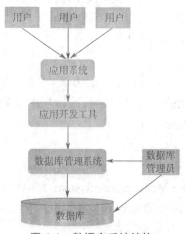

图 1.1　数据库系统结构

由图 1.1 可知，一个完整的数据库系统一般由数据库、数据库管理系统、应用开发工具、应用系统、数据库管理员和用户组成。其中：

数据库是存储数据的地方；

数据库管理系统是管理数据库的软件；

应用系统是为了提高数据库系统的处理能力所使用的管理数据库的补充软件。

设计数据库系统的目的是管理大量数据。对数据的管理包含信息存储结构的定义、信息操作机制的提供以及对所存储信息的安全性的保证。如果数据被多用户共享，系统还必须设法避免可能产生的异常结果。

【思政小贴士】

案例 1：数据要素是数字经济时代的重要资源。在保证数据安全和保护个人信息的前提下，如何最大限度地发挥数据要素价值，是数字经济领域的一场重要技术探索。数据显示，2020 年，我国数据总规模达到 3.9ZB，同比增长 29.3%，占全球数据总量的 9.3%，居全球第二位。隐私计算成为应对保证数据安全和保护个人信息这一挑战的核心技术。

案例 2：大数据是以容量大、类型多、存取速度快、应用价值高为主要特征的数据集合，正快速发展为对数量巨大、来源分散、格式多样的数据进行采集、存储和关联分析，从中发现新知识、创造新价值、产生新能力的新一代信息技术和服务业态。信息技术与经济社会的融合引发了数据的迅猛增长，数据已成为国家基础性战略资源，大数据正日益对全球生产、流通、分配、消费活动和经济运行机制、社会生活方式与国家治理能力产生重要影响。

1.2 数据模型

数据模型是一种对客观事物的抽象化的表现形式。它对客观事物加以抽象，通过计算机来反映现实世界中的具体事物。它客观反映了现实世界，易于理解，与人们对外部事物的认识相一致。数据模型是现实世界中数据特征的抽象，用于描述一组数据的概念和定义。数据模型是数据库存储数据的方式，是数据库系统的基础。

1.2.1 概念模型

数据库概念模型实际上是现实世界与信息世界之间的一个中间层次。数据库概念模型用于信息世界的建模，是现实世界到信息世界的第一层抽象，是数据库设计人员进行数据库设计的有力工具，也是数据库设计人员和用户之间进行交流的语言。数据库概念模型就是从数据的观点出发，观察系统中数据的采集、传输、处理、存储、输出等，经过分析、总结之后建立起来的一个逻辑模型，它主要用于描述系统中数据的各种状态。这个模型不关心具体的实现方式（例如如何存储）和细节，主要关心数据在系统中的各个处理阶段的状态。

现实世界中的事物都是彼此关联的，任何一个实体都不是独立存在的，因此描述实体的数据也是互相关联的。实体之间的对应关系称为联系，它反映现实世界事物之间的关联。

实体（Entity，E）是信息世界中描述客观事物的概念，它可以指人、物或抽象的概念，也可以指事物之间的联系，如一个人、一件物品、一个部门都可以是实体。

属性（Attribute）是指实体具有的某种特性，通常用来描述一个实体，如学生实体可由学号、姓名、出生日期、性别等属性来描述。

在信息世界中,事物之间的联系(Relationship,R)有两种:一种是实体内部的联系,反映在数据上是记录内部即字段间的联系;另一种是实体与实体间的联系,反映在数据上是记录间的联系。尽管实体间的联系很复杂,但经过抽象后,它们可被归结为三类:一对一联系(简记为 $1:1$)、一对多联系(简记为 $1:n$)和多对多联系(简记为 $m:n$)。

(1)一对一联系。

若一个实体型中的一个实体只与另一个实体型中的一个实体发生关系,同样另一个实体型中的一个实体只与该实体型中的一个实体发生关系,则这两个实体型之间的联系被定义为一对一联系。

例如,班级和班长之间的联系就是一对一联系。每个班级只有一个班长,每个班长只允许在一个班级内担任。

(2)一对多联系。

若一个实体型中的一个实体与另一个实体型中的任意多个实体发生关系,而另一个实体型中的一个实体至多与该实体型中的一个实体发生关系,则这两个实体型之间的联系被定义为一对多联系。

例如,班级和学生之间的联系就是一对多联系。一个班级包含多名学生,每名学生只能属于一个班级。

(3)多对多联系。

若一个实体型中的一个实体与另一个实体型中的任意多个实体发生关系,同样另一个实体型中的一个实体也与该实体型中的多个实体发生关系,则这两个实体型之间的联系被定义为多对多联系。

例如,教师与班级之间的联系就是多对多联系。每名教师允许带多个班级,每个班级允许有多名教师。

实体间的联系可用实体联系模型(E-R 模型)来表示,这种模型直接从现实世界中抽象出实体及实体间的联系。在模型设计中,首先根据分析阶段收集到的材料,利用分类、聚集、概括等方法抽象出实体,然后根据实体的属性描述其间的各种联系。实体联系模型的表示方法如图 1.2 所示。

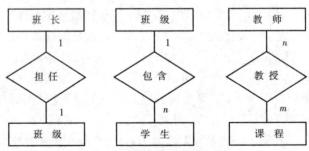

图 1.2　三种联系的实体联系模型

1.2.2 关系模型

根据关系模型建立的数据库称为关系型数据库。关系型数据库具有结构简单、数据独立性强等优点,被认为是一种很有发展前景的数据库,并已得到广泛应用。它解决了层次型数据库的横向关联不足的缺点,也避免了网状数据库关联过于复杂的问题。

1. 关系模型的结构

为了形象地描述关系模型中的各种关系,通常用一张简单的二维表格来对其进行描述,该表格分为两个不同部分:一是表题部分,它描述关系的名称以及关系中的各属性的名称;二是表格内容,它描述关系中的具体元组值,即表格中的每一行对应一个元组值,表格中的每一列对应一个属性。

学生选课系统数据库中部分"student"的关系模型如表 1-1 所示。

表 1-1　部分"student"的关系模型

学号	年龄	姓名	性别
34B5180101	17	李斯文	男
34B5180102	19	武松	男
34B5180103	19	张三	男
34B5180104	17	张秋丽	女

2. 关系模型中的基本术语

(1)关系(表文件):关系型数据库采用二维表格来存储数据,这个二维表格是一种按行与列排列的具有相关信息的逻辑组,它类似于 Excel 工作表。一个数据库可以包含任意多个表文件。

在用户看来,一个关系模型的逻辑结构是一张二维表格,由行和列组成。这个二维表格就是一个关系,通俗地说,一个关系对应一张表。

(2)元组(记录):表中的一行即为一个元组,或称为一条记录。

(3)属性(字段):表中的每一列称为一个字段或属性,表是由其包含的各种字段定义的,每个字段描述了它所含有的数据的意义,对表的设计实际上就是对字段的设计。创建表时,为每个字段分配一个数据类型,定义它们的数据长度和其他属性。字段可以包含各种字符、数字,甚至图形。

(4)属性值:行和列交叉的位置表示某个属性值,如"李斯文"就是姓名的属性值。

(5)主码:也称主键或主关键字,是表中用于唯一确定一个元组的数据。主码用来确保表中记录的唯一性,可以是一个字段或多个字段,常用作一个表的索引字段。每条记录的主码都是不同的,因而可以唯一地标识一个记录。

(6)域:属性的取值范围。

(7)关系模式:关系的描述。关系的描述一般表示为:关系名(属性 1,属性 2,…,属性 *n*)。例如表 1-1 的关系可描述为:学生(学号,年龄,姓名,性别)。

3. 与关键字相关的术语

（1）候选关键字：如果一个关系中存在多个属性或属性组合都能用来唯一标识该关系的元组，则这些属性或属性组合都称为该关系的候选关键字或候选码。

（2）主关键字：在一个关系的若干个候选关键字中被指定作为关键字的属性或属性组合称为该关系的主关键字或主码或主键。

（3）外部关键字：当关系中某个属性或属性组合虽不是该关系的关键字或只是关键字的一部分，但却是另外一个关系的关键字时，称该属性或属性组合为这个关系的外部关键字或外键。

（4）主表与子表：主表与子表是指以外部关键字相关联的两个表；以外部关键字作为主关键字的表称为主表，外部关键字所在的表称为子表。

1.3　数据库的发展

前两节主要介绍了数据库的基本理论和概念，本节主要讲解数据库系统的发展。

1.3.1　数据库的发展历程

从最早的商业计算机开始，数据处理就一直推动着计算机的发展，数据处理的自动化要早于计算机的出现。计算机的数据管理是指对数据进行的组织、分类、编写、储存、设计和维护。计算机的数据管理是现代信息科学与技术的重要组成部分，是计算机的数据处理和信息管理系统的核心。这种管理技术的发展主要经历了以下三个阶段。

1. 人工管理阶段

20 世纪 50 年代中期以前，计算机主要用于科学计算，而此时的数据无法单独存储，必须依附于计算机程序存在，伴随计算机程序的运行而运行、消失而消失。当时计算机无磁盘这类直接存储设备，数据只能通过纸张、磁带等外部存储设备进行存储；软件没有操作系统，所有数据必须交由人工进行管理。数据管理完全靠程序员手工完成，此时数据管理的效率非常低。

人工管理阶段的特点有以下几个。

（1）数据无法保存。

此阶段计算机主要用于科学计算，且不对数据进行其他操作，一般不需要长期保存数据，只是在计算某一问题时将数据批量输入，通过应用程序对数据进行处理。任务一旦被完成，这些数据和程序就会被释放。

（2）人工工作量大。

此阶段数据需要由应用程序自己进行管理，但没有相应的软件系统负责数据管理工作。这就要求程序员不仅要规定数据的逻辑结构，而且还要设计数据的物理结构，包括存储结构、存取方法和输入输出的方式等，这使得程序员工作的负担加重。

（3）数据不可共享。

一组数据只能对应一组应用程序，数据是面向应用程序的。各个应用程序的数据由各自进行组织,它们之间无法互相利用和互相参考,因而造成了应用程序与应用程序之间出现大量的冗余数据。

（4）数据不具有独立性。

数据的逻辑结构和物理结构都不具有独立性。当数据的逻辑结构或物理结构发生变化后,必须对应用程序做出相应的修改,这使得程序员设计和维护应用程序的工作负担加重。

人工管理阶段应用程序与数据之间的对应关系如图 1.3 所示。

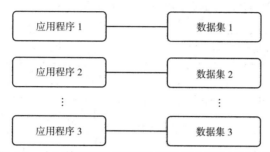

图 1.3　人工管理阶段应用程序与数据之间的对应关系

2. 文件系统阶段

20 世纪 50 年代后期到 60 年代中期,由于计算机大量使用数据,直接存取的磁盘、磁鼓等成为主要外存;在软件方面,操作系统中也有了专门的数据管理软件,人们将之称为文件系统。这时的计算机不仅适用于科学计算,还被广泛用于数据处理。

由于文件系统是在人工管理之上发展起来的,所以它具有一定的优点,但同时也存在着缺点。

1）文件系统的优点

数据可长期保存在外存当中以便使用者反复调用、修改、插入和删除等,从而方便了计算机的数据处理。

程序与数据有了一定的独立性。程序和数据被分开存储,程序被存储到对应的程序文件中,数据被存储到对应的数据文件中,在运行程序时只需用文件名即可访问数据文件,而不用关心数据在存储器上的具体位置。

2）文件系统的缺点

尽管文件系统有上述优点,但它仍存在一些缺点,主要表现在以下几个方面。

（1）数据的共享性差,冗余度高。在文件系统中,数据的建立、存取都仍依赖于应用程序,基本是一个（或一组）数据文件对应一个应用程序,即数据仍然是面向应用程序的。当不同的应用程序具有部分相同的数据时,也必须建立各自的文件,而不能共享相同的数据,因此数据的冗余度高,浪费存储空间。同时,相同数据的重复存储和分别管理,容易造成数据的不一致,给数据的修改和维护带来困难。

（2）数据的独立性不强。文件系统中的数据虽然有了一定的独立性,但是由于数据文件只存储数据,并由应用程序来确定数据的逻辑结构、设计数据的物理结构,一旦数据的逻辑结构或物理结构需要改变,应用程序也必须修改;或者由于语言环境的改变需要修改应用程序时,也将引起文件数据结构的改变。因此,数据与应用程序之间的逻辑独立性不强。另外,针对现有的数据增加一些新的应用程序也很困难,系统不容易扩充。

（3）并发访问容易产生异常。文件系统缺少对并发操作进行控制的机制,所以系统虽然允许多个用户同时访问数据,但是由于并发的更新操作相互影响,容易导致数据不一致。

（4）数据的安全控制难以实现。文件系统对数据的管理不是集中管理,在数据的结构、编码、表示格式、命名以及输出格式等方面不容易做到规范化、标准化,所以其安全性、完整性得不到可靠保证,而且文件系统难以实现对不同用户的不同访问权限的安全性约束。

文件系统阶段应用程序与数据之间的对应关系如图 1.4 所示。

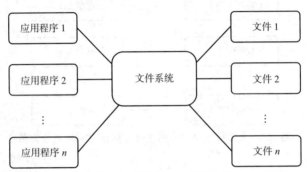

图 1.4　文件系统阶段应用程序与数据之间的对应关系

3. 数据库系统阶段

20 世纪 60 年代末,计算机管理的数据对象的规模越来越大,其应用范围也越来越广泛,随着数据量的急剧增加,对提高数据处理速度和共享数据的需求也越来越大。与此同时,磁盘技术也取得了重要进展,为数据库技术的发展提供了物质条件。人们开发出一种新的、先进的数据管理方法:将数据存储在数据库中,数据库管理软件实行统一的管理制度,用户通过数据库管理软件访问数据。数据库系统阶段应用程序与数据之间的对应关系如图 1.5 所示。

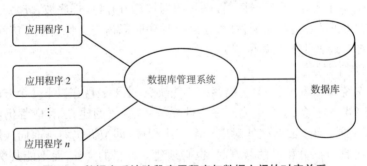

图 1.5　数据库系统阶段应用程序与数据之间的对应关系

与人工管理和文件系统相比,数据库系统具有明显的优势,主要表现在以下几个方面。

（1）数据结构化。

数据结构化是数据库系统和文件系统的本质区别。在文件系统中,相互独立的文件的记录内部是有结构的。传统文件的最简单的形式是等长同格式的记录集合。

（2）数据共享性强、冗余度低，易扩展。

数据库系统从整体的角度看待和描述数据，数据不再面向某个应用程序，而是面向整个系统，所以数据可以被多个用户、多个应用程序共享使用。数据共享可以大大降低数据冗余度，节约存储空间，也可以避免数据之间的不相容和不一致。

（3）数据独立性强。

数据独立性是数据库领域的常用术语，包括数据的物理独立性和逻辑独立性。

物理独立性是指用户的应用程序与存储在磁盘上的数据库中的数据是相互独立的。也就是说，数据由数据库管理系统管理，用户程序不需要了解，应用程序要处理的只是数据的逻辑结构，这样一来，当数据的物理存储改变时，应用程序不需要随之改变。

逻辑独立性是指用户的应用程序与数据库的逻辑结构是相互独立的，也就是说，数据的逻辑结构改变时，应用程序可以不变。

数据与程序的独立，把数据的定义从程序中分离出去，加上数据访问又由数据库管理系统负责，从而简化了应用程序，大大减少了对应用程序的维护和修改。

（4）数据由数据库管理系统统一管理和控制。

数据库的数据共享是并发的共享，即多个用户可以同时存取数据库中的数据，甚至还可以同时存取同一个数据。

1.3.2　数据库产业发展趋势

1. 从基础资源角度

数据库作为信息化的核心环节，是底层硬件基础资源与上层应用程序之间的重要支撑。根据 Statista、IDC（互联网数据中心）与 Seagate 的统计调研结果，全球数据规模将在 2035 年达到 2142ZB，然而企业运营中的数据仅有 32% 能被存储利用。海量数据的涌现和分析能力需求的提升，将使数据库存储量严重不足，未来对数据库的需求有望显著提升。

2. 从产业链角度

数据库作为信息系统中承上启下的关键节点，向下调用硬件基础资源，向上为应用程序提供重要的数据支撑，是信息化的核心节点。

3. 从国家政策角度分析

数字经济为"十四五"规划中的重点之一，数据作为新型关键生产要素，是推动数字经济发展的关键一环，同时，之前国内数据库技术长期由海外厂商主导，在国内数据库行业快速发展的背景下，国产数据库将迎来重要发展机遇。

1.4　关系型数据库语言

SQL 和基于 SQL 的关系型数据库系统是计算机工业最重要的基础技术之一。在过去 20 年里，从最初的商业应用到基于 SQL 开发出计算机产品，其在市场的贡献每年达数百亿美元，SQL 已成为当今标准的计算机数据库语言。

1.4.1　SQL 语句的分类

SQL 是结构化查询语言的英文 Structured Query Language 的缩写，是一种组织、管理和检索计算机数据库存储的数据的工具。其包含大约 40 条专用于数据库管理任务的语句，这些 SQL 语句可以被嵌入另一种语言中，如 C、C++ 或 Java 的调用级接口均能够使用数据库管理系统进行数据处理。

SQL 语句主要包括以下几类。

（1）数据定义语言（Data Definition Language，DDL）：创建、修改或删除数据库中的表、视图、索引等对象，常用命令为 create、alter 和 drop。

（2）数据查询语言（Data Query Language，DQL）：按照指定的组合、条件表达式或排序检索已存在的数据，但不改变数据库中的数据，常用命令为 select。

（3）数据操纵语言（Data Manipulation Language，DML）：向表中添加、删除、修改数据，常用命令有 insert、update 和 delete。

（4）数据控制语言（Data Control Language，DCL）：用来授予或收回访问数据库的某种特权、控制数据操纵事务的发生时间及效果、对数据库进行监视等，常用命令有 grant、revoke、commit、rollback。

【思政小贴士】

案例：SQL 发展的主要领域是 SQL 和 Java 的集成。在认识到 Java 语言和现有的关系型数据库连接的必要性后，Sun Microsystems 公司（Java 的创立者）引入了 Java Database Connectivity（Java 数据库连接，JDBC）——一个标准的 API（应用程序接口），它允许 Java 程序员使用 SQL 进行数据库访问。在该公司引入 JDBC 后，访问数据库变成了一件很容易的事情。

1.4.2　SQL 的特点

SQL 是一种简单易懂的语言，也是一个管理数据的综合工具，其主要特点如下。
（1）软件提供商的独立性。
（2）计算机系统之间的可移植性。
（3）各大公司的支持。
（4）程序化数据库访问。
（5）应用程序传送的支持。
（6）可扩展性。
（7）数据的可视化。

1.5　本章小结

在本章中，我们学到的关键知识点主要包括：①数据；②数据库；③数据库管理系统；④数据库系统；⑤概念模型；⑥关系模型；⑦ SQL 语句的分类与 SQL 的特点。

我们学习的关键技能点主要包括：①能够画出 E-R 模型图；②能够进行概念模型设计。

1.6 知识拓展

数据库有两种类型，分别是关系型数据库和非关系型数据库。关系型数据库是建立在关系模型基础上的数据库，借助于集合代数等数学概念和方法来处理数据库中的数据。简单说，关系型数据库是由多张能互相连接的表组成的数据库。常见的关系型数据库管理系统有 Oracle、DB2、PostgreSQL、Microsoft SQL Server、Microsoft Access 和 MySQL 等。

非关系型数据库又被称为 NoSQL（Not Only SQL），意为不仅仅是 SQL。通常指数据以对象的形式存储在数据库中，而对象之间的关系通过每个对象自身的属性来决定。非关系型数据库存储数据的格式可以是 key-value 形式、文档形式、图片形式等，其使用灵活，应用场景广泛，而关系型数据库则只支持基础类型。

非关系型数据库速度快、效率高，可以将硬盘或者随机存储器作为载体，对海量数据的维护和处理非常轻松。非关系型数据库具有扩展简单、高并发、高稳定性、成本低廉的优势，可以实现数据的分布式处理。但是非关系型数据库暂时不提供 SQL 支持，学习和使用成本较高，且非关系型数据库没有事务处理功能，无法保证数据的完整性和安全性，因此其虽然适合处理海量数据，但是不一定安全。常见的非关系型数据库有 Neo4j、MongoDB、Redis、Memcached、MemcacheDB 和 HBase 等。

1.7 章节练习

1. 选择题

（1）【单选题】（   ）是按照一定的数据模型组织的、长期存储在计算机内的、可为多个用户共享的数据集合。

A. 数据库系统

B. 数据库

C. 关系型数据库

D. 数据库管理系统

（2）【单选题】数据库系统的基础是（   ）。

A. 数据结构

B. 数据库管理系统

C. 操作系统

D. 数据模型

（3）【单选题】（   ）处于数据库系统的核心位置。

A. 数据字典

B. 数据库

C. 数据库管理系统

D. 数据库管理员

（4）【单选题】对数据库的操作要以（   ）的内容为依据。

A. 数据模型

B. 数据字典

C. 数据库管理系统

D. 运行日志

（5）【单选题】数据库系统三层结构的描述放在（　　　　）中。

A. 数据库

B. 运行日志

C. 数据库管理系统

D. 数据字典

（6）【单选题】用二维表表示实体与实体间联系的数据模型称为（　　　　）。

A. 面向对象模型

B. 层次模型

C. 关系模型

D. 网状模型

（7）【单选题】E-R 模型提供了表示信息世界中的实体、实体属性和（　　　　）的方法。

A. 数据

B. 联系

C. 表

D. 模式

（8）【单选题】在数据库设计中，E-R 模型是进行（　　　　）的主要工具。

A. 需求分析

B. 概念设计

C. 逻辑设计

D. 物理设计

（9）【单选题】一间宿舍可住多个学生，则实体宿舍和学生之间的联系是（　　　　）。

A. 一对一

B. 一对多

C. 多对一

D. 多对多

（10）【单选题】公司中有多个部门和多名职员，每个职员只能属于一个部门，一个部门可以有多名职员，则实体部门和职员间的联系是（　　　　）。

A. 一对一

B. 一对多

C. 多对一

D. 多对多

2. 简答题

（1）试述文件技术与数据库技术的主要区别和联系。

（2）试述数据库系统的特点。

（3）数据库管理系统的主要功能是什么？

第 2 章　数据库设计

本章学习目标

知识目标

● 学会数据库设计的过程。

● 学会概念模型的设计方法。

● 掌握绘制数据库的 E-R 模型的方法。

技能目标

● 通过学生选课系统案例分析,掌握概念模型绘制方法。

● 通过企业新闻发布系统案例分析,掌握 E-R 模型总体设计方法。

● 通过网上商城系统案例分析,掌握 E-R 模型转关系方法。

态度目标

● 数据库设计:反复探寻,逐步求精。

　　数据库设计在计算机科学领域是必不可少的,良好的数据库设计可以提高效率,加快网站访问速度,提升用户体验。数据库设计是建立数据库及其应用系统的技术,是信息系统开发和建设中的核心技术。

　　本章主要介绍数据库设计和关系模型相关的知识内容,包括:数据库设计步骤、概念模型设计、关系模型设计、模型规范化等。

2.1　数据库设计基础

2.1.1　设计原则

　　数据库设计就是根据业务系统的具体需求,结合我们所选用的数据库,建立好表结构及表与表之间的管理关系,为这个业务系统构造出最优秀的数据存储模型的过程。良好的数据库设计能使数据库有效地对应用的数据进行存储,并能让用户高效地对已经存储的数据进行访问。

数据库设计是数据库系统中的重要组成部分。一个良好的数据库可以为系统提供清晰的数据统计与详细的数据分析,给系统带来方便直观的数据。不良的数据库设计必然会造成很多问题,轻则增减字段,重则使系统无法运行。

良好的数据库设计表现在以下几个方面:

(1)访问效率高;

(2)能减少数据冗余,节省存储空间,便于进一步扩展;

(3)使应用程序的开发变得更容易。

数据库设计(Database Design)是指针对一个给定的应用环境,构造最优的数据库模式,建立数据库及其应用系统,使之能够有效地存储数据,满足各种用户的应用需求(数据需求和业务处理需求)的过程。在数据库领域内,常常把使用数据库的各类系统统称为数据库应用系统。

数据库设计的内容包括:需求分析、概念结构设计、逻辑结构设计、物理结构设计、数据库的实施和数据库的运行和维护。

数据库设计的基本原则如下。

(1)一致性原则。

数据库设计的一致性是指对数据来源统一、系统地分析与设计,协调好各种数据源,保证数据的一致性和有效性。这要求对数据一致性进行分析,确保数据准确无误。

(2)完整性原则。

数据库设计的完整性是指数据的正确性和相容性。设计出的数据库应能防止合法用户使用数据库时向数据库中加入不合语义的数据,对输入数据库的数据要有审核和约束机制。

(3)安全性原则。

数据库设计的安全性是指保护数据,防止非法用户使用数据库或合法用户非法使用数据库造成数据泄露、更改或损坏,数据库要有认证和授权机制。

(4)可伸缩性与可扩展性原则。

数据库的设计应充分考虑发展的需要、移植的需要,要具有良好的扩展性、伸缩性和适当的冗余性。

(5)规范化原则。

数据库的设计应遵循规范化理论。规范化的数据库设计,可以减少在用户进行插入、删除、修改等操作时数据库出现异常和错误的次数,降低数据冗余度等。

2.1.2 设计步骤

数据库设计通常采用生命周期方法,即整个数据库应用系统的开发分为具有独立目标的几个阶段。它们是:需求分析阶段、概念结构设计阶段、逻辑结构设计阶段、物理结构设计阶段、数据库实施阶段以及数据库运行和维护阶段。数据库设计步骤如图 2.1 所示。

图 2.1　数据库设计步骤

（1）需求分析阶段。

需求分析是数据库设计的第一步，是最困难、最耗费时间的一步，也是整个设计过程的基础。本阶段的主要任务是对现实世界中要处理的对象进行详细调查，然后通过分析，逐步明确用户对系统的需求，包括数据需求和业务处理需求。

需求分析直接决定了在其基础上构建数据库大厦的速度与质量。需求分析做得不好，可能会导致整个数据库设计返工。

（2）概念结构设计阶段。

概念结构设计是数据库设计的关键，其通过综合、归纳与抽象用户需求，形成一个具体的数据库概念模型，也就是 E-R 模型。

E-R 模型主要用于项目组内，设计人员和用户进行沟通，确认需求分析的正确性和完整性。

（3）逻辑结构设计阶段。

这一阶段将 E-R 模型转换为多张表，进行逻辑设计，确认各表的主、外键，并应用数据库设计的三大范式进行审核，对数据库进行优化。

E-R 模型非常重要，大家要学会根据各个实体定义的属性来画出总体的 E-R 图。

（4）物理结构设计阶段。

经项目组开会讨论确定 E-R 模型后，根据项目的技术实现程度、团队开发能力及项目的成本预算，选择具体的数据库进行物理实现。

（5）数据库实施阶段。

运用数据库管理系统提供的数据语言、工具及宿主语言，根据逻辑结构设计和物理结构设计的结果建立数据库，编制与调试应用程序，组织数据入库，并进行试运行。

（6）数据库运行和维护阶段。

数据库应用系统经过试运行后即可投入正式运行。在运行过程中必须不断对其进行评价、调整与修改。

【思政小贴士】

案例: 反复探寻，逐步求精。我们将数据库比作建筑物，如果盖一间茅屋或一间简易平房，毫无疑问没有人会花钱请人设计房屋图样。但是，如果是房地产开发商要开发一个新楼盘，修建包含多幢楼的居住小区，施工前，他肯定会先请人设计施工图样。在建造之前，只有对设计土地大小等进行精确计算，才能盖出坚固且满足需求的房子。在实际项目开发中，如果系统的数据存储量较大，设计的表较多，表与表之间的关系比较复杂，就必须先规范地设计数据库，然后再创建数据库、表等。在设计数据库之前，要详细调查，对客户/用户的需求进行分析，做到实时理解、准确到位。

2.2 概念模型设计

2.2.1 概念模型设计的方法与步骤

在概念模型设计阶段中,设计人员从用户的角度看待数据及处理要求和约束,设计一个反映用户观点的概念模型,然后再把概念模型转换成逻辑模型。将概念模型的设计从设计过程中独立出来,使各阶段的任务相对单一化,设计的复杂程度大大降低,不受特定数据库管理系统的限制。

概念模型设计阶段的目标是通过对用户需求进行综合、归纳与抽象,形成一个独立于具体数据库管理系统的概念模型。设计概念模型的方法有以下两种。

(1)集中式模式设计法:这种方法是根据需求由一个统一机构或人员设计一个综合的全局模式。这种方法简单方便,适用于小型或不复杂的系统设计,由于该方法很难描述复杂的语义关联,因此不适用于大型的或复杂的系统的设计。

(2)视图集成设计法:这种方法是将一个系统分解成若干个子系统,首先对每一个子系统进行模式设计,建立各个局部视图,然后将这些局部视图进行集成,最终形成整个系统的全局模式。后面章节将介绍视图的使用。

概念模型的设计有以下几种方式。

(1)自底向上:先定义局部概念结构,再集成。

(2)自顶向下:先定义全局,后逐步细化和调整。

(3)混合方式:同时定义,不断完善。

2.2.2 数据抽象和局部 E-R 模型设计

数据抽象是从现实的人、物、事和概念中抽出需要的共同特性。其用途是对需求分析阶段收集到的数据进行分类、组织(聚集),形成实体、实体的属性、标识实体的码。

利用 E-R 模型进行数据库的概念模型设计,可分三步进行:首先设计局部 E-R 模型,然后把各局部 E-R 模型综合成一个全局模型,最后对全局 E-R 模式进行优化,得到最终的模型,即概念模型。

E-R 模型中的联系用于刻画实体之间的关联。设计局部 E-R 模型就是依据需求分析的结果,考察局部结构中任意两个实体类型之间是否存在联系;若有联系,进一步确定是 $1:n$、$m:n$,还是 $1:1$;还要考察一个实体类型内部是否存在联系,两个实体类型之间是否存在联系,多个实体类型之间是否存在联系。

设计局部 E-R 模型,需要确定实体、属性、联系这三者之间的关系。

(1)实体和属性的数据抽象。

实体和属性在形式上并无可以明显区分的界限,通常按照现实世界中事物的自然划分来定义实体和属性,将现实世界中的事物进行数据抽象,得到实体和属性。数据抽象一般有分类和聚集两种,通过分类抽象出实体,通过聚集抽象出实体的属性。

例如,张三、李斯文、武松都是学生当中的一员,具有学生们共同的特性和行为,那么这里的"学生"就是一个实体,"张三""李斯文""武松"所对应的"姓名"则是学生实体的一个属性。

(2)属性在实体与联系间的分配。

当多个实体用到同一属性时,将导致数据冗余,从而可能影响存储效率和完整性约束,因而需要确定把该属性分配给哪个实体。一般把属性分配给那些使用频率最高的实体,或分配给实体值少的实体。例如,"课程名"属性,不需要在"学生"和"课程"实体中都出现,一般将其分配给"课程"实体做属性。

(3)局部 E-R 模型设计。

局部 E-R 模型设计范围的划分要考虑下述原则。

①范围划分要自然,易于管理。

②范围之间的界限要清晰,相互影响要小。

③范围的大小要适度。太小了,会造成局部结构过多,设计过程繁杂,难以综合;太大了,则容易造成内部结构复杂,不便于分析。

2.2.3 全局 E-R 模型设计

全局概念结构不仅要支持所有的局部 E-R 模型,还必须合理地标识一个完整、一致的数据库概念结构。

全局 E-R 模型的设计过程如下。

(1)确定公共实体类型。

(2)合并局部 E-R 模型。

(3)消除冲突。

优化全局 E-R 模型时,需要注意实体类型的合并、冗余属性和关系的消除等。

例如:将企业新闻发布系统的两个局部 E-R 模型集成为全局 E-R 模型。

企业新闻发布系统局部 E-R 模型——部门与上级部门关系如图 2.2 所示,企业新闻发布系统全局 E-R 模型如图 2.3 所示。

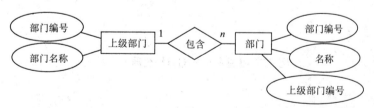

图 2.2　企业新闻发布系统局部 E-R 模型——部门与上级部门

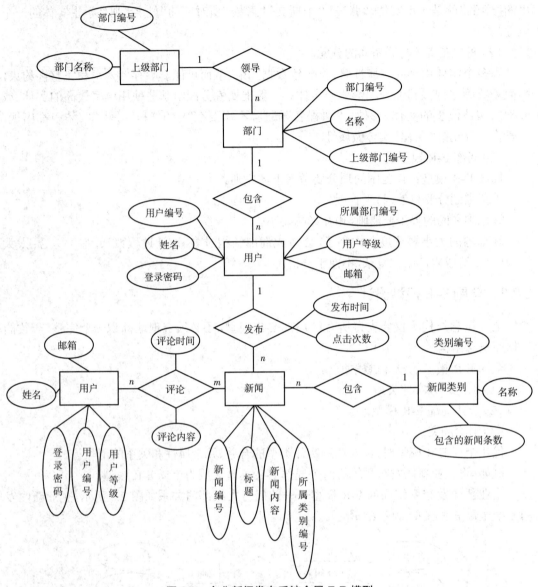

图 2.3　企业新闻发布系统全局 E-R 模型

2.3　关系模型设计

2.3.1　E–R 模型转换为关系模型

　　E-R 模型转换为关系模型需重点考虑如何将实体与实体之间的联系转换为关系模式，确定关系模式的属性和主码。

　　E-R 模型转换为关系模型的方法如下。

1)1：1（一对一）联系

假设 A 与 B 是 1：1 的联系,联系的转换有以下两种方法:

（1）把 A 的主键加入 B 的关系中,如果联系有属性也一并加入;

（2）把 B 的主键加入 A 的关系中,如果联系有属性也一并加入。

校长与学校 1：1 联系的 E-R 模型如图 2.4 所示。

方法 1:将校长和学校两个实体,分别转换为一个关系,其属性是两个实体的属性。如将校长实体的姓名属性,并入学校实体的属性中。

校长(姓名,性别,年龄)

学校(学校名,校址,类别,姓名)

方法 2:将学校实体的学校名属性,并入校长实体的属性中。

学校(学校名,校址,类别)

校长(姓名,性别,年龄,学校名)

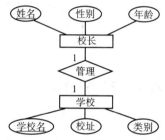

图 2.4 校长与学校 1：1 联系

2)1：n（一对多）联系

转换方法为将“1”方的主键加入“n”方对应的关系中作为“外键”。如果联系有属性,把属性也一并加入“n”方对应的关系中。

学校与教师 1：n 联系的 E-R 模型如图 2.5 所示。

转换后,学校实体的关键属性学校名被加入教师实体中,作为外键存在,同时聘任关系的属性年薪被加入教师实体中。

学校(学校名,校址,校长)

教师(教工号,姓名,专长,学校名,年薪)

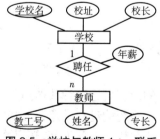

图 2.5 学校与教师 1：n 联系

3）m∶n（多对多）联系

课程与教师的 m∶n 联系的 E-R 模型如图 2.6 所示。

转换过程如下：

①为联系单独建立一个关系；

②该关系中要包括它所联系的双方的主键；

③如果联系有属性，也要加入这个关系中。

教师（<u>教师编号</u>，教师姓名）

班级（<u>班级编号</u>，学生人数）

教授（<u>教师编号</u>，<u>班级编号</u>，班级数）

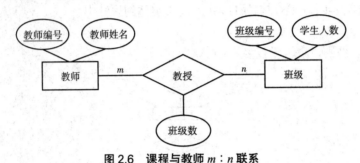

图 2.6　课程与教师 m∶n 联系

2.3.2　关系模型评价

1）关系模型的优点

（1）关系模型和格式化模型不同，它是建立在严格的数学概念的基础上的。

（2）关系模型的概念单一，无论实体还是实体之间的联系都用关系来表示，数据库的检索和更新结果也是关系（即表），所以其数据结构简单、清晰，用户易懂易用。

（3）关系模型的存取路径对于用户是透明的，其具有更高的数据独立性、更好的安全保密性，也简化了程序员的工作和数据库开发建立的工作。

2）关系模型的缺点

（1）由于数据库存取路径是不能轻易被查询到的，因此查询效率往往不如格式化模型。

（2）为了提高性能，关系型数据库管理系统必须对用户的查询请求进行优化，因此提高了开发数据库管理系统的难度。

2.4　关系模型规范化

数据库设计是针对某个具体的应用问题进行数据抽象、构造模型、为数据设计一个合适的逻辑结构并建立数据库及其应用系统的过程。那么最基本的问题是怎样建立一个合理的数据库模式，使数据库系统无论是在数据存储方面，还是在数据操作方面都具有较好的性能。什么样的模型是合理的模型，什么样的模型是不合理的模型，应该通过什么标准去鉴别并采取什么方法来改进，这些是在进行数据库设计之前必须明确的问题。

为使数据库设计合理简单,长期以来,形成了关系型数据库设计理论,即规范化理论。关系模型规范化是根据现实世界存在的数据依赖而进行的关系模式的规范化处理,以便得到一个合理的数据库设计效果。

2.4.1　函数依赖

函数依赖是关系型数据库设计中的一个重要概念,下面给出函数依赖的定义。

(1)函数依赖:设 $R(U)$ 是属性集 U 上的一个关系模式, X 和 Y 是 U 的子集。若对于 $R(U)$ 中的任意可能关系 R, R 中不可能有两个元组在 X 上的属性值相等,而同时在 Y 上的属性值不等,则称" X 函数决定 Y ",或称" Y 函数依赖于 X ",记作 $X \rightarrow Y$ 。

简单来说,若在关系 R 中,存在 X 和 Y 两个属性,若对于 X 的每一个值, Y 都有确定的值与之唯一对应,则可认为 R 中的属性 Y 对 R 中的属性 X 函数依赖。

例如,在关系学生(Sno, Sname, Sdept, Sage)中,由于在所有的元组中,Sno 都是唯一的,因此,Sno 函数确定 Sname 和 Sdept,或者说 Sname 和 Sdept 函数依赖于 Sno,表示为 Sno $\rightarrow$ Sname, Sno $\rightarrow$ Sdept。

(2)完全函数依赖:在 $R(U)$ 中,若属性 Y 函数依赖于属性 X ,但 Y 不函数依赖于 X 的任一子集,则称 Y 对 X 完全函数依赖。反之,若 Y 依赖于 X 的某一个真子集,则称 Y 对 X 部分函数依赖。

例如,在关系 SC(Sno, Cno, Grade)中,用 X 表示(Sno, Cno),用 Y 表示 Grade。

(Sno, Cno) $\rightarrow$ Grade,但是 Sno $\nrightarrow$ Grade, Cno $\nrightarrow$ Grade,因此(Sno, Cno) $\xrightarrow{F}$ Grade。

(3)传递函数依赖:若 X、Y、Z 为关系 R 中的三个属性, X 函数依赖于 Y, Y 函数依赖于 Z ,但 Y 不函数依赖于 X ,则称 Z 传递函数依赖于 X 。

例如,在关系 Std(Sno, Sdept, Mname)中,有 Sno $\rightarrow$ Sdept, Sdept $\rightarrow$ Mname,且 Sdept $\nrightarrow$ Sno,则 Mname 传递函数依赖于 Sno。

2.4.2　范式

设计关系型数据库时,要遵从不同的规范要求,设计出合理的关系型数据库,这些不同的规范要求被称为不同的范式,各种范式呈递次规范,越高的范式数据库冗余度越低。目前关系型数据库有六种范式:第一范式(1NF)、第二范式(2NF)、第三范式(3NF)、巴斯-科德范式(BCNF)、第四范式(4NF)和第五范式(5NF,又称完美范式)。满足最低要求的范式是第一范式。在第一范式的基础上进一步满足更多规范要求的称为第二范式,其余范式依次类推。一般说来,数据库只需满足第三范式就可以了。

1. 第一范式(1NF)

所谓第一范式是指在关系模型中,对域添加的一个规范要求,所有的域都应该是原子性的,即数据库表的每一列都是不可分割的原子数据项,而不能是集合、数组、记录等非原子数据项。即实体中的某个属性有多个值时,必须拆分为不同的属性。在符合第一范式的表中的每个域值只能是实体的一个属性或一个属性的一部分。简而言之,第一范式就是无重复的域。

设 R 是一个关系,如果 R 中的所有属性都是最基本的、不可再分的最小数据项,则称 R

是第一范式,第一范式简记为 1NF。

为了更好地理解 1NF,现通过一个实例来描述一下。表 2-1 所示的是学生信息关系表,我们来判断一下该关系是否为第一范式,并规范学生信息关系。

表 2-1　学生信息关系表

借阅者编号	姓名	所在部门		性别
		部门名称	部门负责人	
150450	李明	计算机学院	党笑	男
150452	王浩	计算机学院	党笑	女
150453	陈小强	计算机学院	党笑	女

由表 2-1 可以看出,该关系中存在可再分的属性"所在部门",因此其不符合第一范式的要求,只有将所有数据项都表示为不可再分的最小数据项,关系的规范化才算完成了,规范化后的新关系如表 2-2 所示。

表 2-2　规范化后的新关系

借阅者编号	姓名	部门名称	部门负责人	性别
150450	李明	计算机学院	党笑	男
150452	王浩	计算机学院	党笑	女
150453	陈小强	计算机学院	党笑	女

2. 第二范式(2NF)

如果关系 R 是第一范式,且非主属性都完全函数依赖于其主键,则称 R 是第二范式,第二范式简记为 2NF。

第二范式是在第一范式的基础上建立起来的,即满足第二范式必须先满足第一范式。第二范式要求数据库表中的每个实例或记录必须可以被唯一地区分。这就要求选取一个能区分每个实体的属性或属性组作为实体的唯一标识。

例如,SLC(Sno, Cno, Sdept, Sloc, Grade) $\in$ 1NF,且(Sno, Cno) $\xrightarrow{P}$ Sdept,非主属性 Sdept 部分函数依赖于主键,因此:

SLC(Sno,Cno,Sdept,Sloc,Grade) $\notin$ 2NF。

将 SLC(Sno,Cno,Sdept,Sloc,Grade)分解:

SC(Sno, Cno, Grade) $\in$ 2NF;

SL(Sno, Sdept, Sloc) $\in$ 2NF。

3. 第三范式(3NF)

如果关系 R 是第二范式,且所有非主属性对主键不存在传递函数依赖,则称 R 是第三范式,第三范式简记为 3NF。

第三范式是第二范式的一个子集,即满足第三范式必须满足第二范式。简而言之,第三范式要求一个关系中不包含已在其他关系中包含的非主关键字信息。

例如, $SL(Sno, Sdept, Sloc) \in 2NF$,由于 $Sno \to Sdept$, $Sdept \to Sloc$,即存在非主属性 Sloc 对主键 Sno 的传递函数依赖,因此:

$SL(Sno, Sdept, Sloc) \notin 3NF$。

将 SL 分解为 3NF 的关系:

$SD(Sno, Sdept) \in 3NF$;

$DL(Sdept, Sloc) \in 3NF$。

2.4.3 关系模式分解

把一个关系模式分解成若干个关系模式的过程,称为关系模式分解。一个关系模式分解后,可以存放原来所不能存放的信息,通常称为"悬挂"的元组,这是实际所需要的,正是分解的优点。在做自然连接时,这类"悬挂"元组自然丢失了,但不是信息的丢失,它是合理的。

2.5 利用 PowerDesigner 设计数据库

PowerDesigner 是能进行数据库设计的强大软件,是一款开发人员常用的数据库建模工具。使用它可以分别从概念数据模型(Conceptual Data Model)和物理数据模型(Physical Data Model)两个层次对数据库进行设计。

PowerDesigner 是 Sybase 公司的 CASE 工具集,使用它可以方便地对管理信息系统进行分析设计,它几乎涵盖了数据库模型设计的全过程。利用 PowerDesigner 可以制作数据流程图、概念数据模型、物理数据模型,还可以为数据仓库制作结构模型,也能对团队设计模型进行控制。它可以与许多流行的软件开发工具,例如 PowerBuilder、Delphi、VB 等相配合,使开发时间缩短,使系统设计更优化。

2.6 项目一案例分析——学生选课系统

前文主要介绍了数据库设计的基本方法,本节主要以学生选课系统为项目案例介绍数据库设计的操作步骤和方法。

2.6.1 情景引入

学生选课系统是针对学生选课情况,进行管理和维护的 MIS(管理信息系统),其基本功能包括以下几点。

(1)在系统中,学生可以查看课程的信息,包括课程名称、课程编号、课时、开课年级以及课程简介等。

(2)学生用户登录后可以进行选课。为保证学习效果,每位学生最多能选修两门课程。

学生选修时需提供学号、姓名、密码、性别、所在年级、出生日期和联系电话等信息。

（3）系统需要记录学生某门课的考试时间和成绩。

2.6.2　任务目标

根据学生选课系统的 E-R 模型和转换原则,设计其中学生、课程实体及选修的关系模型。

2.6.3　任务实施

【任务分析】在学生选课系统中,画出对应的概念模型（E-R 模型）,然后将其转换为关系模型。

【任务步骤】

（一）第一步:画出概念模型

学生选课系统概念模型如图 2.7 所示。

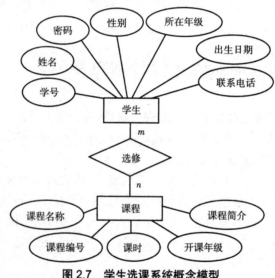

图 2.7　学生选课系统概念模型

（二）第二步:将概念模型转换为关系模型

将图 2.7 所示的概念模型转换为关系模型。

学生表（学号,姓名,密码,性别,所在年级,出生日期,联系电话）

课程表（课程编号,课程名称,课时,开课年级,课程简介）

选修表（学号,课程编号,考试时间,成绩）

2.7　项目二案例分析——企业新闻发布系统

2.7.1　情景引入

企业新闻发布系统是对针对企业内部实时发生的新闻内容进行维护和管理的 MIS,其基本功能包括以下几点。

（1）用户可以发布、审核、评论新闻，管理员还可以管理用户。

（2）企业新闻作为系统的主体，包含多个新闻类别，用户可以管理新闻发布和维护系统中的新闻信息。

（3）每个部门拥有不同用户，且不同部门维护自己的系统用户信息。

2.7.2　任务目标

对企业新闻发布系统数据库进行设计，包括系统需求分析、概念模型设计、关系模型设计。

2.7.3　任务实施

【任务分析】先对企业新闻发布系统进行需求分析，确定主要实体，接下来设计实体之间的联系，再将 E-R 模型转换为关系模型。

【任务步骤】

（一）第一步：企业新闻发布系统需求分析

1. 实体

（1）用户。用于管理企业新闻发布系统中的用户，用户可以发布、审核、评论新闻，管理员还可以管理用户。

（2）新闻类别。用于管理企业新闻发布系统中的新闻类别，每一条新闻属于一个新闻类别。

（3）新闻。用于管理企业新闻发布系统中的新闻，这是新闻发布系统的主要实体。

（4）部门。用于管理企业新闻发布系统中的部门，每一个部门包含一些用户。

2. 属性

（1）用户。用户的属性有用户编号、姓名、登录密码、用户等级、邮箱等。

（2）新闻类别。新闻类别的属性有类别编号、名称、包含的新闻条数等。

（3）新闻。新闻的属性有新闻编号、标题、新闻内容等。

（4）部门。部门的属性有部门编号、名称等。

3. 关系

（1）部门包含用户。

（2）上级部门领导部门。

（3）新闻类别包含新闻。

（4）用户发布新闻。

（5）用户评论新闻。

评论关系包括的属性有：评论时间、评论内容。

发布关系包括的属性有：发布时间、点击次数。

（二）第二步：企业新闻发布系统概念模型设计

企业新闻发布系统 E-R 模型如图 2.8 所示。

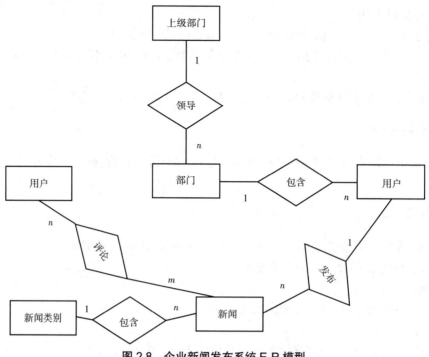

图 2.8　企业新闻发布系统 E-R 模型

（三）第三步：企业新闻发布系统关系模型设计

1.ER 模型转关系

用户（用户编号，姓名，登录密码，所属部门编号，用户等级，邮箱）

部门（部门编号，名称，上级部门编号）

新闻（新闻编号，标题，所属类别编号，发布者编号，发布时间，点击次数，新闻内容）

新闻类别（类别编号，名称，包含的新闻条数）

新闻评论（评论者编号，评论时间，评论内容，新闻编号）

2. 实际使用关系

（1）新闻评论表中增加了主键：评论编号。

（2）新闻表中为了方便查询，增加了发布部门编号，即发布者所在的部门的编号。

（3）新闻表中增加了审核者编号，即审核新闻的用户的编号。

实际使用关系如下：

用户（<u>用户编号</u>，姓名，登录密码，<u>所属部门编号</u>，用户等级，邮箱）

部门（<u>部门编号</u>，名称，上级部门编号）

新闻（<u>新闻编号</u>，标题，所属类别编号，发布者编号，审核者编号，发布部门编号，发布时间，点击次数，新闻内容）

新闻类别（<u>类别编号</u>，名称，包含的新闻条数）

新闻评论（<u>评论编号</u>，<u>评论者编号</u>，评论时间，评论内容，<u>评论的新闻编号</u>）

2.8 项目三案例分析——网上商城系统

2.8.1 情景引入

B2C（Business to Customer）是电子商务的典型模式，是企业通过网络开展的在线销售活动，它直接面向消费者销售产品和服务。消费者通过网络选购商品和服务、发表相关评论及进行电子支付等。

随着网上商城系统中的商品、订单等数据量的增大，为了让用户快速在系统中查询到指定的商品、订单等数据，需要使用索引对订单表的查询进行优化，从而有效提高数据查询的效率。

2.8.2 任务目标

进行网上商城系统数据库设计。

2.8.3 任务实施

【任务分析】先对网上商城系统进行需求分析，确定主要实体，接下来设计实体之间的联系，再将 E-R 模型转换为关系模型。

【任务步骤】

（一）第一步：网上商城系统需求分析

1. 实体

（1）商品：商品 ID、名称、价格、库存数量、销售量、所在城市、上架时间、是否热销等。

（2）会员：会员 ID、用户名、密码、性别、联系电话、会员积分、注册时间等。

（3）管理员：管理员 ID、管理员用户名、管理员密码、登录时间等。

（4）商品类别：类别 ID、类别名称等。

（5）订单：订单 ID、下单时间、订单金额、送货地址等。

2. 关系

（1）一个会员可以提交多件订单，而一个订单只能属于一个会员，则会员和订单之间的关系是 $1:n$。

（2）一个商品类别可以包含多个商品，一个商品只能属于一个类别，则商品和商品类别之间的关系是 $1:n$。

（3）一个会员可以将多个商品添加到购物车，一件商品可以被多个会员放到购物车中，则会员和商品之间的关系是 $n:m$。

（4）一个订单里可以包含多个商品，一个商品又可以被包含在多个订单中，则商品和订单之间的关系是 $n:m$。

（二）第二步：网上商城系统概念模型设计

网上商城系统 E-R 模型如图 2.9 所示。

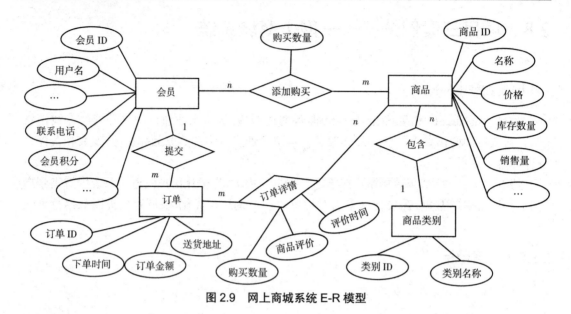

图 2.9 网上商城系统 E-R 模型

（三）第三步：网上商城系统关系模型设计

关系模型如下。

商品类别（<u>类别 ID</u>，类别名称）

商品（<u>商品 ID</u>，<u>类别 ID</u>，名称，价格，库存数量，销售量，所在城市，上架时间，是否热销，商品介绍，商品图片）

会员（<u>会员 ID</u>，用户名，密码，性别，出生日期，邮箱，所在城市，联系电话，用户图像，会员积分，注册时间）

订单（<u>订单 ID</u>，<u>会员 ID</u>，下单时间，订单金额，送货地址）

购物车（<u>购物车 ID</u>，会员 ID，商品 ID，购买数量）

订单详情（<u>详情 ID</u>，<u>订单 ID</u>，<u>商品 ID</u>，购买数量，商品评价，评价时间）

管理员（<u>管理员 ID</u>，管理员用户名，管理员密码，登录时间）

2.9 本章小结

本章学习的关键知识点包括：①数据库设计原则与步骤；②需求分析的任务和方法；③概念模型设计的方法；④局部和全局 E-R 模型设计；⑤E-R 模型转为关系模型；⑥关系模型规范化。

学习的关键技能点主要包括：①局部 E-R 模型设计；②全局 E-R 模型设计；③函数依赖关系；④范式的判断。

2.10 知识拓展

巴斯 - 科德范式（BCNF）的所有属性都完全函数依赖于码，每一个决定因素都包含码。一个满足 BCNF 范式的关系模式需具备如下条件。

（1）所有非主属性对每一个码都是完全函数依赖的。

（2）所有主属性对每一个不包含它的码也是完全函数依赖的。

（3）没有任何属性完全函数依赖于非码的任何一组属性。

例如，有关系 C（Cno，Cname，Pcno），Cno、Cname、Pcno 依次表示课程号、课程名、选修课。可知关系 C 只有一个码 Cno，且没有任何属性对 Cno 部分函数依赖或传递函数依赖，所以关系 C 属于第三范式，同时 Cno 是 C 中的唯一决定因素，所以 C 也属于 BCNF 范式。

范式 1NF 到 BCNF 的关系是

$$BCNF \subseteq 3NF \subseteq 2NF \subseteq 1NF$$

2.11 章节练习

1. 选择题

（1）【单选题】一个工作人员可以使用多台计算机，而一台计算机可被多个工作人员使用，则实体工作人员与实体计算机之间的联系是（　　　）。

A. 一对一

B. 一对多

C. 多对一

D. 多对多

（2）【单选题】将 E-R 模型转换为关系模型时，实体和联系都可以表示为（　　　）。

A. 属性

B. 键

C. 域

D. 关系

（3）【单选题】在 E-R 模型中，用来表示实体的图形是（　　　）。

A. 菱形

B. 矩形

C. 椭圆形

D. 三角形

（4）【单选题】在关系型数据库中，能够唯一地标识一个记录的属性或属性的组合，称为（　　　）。

A. 主键

B. 属性

C. 关系

D. 域

（5）【单选题】为某学校的运动会管理系统设计一个数据库,该数据库中记录了每个运动员的相关信息,包括运动员编号、姓名、学号、性别、年龄等,同时也记录了比赛项目的相关信息,包括项目号、名称、最好成绩等。会务组规定一个运动员可以参加多个比赛项目,一个比赛项目可以由多名运动员参加。另外,运动员参赛还需要提供具体的比赛时间、比赛成绩等信息。以下 E-R 模型中,(   )最符合该数据库设计要求。

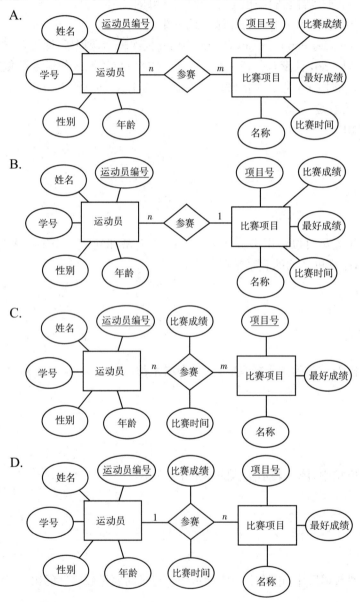

2. 简答题

（1）有关系 S(学号,姓名,性别,年龄,所在系,课程号,课程名,学分,成绩),具体要求如下。

①指出 S 的主键。

②它为第几范式？

③将它分解为高一级的范式,并指出各关系的主键。

（2）有关系 S(学号,班级,班主任),具体要求如下。

①指出 S 的主键。

②它为第几范式？

③将它分解为高一级的范式。

（3）有关系 R(职工号,姓名,性别,工资,家庭地址,邮政编码),其中每个职工只有一个家庭地址,具体要求如下。

①指出 R 的主键。

②它为第几范式？

③将它分解为高一级的范式。

第3章 操作数据库与数据表

本章学习目标

知识目标

- 掌握 MySQL 的安装与配置。
- 掌握图形化工具 Navicat 的使用方法。
- 掌握数据库的管理方法。
- 掌握数据表的管理方法。
- 掌握数据的管理方法。

技能目标

- 通过学生选课系统案例分析,掌握数据库的图形化和 SQL 命令的创建、删除、更新、使用方法。
- 通过企业新闻发布系统案例分析,掌握数据表的 SQL 命令的创建、删除、更新、使用方法。
- 通过网上商城系统案例分析,掌握数据的 SQL 命令创建、删除、更新、使用方法。

态度目标

- MySQL 的应用:多元互动,媒体融合。

MySQL 是目前世界上最流行的开源关系型数据库,广泛应用于互联网行业。比如,在国内,大家所熟知的百度、腾讯、淘宝、京东、网易、新浪等,国外的谷歌、脸谱、推特等都在使用 MySQL。社交、电商、游戏等软件的核心存储往往应用的也是 MySQL。

本章主要介绍操作数据库及数据表,包括:MySQL 的安装与配置,数据库、数据表、数据的图形化界面管理和命令管理方式。

3.1 MySQL 的安装与配置

3.1.1 MySQL 概述

MySQL 之所以能成为网站开发的数据库管理系统,是因为 MySQL 数据库的安装与配置很容易,维护也很简单,并且 MySQL 是开放源代码的、免费使用的数据库管理软件。

MySQL 可以在 Windows 系列的操作系统上运行,还可以在 UNIX、Linux 和 Mac OS 等操作系统上运行。与 Oracle、DB2 和 SQL Server 这些价格昂贵的商业软件相比,MySQL 具有绝对的价格优势。MySQL 是一个真正的多用户、多线程 SQL 数据库服务器,它能够快速、有效和安全地处理大量数据。

【思政小贴士】

案例:在新媒体宣传成为主流的背景下,相关软件的开发离不开数据库及数据的管理。当代大学生走在时代的前列,对传播技术、传播方式和新兴技术十分感兴趣。所谓"多元互动,媒体融合"指当学生接收到最新技术后,能够将这些技术融入新媒体行业,引导学生了解新媒体系统平台的建设,对如何更好地管理新媒体数据库及数据,有自己的想法和意见,同时全方位地进行职业规划,多点开花。

3.1.2　MySQL 安装与配置的具体操作

1. MySQL 的下载

本书主要介绍 MySQL 的下载和安装过程,用户可以根据自身操作系统的类型,从 MySQL 官方下载页面免费下载相应的安装包。本书以 MySQL 5.7.29 为例介绍其在 Windows 10 操作系统下的安装和配置过程。

步骤一:打开 MySQL 官方网站(https://www.mysql.com),如图 3.1 所示。

图 3.1　MySQL 官方网站

步骤二:单击 DOWNLOADS 列表下的 MySQL Community Server,如图 3.2 所示。

下载 Windows 操作系统图形化 MySQL 安装包。在下载页面中,选择 MySQL 的版本和操作系统,这里操作系统选择 Microsoft Windows,如图 3.3 所示,然后单击" Download"(下载)进行下载。

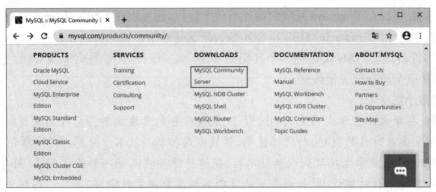

图 3.2　MySQL 下载页面

图 3.3　MySQL 版本选择

2. MySQL 的安装

用户使用图形化安装包安装配置 MySQL 的步骤如下。

【**任务步骤**】

步骤一：双击下载的 MySQL 安装文件，进入 MySQL 安装界面，首先进入"License Agreement"（用户许可证协议）窗口，选中"I accept the license terms"（我接受许可条款）复选框，单击"Next"（下一步）按钮即可。

有时候会直接进入"Choosing a Setup Type"（安装类型选择）窗口，可根据右侧的安装类型描述文件选择适合自己的安装类型，这里选择默认的安装类型，如图 3.4 所示。

【**注意**】图 3.4 列出了 5 种安装类型，分别是：

（1）Developer Default：默认安装类型；

（2）Server only：仅作为服务；

（3）Client only：仅作为客户端；

（4）Full：完全安装；

（5）Custom：自定义安装类型。

步骤二：根据选择的安装类型安装 Windows 系统框架（framework），单击"Execute"（执行）按钮，安装程序会自动完成框架的安装，如图 3.5 所示。

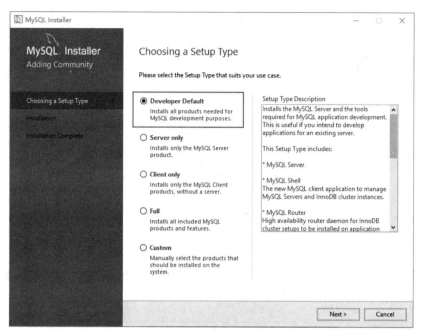

图 3.4　MySQL 安装类型

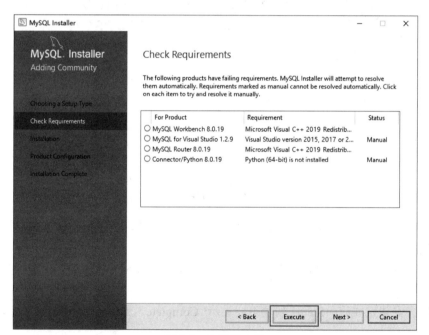

图 3.5　框架的安装

步骤三：当弹出安装程序窗口时，勾选"我同意许可条款和条件"复选框，然后单击"安装"按钮，如图 3.6 所示。

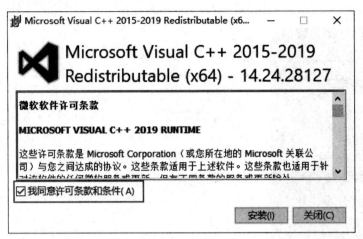

图 3.6　勾选许可条款

步骤四：弹出"设置成功"界面，表示该框架已经安装完成，单击"关闭"按钮即可。所有框架的安装均可参考本操作，如图 3.7 所示。

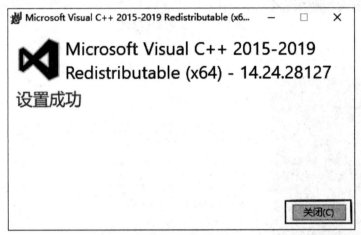

图 3.7　设置成功

步骤五：安装完成后，Status 列表下会显示"Complete"。所需框架均安装成功后，单击"Next"按钮。

步骤六：进入安装确认窗口，单击"Execute"按钮，开始 MySQL 各个组件的安装，如图 3.8 所示。

步骤七：安装完成后，Status 列表下会显示"Complete"，最后单击"Next"按钮，如图 3.9 所示。

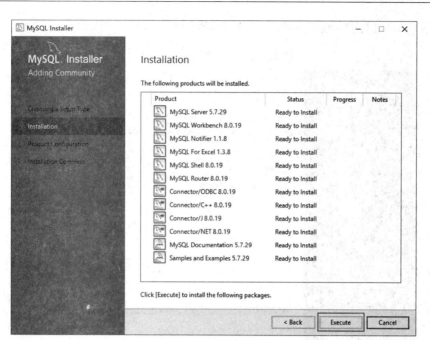

图 3.8 安装确认窗口

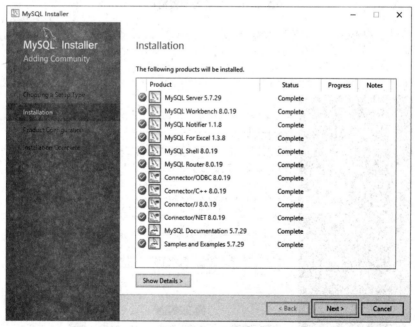

图 3.9 安装完成

3.MySQL 的配置

完成 MySQL 的安装后,需要对服务器进行配置,具体配置步骤如下。

【任务步骤】

步骤一:在安装的最后一个步骤,单击"Next"按钮即进入服务器配置窗口,进行配置信息的确认,确认后单击"Next"按钮,如图 3.10 所示。

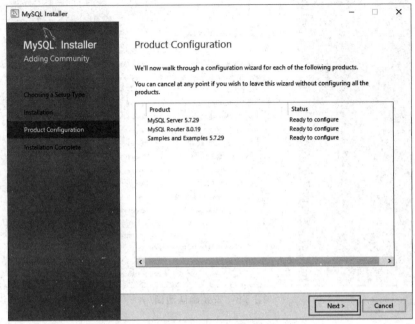

图 3.10　服务器配置窗口

步骤二:进入 MySQL 网络类型配置窗口,选择默认设置,然后单击"Next"按钮,如图 3.11 所示。

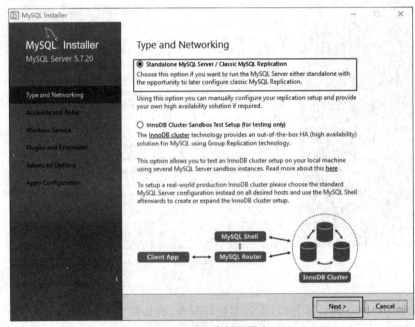

图 3.11　网络类型配置窗口

步骤三：进入 MySQL 服务器类型配置窗口，选择默认设置，然后单击"Next"按钮，如图 3.12 所示。

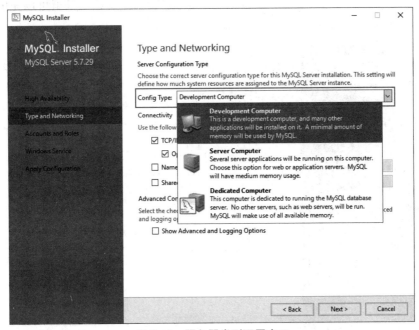

图 3.12　服务器类型配置窗口

图 3.12 中的三个选项的具体含义如下。

（1）Development Computer（开发机器）：安装的 MySQL 服务器作为开发机器的一部分，占用的内存在三种可选的类型中最少。

（2）Server Computer（服务器）：安装的 MySQL 服务器作为服务器机器的一部分，占用的内存在三种可选的类型中居中。

（3）Dedicated Computer（专用服务器）：安装的专用 MySQL 数据库服务器，占用机器全部有效的内存。

提示：建议初学者选择 Development Computer 选项，这样占用系统的资源比较少。

MySQL 端口号默认为 3306，如果没有特殊需求一般不建议修改，单击"Next"按钮即可，如图 3.13 所示。

步骤四：进入设置密码窗口，重复输入两次登录密码（建议使用字母、数字加符号的组合），单击"Next"按钮，如图 3.14 所示。

提示：系统默认的用户名为 root，如果想添加新用户，可以单击"Add User"（添加用户）进行添加。

步骤五：进入服务器名称窗口设置服务器名称，这里无特殊需要也不建议修改，继续单击"Next"按钮。

步骤六：打开确认设置服务器窗口，单击"Execute"按钮完成 MySQL 的各项配置，如图 3.15 所示。

　　【**注意**】如果安装的时候在"Starting the server"位置卡住不动了,然后提示出现错误无法安装,这可能是下载的数据库版本过高与系统不匹配导致的,此时可以降低数据库版本或者升级系统版本加以解决。检测通过后,单击"Finish""Next"继续安装就可以完成配置了。

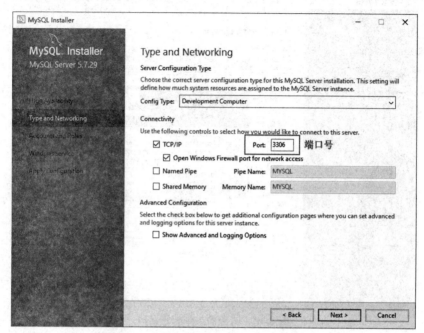

图 3.13　在服务器类型配置窗口设置端口号

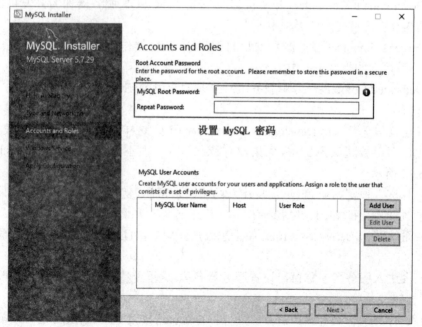

图 3.14　设置密码窗口

步骤七：打开 Windows 任务管理器对话框，可以看到 MySQL 服务进程 mysqld.exe 已经启动了，如图 3.16 所示。

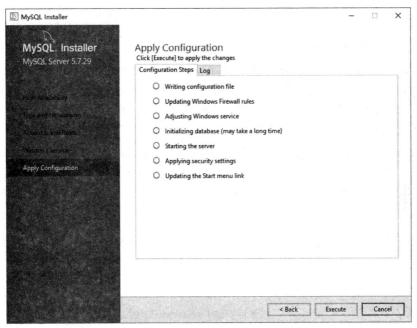

图 3.15 完成 MySQL 的各项配置

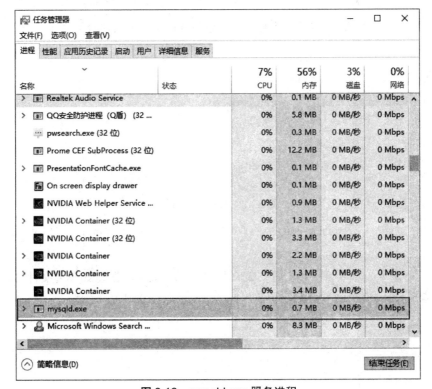

图 3.16 mysqld.exe 服务进程

至此,Windows 操作系统下的 MySQL 数据库的安装和配置就完成了。

3.1.3 MySQL 常用图形化管理工具 Navicat

Navicat 是一套可创建多个连接的数据库管理工具,用以管理 MySQL、Oracle、PostgreSQL、SQLite、SQL Server、MariaDB 和 MongoDB 等不同类型的数据库,它能与阿里云、腾讯云、华为云、Amazon RDS、Amazon Aurora、Amazon Redshift、Microsoft Azure、Oracle Cloud 和 MongoDB Atlas 等云数据库兼容,可以创建、管理和维护数据库。Navicat 的功能足以满足专业开发人员的所有需求,同时它的用户界面(GUI)设计良好,其对数据库服务器初学者来说简单且易操作。

Navicat for MySQL 是一套管理和开发 MySQL 或 MariaDB 的理想解决方案,支持单一程序,可同时连接 MySQL 和 MariaDB。主要功能包括 SQL 创建工具或编辑器、数据模型工具、数据传输、导入或导出、数据或结构同步、报表等。

Navicat 的安装过程如下。

步骤一:打开 Navicat for MySQL 安装程序,进入欢迎安装窗口,单击"下一步"按钮,如图 3.17 所示。

图 3.17　欢迎安装窗口

步骤二:当弹出许可证窗口时,勾选"我同意"复选框,然后单击"下一步"按钮,如图 3.18 所示。

步骤三:进入安装程序中,选择安装文件夹的路径,如果要改变安装文件夹,单击"浏览"按钮选择目标文件夹即可,最后单击"下一步"按钮,如图 3.19 所示。

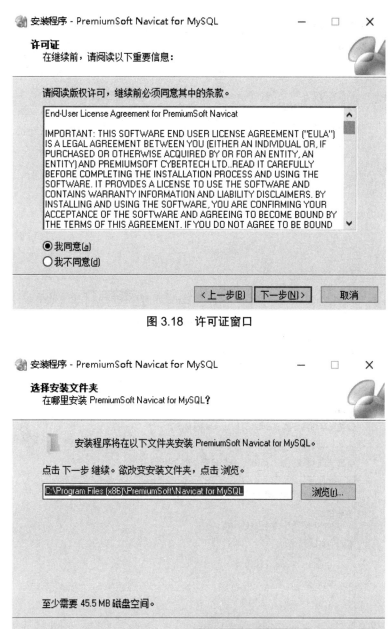

图 3.18 许可证窗口

图 3.19 安装文件夹设置窗口

步骤四：进入创建快捷方式窗口，选择复选框"Create a desktop icon"或者复选框"Create a Quick Launch icon"，一般选择"Create a desktop icon"，在桌面创建快捷方式图标，然后单击"下一步"按钮，如图 3.20 所示。

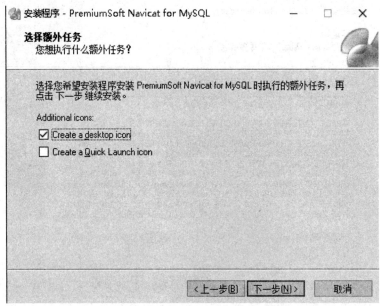

图 3.20　创建快捷方式窗口

步骤五：进入准备安装窗口，单击"安装"按钮，进行安装。如图 3.21 所示。

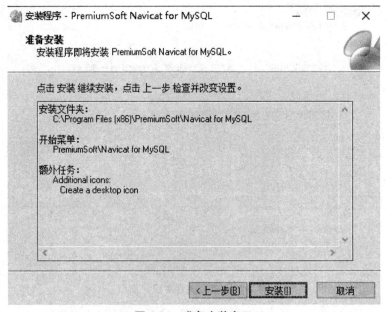

图 3.21　准备安装窗口

步骤六：完成 Navicat for MySQL 安装向导。进入程序中，看到 MySQL 安装成功窗口，如图 3.22 所示。

图 3.22　安装成功窗口

3.2　管理数据库

3.2.1　使用 Navicat 管理数据库

使用 Navicat 管理数据库能够用图形化的管理工具创建和管理数据库,这种方式适合数据库教学。

1. 使用 Navicat 创建数据库

例 3.1:创建企业新闻发布管理系统数据库 cms。

具体操作步骤如下。

步骤一:在桌面上双击"Navicat for MySQL"图标,打开程序。新建连接,输入连接名、主机名或 IP 地址、端口、用户名和密码,如图 3.23 所示。

图 3.23　新建 MySQL 连接窗口

步骤二：右键单击连接名（本例中的连接名是"MYSQL"），选择"新建数据库"，如图 3.24 所示。输入数据库名、字符集、校对，如图 3.25 所示。

图 3.24　新建数据库

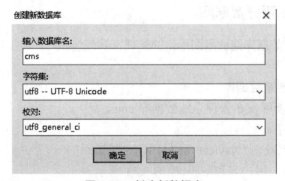

图 3.25　创建新数据库

2. 使用 Navicat 查看和修改数据库

要在 Navicat 中查看和修改数据库，先选中并右击数据库，如图 3.26 所示，然后选择"数据库属性"即可对数据库的相关信息进行查看和修改，如图 3.27 所示。

3. 使用 Navicat 删除数据库

直接选中并右击数据库，选择"删除数据库"即可删除数据库，如图 3.28 所示。

图 3.26　查看和修改数据库

图 3.27　MySQL 数据库属性窗口

图 3.28　删除数据库窗口

3.2.2 使用 SQL 语句管理数据库

1. 创建数据库

创建用户数据库的 SQL 语句是 CREATE DATABASE 语句,其基本语法格式如下:

```
CREATE
    {DATABASE | SCHEMA}
    [IF NOT EXISTS]
    < 数据库文件名 >
    [ 选项 ];
```

命令相关参数说明如下。

(1)语句中"[　]"内为可选项。

(2)IF NOT EXISTS:在创建数据库前加上一个判断,如果不存在数据库时,执行 CRE-ATE 命令。

设置字符集和校对规则,其基本语法格式如下:

```
    [DEFAULT] CHARACTER SET [ = ] 字符集
    | [DEFAULT] COLLATE[ = ] 校对规则名 ;
```

例 3.2:创建名为 myschool 的学生选课系统数据库。

代码格式如下。

```
CREATE DATABASE myschool
DEFAULT CHARACTER SET utf8;
```

2. 查看数据库

对于已有的数据库,可以使用 SHOW DATABASES 语句查看服务器中所有数据库的信息,其基本语法格式如下:

```
SHOW DATABASES;
```

3. 打开数据库

当用户登录连接数据库时,需要指定当前使用的数据库,其语法格式如下:

```
USE < 数据库文件名 >;
```

例 3.3:选中名为 myschool 的学生选课系统数据库。

代码格式如下。

```
use myschool ;
```

4. 修改数据库

修改数据库使用 ALTER DATABASE 语句来实现,其语法格式如下:

ALTER {DATABASE | SCHEMA} < 数据库文件名 >;

例 3.4: 修改学生选课系统 myschool 的数据库的字符集。

代码格式如下。

alter database myschool default character set=gbk;

执行结果如下所示：

mysql> Alter database myschool default character set=gbk;
Query OK, 1 row affected (0.01 sec)

5. 删除数据库

删除数据库使用 DROP DATABASE 语句来实现,其语法格式如下：

DROP DATABASE [IF EXISTS] < 数据库文件名 >;

例 3.5: 删除学生选课系统 myschool 的数据库。

代码格式如下。

drop database myschool;

3.2.3 数据类型

确定表中每列的数据类型是设计表的重要步骤。列的数据类型定义的是该列所能存放的数据的值的类型。例如,表的某一列存放姓名,则定义该列的数据类型为字符型;又如表的某一列存放出生日期,则定义该列的数据类型为日期时间型。

MySQL 的数据类型很丰富,这里仅给出一些常用的数据类型,如表 3-1 所示。

表 3-1　MySQL 常用的数据类型

数据类型	系统数据类型
整数型	TINYINT, SMALLINT, MEDIUMINTINT, BIGINT
精确数值型	DECIMAL(M, D), NUMERIC(M, D)
浮点型	FLOAT, REAL, DOUBLE
位型	BIT
二进制型	BINARY, VARBINARY
字符型	CHAR, VARCHAR, BLOB, TEXT, ENUM, SET
Unicode 字符型	NCHAR, NVARCHAR
文本型	TINYTEXT, TEXT, MEDIUMTEXT, LONGTEXT
BLOB 类型	TINYBLOB, BLOB, MEDIUMBLOB, LONGBLOB
日期时间型	DATETIME, DATE, TIMESTAMP, TIME, YEAR

说明：

（1）在使用某种整数型数据时，如果提供的数据超出其允许的取值范围，将出现数据溢出错误；

（2）在使用过程中，如果某些列中的数据或变量将参与科学计算，或者计算量过大时，建议考虑将这些数据对象设置为 FLOAT 或 REAL 数据类型，否则会在运算过程中出现较大的误差；

（3）使用字符型数据时，如果某个数据的值超过了数据定义时规定的最大长度，则多余的值会被服务器自动截取。

3.3　管理数据表

3.3.1　使用 Navicat 管理数据表

1. 创建表

在创建好数据库后，接下来需要做的是建立数据表。现以学生选课系统 myschool 为例创建数据表。选中 myschool，在"表"上单击鼠标右键，然后选择"新建表"，如图 3.29 所示。

图 3.29　创建数据表窗口

在表中填写字段名、字段类型、长度、小数点、允许空值、默认信息等，如图 3.30 所示。

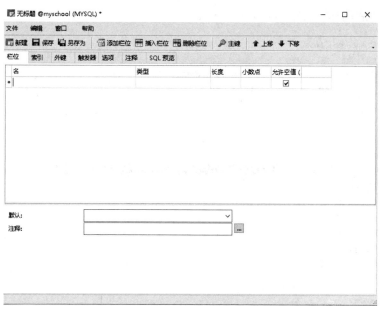

图 3.30 建立字段窗口

2. 查看、修改表结构

填写完字段信息后,需要检查一下是否需要调整结构。操作方法是选中新建的表的表名,选择"设计表模式",显示结果如图 3.31 所示,可以查看表的信息,也可以修改表的信息。

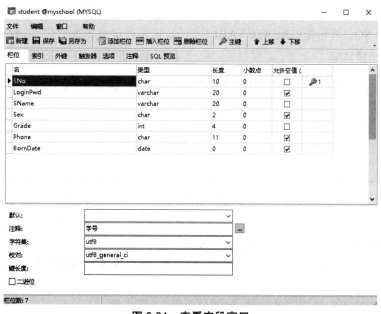

图 3.31 查看字段窗口

3. 删除表结构

在添加好信息之后,若发现表结构中有些个别栏多余,可进行删除。操作方法是右击选择删除的栏,然后选择"删除栏位",如图 3.32 所示。

图 3.32　删除字段窗口

3.3.2　使用 SQL 语句管理数据表

1. 创建表

创建表的 SQL 语句是 CREATE TABLE 语句,它为表定义各列的名字、数据类型和完整性约束,其语法格式如下:

> CREATE [TEMPORARY] TABLE [IF NOT EXISTS]〈表名〉
> [(〈字段名〉〈数据类型〉[完整性约束条件][, ...])]
> [表的选项];

说明如下。

在定义表结构的同时,还可以定义与该表相关的完整性约束条件(实体完整性、参照完整性和用户自定义完整性),这些完整性约束条件被存入系统的数据字典中,当用户操作表中的数据时,由 DBMS 自动检查该操作是否违背这些完整性约束条件。

(1)TEMPORARY 表示新建的表为临时表。

(2)IF NOT EXISTS 在创建表前加上一个判断,只有该表目前尚不存在时才执行 CREATE TABLE 操作。

(3)OPTION 用于描述表的选项,如存储引擎、字符集等。

例 3.6: 在学生选课系统 myschool 的数据库中,创建学生信息表 student,如表 3-2 所示。

表 3-2　学生信息表 student

字段名	数据类型	主键	必填	备注
SNo	char（10）	是	是	学号
SName	varchar（20）		是	学生姓名
LoginPwd	varchar（20）			密码
Sex	char（2）			性别
Grade	int（4）		是	年级
BornDate	date			出生时间
Phone	char（11）			联系电话

SQL 语句如下：

```
CREATE TABLE 'student' (
   'SNo' char(10) NOT NULL COMMENT ' 学号 ',
   'LoginPwd' varchar(20) DEFAULT NULL COMMENT ' 密码 ',
   'SName' varchar(20) NOT NULL COMMENT ' 姓名 ',
   'Sex' char(2) DEFAULT NULL COMMENT ' 性别 ',
   'Grade' int(4) NOT NULL COMMENT ' 所在年级 ',
   'Phone' char(11) DEFAULT NULL COMMENT ' 联系电话 ',
   'BornDate' date DEFAULT NULL COMMENT ' 出生日期 ',
   PRIMARY KEY ('SNo')
) ENGINE=InnoDB AUTO_INCREMENT=10 DEFAULT CHARSET=utf8;
```

2. 查看表

1）查看数据库中的所有表

使用 SHOW TABLES 语句可以查看数据库中的所有表的信息，其语法格式如下：

```
SHOW TABLES;
```

2）查看表结构

使用 DESCRIBE 语句可以查看表结构的相关信息，其语法格式如下：

```
{DESCRIBE | DESC}< 表名 >[ 字段名 ];
```

例 3.7： 查看 myschool 数据库中 student 表的信息。

```
use myschool;
desc student;
```

运行结果如下：

```
+----------+-------------+------+-----+---------+-------+
| Field    | Type        | Null | Key | Default | Extra |
+----------+-------------+------+-----+---------+-------+
| SNo      | char(10)    | NO   | PRI | NULL    |       |
| LoginPwd | varchar(20) | YES  |     | NULL    |       |
| SName    | varchar(20) | NO   |     | NULL    |       |
| Sex      | char(2)     | YES  |     | NULL    |       |
| Grade    | int(4)      | NO   |     | NULL    |       |
| Phone    | char(11)    | YES  |     | NULL    |       |
| BornDate | date        | YES  |     | NULL    |       |
+----------+-------------+------+-----+---------+-------+
```

3. 修改表结构

当数据库中的表创建完成后,用户在使用过程中可能需要改变表中原先定义的许多选项,如表的结构、约束或字段的属性等。表的修改与表的创建一样,可以通过 SQL 语句来实现,用户可进行的修改操作包括更改表名、增加字段、删除字段、修改已有字段的属性(字段名、字段数据类型、字段长度、精度、小数位数、是否为空等)。

修改表结构的语句是 ALTER TABLE 语句,其语法格式如下:

```
ALTER TABLE < 表名 >
    {[ADD< 新字段名 >< 数据类型 >[< 完整性约束条件 >][,...]]
  [[ADD INDEX [ 索引名 ](索引字段 ,...)]
   |[MODIFY COLUMN< 字段名 >< 新数据类型 >[〈完整性约束条件 >]]
    | [DROP {COLUMN < 字段名 >|< 完整性约束名> }[,...]]
     | DROP INDEX< 索引名 >
     | RENAME [AS]< 新表名 >
     };
```

说明如下。

(1)ADD,为指定的表添加一个新字段,它的数据类型由用户指定。

(2)MODIFY COLUMN,对指定表中字段的数据类型或完整性约束条件进行修改。

(3)DROP,对指定表中不需要的字段或完整性约束进行删除。

(4)ADD INDEX,为指定的字段添加索引。

(5)DROP INDEX,对指定表中不需要的索引进行删除。

(6)RENAME,对指定表进行更名。

例 3.8:向学生选课系统的 student 表中添加一个 address 字段。

```
alter table student add address char(50);
```

【注意】(1)在添加列时,不需要带关键字 COLUMN;在删除列时,在字段名前要带上关键字 COLUMN,因为在默认情况下,认为是删除约束。

(2)在添加列时,需要带数据类型和长度;在删除列时,不需要带数据类型和长度,只需指定字段名。

(3)如果在其列定义了约束,修改时会受到限制。如果确实要修改该列,必须先删除该列上的约束,然后再进行修改。

（4）将原表名更名为新表名以后，原表名就不存在了。

4. 删除表

使用 DROP TABLE 语句可以删除数据表，其语法格式如下：

DROP[TEMPORARY]TABLE [IF EXISTS]< 表名 >[, < 表名 >...];

例 3.9：删除 myschool 数据库中的 student 表。

```
use myschool;
drop table student;
```

3.4　管理数据表中的数据

3.4.1　使用 Navicat 管理数据表中的数据

1. 添加和修改数据

在表结构添加完成之后，需要向数据表中添加数据。以学生选课系统的 student 表为例，操作方法是选中新建的表的表名，选择"打开表模式"，即可向表中输入数据信息。在完成数据添加操作之后，可以对任意一个字段数据进行修改，操作方法是选中新建的表名，选择"打开表"模式，如图 3.33 所示。

图 3.33　修改数据窗口

2. 删除数据

当发现表中数据出现多余项而需要删除时，可以进行删除数据操作。以学生选课系统的 student 表为例，操作方法是选中 student 表名，选择"打开表模式"。单击要删除的记录并右击,选择"删除记录",如图 3.34 所示。

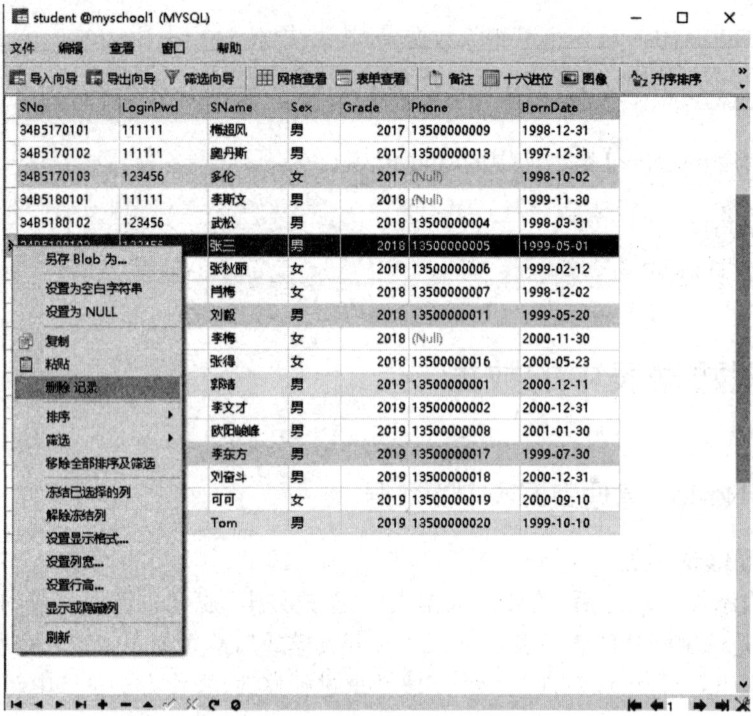

图 3.34　删除数据窗口

3.4.2　使用 SQL 语句管理数据表中的数据

创建表只是建立了表结构,还应该向表中添加数据。在添加数据时,对于不同的数据类型,插入的数据的格式是不一样的,因此应严格遵守它们各自的要求。添加数据按输入顺序保存,条数不限,只受存储空间的限制。

1. 添加数据

使用 INSERT INTO 语句可以向表中添加数据,其语法格式如下:

```
INSERT INTO< 表名 >[< 字段名 >[, ...]]
VALUES ( <常量> [, ...]);
```

例 3.10: 向 myschool 数据库的 student 表中插入数据。

```
insert into 'student'('SNo','LoginPwd','SName','Sex','Grade','Phone','BornDate');
values ('34B5170101','111111',' 李明 ',' 男 ',2017,'13500000009','1998-12-31');
```

2. 修改数据

修改表中数据可用 UPDATE 语句来完成,其语法格式如下:

```
UPDATE< 表名 >
SET< 字段名 >=< 表达式 >[,...]
[WHERE ＜条件＞ ];
```

例 3.11：将学生选课系统中 student 表中 SNo 编号为 34B5170101 的密码改为 133123。

```
update student set LoginPwd='133123' where SNo='34B5170101';
```

3. 删除数据

删除表中数据用 DELETE 语句来完成，其语法格式如下：

```
DELETE FROM < 表名 >
[WHERE < 条件 >];
```

例 3.12：删除学生选课系统的 student 表中姓名为"多伦"的学生的信息。

```
delete from student where SName=" 多伦 ";
```

【注意】删除表中所有记录也可以用 TRUNCATE TABLE 语句，其语法格式如下：

```
TRUNCATE TABLE< 表名 >;
```

3.5　项目一案例分析——学生选课系统

前文主要介绍了操作数据库与表的基本方法，本节主要以学生选课系统为项目案例介绍创建数据库和表的过程。

3.5.1　情景引入

学生选课系统是针对学生选课情况进行管理和维护的 MIS 系统，其基本功能包括以下几点。

（1）在系统中，学生可以查看课程的信息，包括课程名称、课时、开课年级以及课程简介等。

（2）学生用户登录后可以进行选课。为保证学习效果，每位学生最多能选修两门课程。学生选修时需提供学号、姓名、密码、性别、所在年级、出生日期和联系电话等信息。

（3）系统需要记录学生某门课的考试时间和成绩。

3.5.2　任务目标

根据学生选课系统的 E-R 模型和转换原则，设计其中学生、课程实体及选修的关系模型。

3.5.3 任务实施

【任务分析】在学生选课系统中,结合上一章学习的数据库设计的相关内容,完成学生选课系统数据库的创建、物理模型的设计、数据表的创建以及数据的添加工作。

1. 使用 Navicat 管理

【任务步骤】

第一步:创建学生选课系统数据库 myschool,如图 3.35 所示。

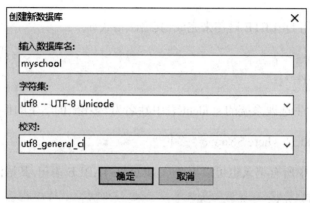

图 3.35　创建新数据库窗口

第二步:在数据库中创建 student、course、choose 数据表物理模型。学生信息表 student 如表 3-2 所示,课程信息表 course 如表 3-3 所示,选课信息表 choose 如表 3-4 所示。

表 3-3　课程信息表 course

字段名	数据类型	主键	必填	备注
CNo	int(4)	是	是	课程编号
CName	varchar(50)		是	课程名称
CHour	int(4)		是	课时
Grade	int(4)			可选年级
CIntro	text			课程简介

表 3-4　选课信息表 choose

字段名	数据类型	主键	必填	备注
ChooseNo	int(4)	是 AUTO_INCREMENT	是	选课序号
SNo	char(10)	外键	是	学号
CNo	int(4)	外键	是	课程编号
ExamDate	date			考试日期
score	int(4)			考试成绩

在 MySQL 中创建表的结构，student 表结构设计如图 3.36 所示。

图 3.36　student 表结构设计

course 表结构设计如图 3.37 所示。

图 3.37　course 表结构设计

choose 表结构设计如图 3.38 所示。

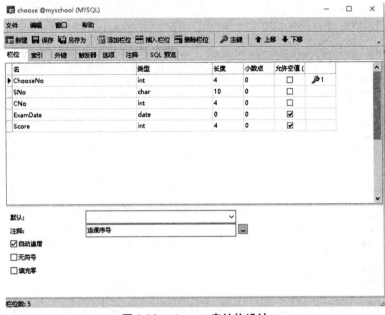

图 3.38　choose 表结构设计

第三步：设置 student、course、choose 表之间的关系，如图 3.39 所示。选择 choose 表结构，并设置主外键关联方式，如图 3.40 所示。

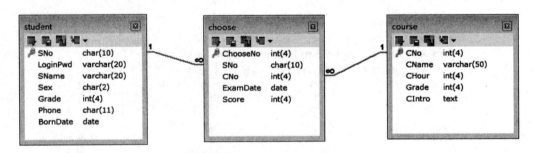

图 3.39　student、course、choose 表之间的关系

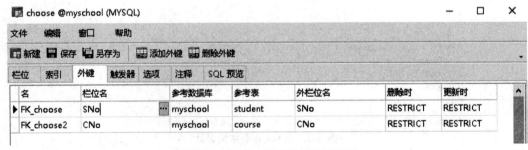

图 3.40　choose 表主外键关联关系

第四步:添加数据。分别向 student、course、choose 表中添加数据,student 数据表如表 3-5 所示,course 数据表如表 3-6 所示,choose 数据表如表 3-7 所示。

表 3-5　student 数据表

SNo	LoginPwd	SName	Sex	Grade	Phone	BornDate
34B5170101	111111	梅超风	男	2017	13500000009	1998-12-31
34B5170102	111111	奥丹斯	男	2017	13500000013	1997-12-31
34B5170103	123456	多伦	女	2017		1998-10-02
34B5180101	111111	李斯文	男	2018		1999-11-30
34B5180102	123456	武松	男	2018	13500000004	1998-03-31
34B5180103	123456	张三	男	2018	13500000005	1999-05-01
34B5180104	123456	张秋丽	女	2018	13500000006	1999-02-12
34B5180105	123456	肖梅	女	2018	13500000007	1998-12-02
34B5180106	123456	刘毅	男	2018	13500000011	1999-05-20
34B5180108	123456	李梅	女	2018		2000-11-30
34B5180109	123456	张得	女	2018	13500000016	2000-05-23
34B5190101	111111	郭靖	男	2019	13500000001	2000-12-11
34B5190102	123456	李文才	男	2019	13500000002	2000-12-31
34B5190103	111111	欧阳峻峰	男	2019	13500000008	2001-01-30
34B5190104	123456	李东方	男	2019	13500000017	1999-07-30
34B5190105	111111	刘奋斗	男	2019	13500000018	2000-12-31
34B5190106	123456	可可	女	2019	13500000019	2000-09-10
34B5190107	123456	Tom	男	2019	13500000020	1999-10-10

表 3-6　course 数据表

CNo	CName	CHour	Grade	CIntro
1	数字图像处理	48	2018	数字图形处理的基础课程
2	人机交互的软件工程方法	32	2018	
3	EPON 宽带接入技术	32	2018	
4	程序设计基础	32	2019	
5	智能产品开发与设计	32	2017	软硬件结合的课程
6	信息论基础	32	2019	
7	基础算法设计与分析	48	2018	

续表

CNo	CName	CHour	Grade	CIntro
8	人工智能导论	32	2019	人工智能的导论课程
9	计算机系统结构	48	2017	
10	计算机图形学	48	2018	
11	工程图学与计算机绘图	32	2019	

表 3-7　choose 数据表

ChooseNo	SNo	CNo	ExamDate	Score
1	34B5170101	4	2020-10-16	79
2	34B5170102	4	2020-11-11	74
3	34B5170103	4	2020-11-21	69
4	34B5180101	1	2020-11-11	94
5	34B5180101	2	2020-11-10	75
6	34B5180101	3	2020-12-19	70
7	34B5180102	1	2020-11-18	90
8	34B5180102	2	2020-11-11	97
9	34B5180102	3	2020-12-13	58

2. 使用 SQL 语句管理

【任务步骤】

第一步:创建学生选课系统数据库 myschool。

打开查询编辑器,输入命令:

```
CREATE DATABASE myschool DEFAULT CHARACTER SET utf8;
```

执行上述代码,查询结果如下:

```
mysql>CREATE DATABASE myschool DEFAULT CHARACTER SET utf8;

[SQL] CREATE DATABASE myschool DEFAULT CHARACTER SET utf8;
受影响的行:1
时间:0.000ms
```

第二步:在数据库中创建以下三张数据表的物理模型及三个表之间的关系。

```
CREATE TABLE 'student' (
    'SNo' char(10) NOT NULL COMMENT ' 学号 ',
    'LoginPwd' varchar(20) DEFAULT NULL COMMENT ' 密码 ',
    'SName' varchar(20) NOT NULL COMMENT ' 姓名 ',
    'Sex' char(2) DEFAULT NULL COMMENT ' 性别 ',
    'Grade' int(4) NOT NULL COMMENT ' 所在年级 ',
    'Phone' char(11) DEFAULT NULL COMMENT ' 联系电话 ',
    'BornDate' date DEFAULT NULL COMMENT ' 出生日期 ',
    PRIMARY KEY ('SNo')
) ENGINE=InnoDB AUTO_INCREMENT=10 DEFAULT CHARSET=utf8;
CREATE TABLE 'choose' (
    'ChooseNo' int(4) NOT NULL AUTO_INCREMENT COMMENT ' 选课序号 ',
    'SNo' char(10) NOT NULL COMMENT ' 学号 ',
    'CNo' int(4) NOT NULL COMMENT ' 课程编号 ',
    'ExamDate' date DEFAULT NULL COMMENT ' 考试时间 ',
    'Score' int(4) DEFAULT NULL COMMENT ' 成绩 ',
    PRIMARY KEY ('ChooseNo'),
    KEY 'SubjectNo' ('CNo'),
    KEY 'FK_choose' ('SNo'),
    CONSTRAINT 'FK_choose' FOREIGN KEY ('SNo') REFERENCES 'student' ('SNo'),
    CONSTRAINT 'FK_choose2' FOREIGN KEY ('CNo') REFERENCES 'course' ('CNo')
) ENGINE=InnoDB AUTO_INCREMENT=10 DEFAULT CHARSET=utf8;
CREATE TABLE 'course' (
    'CNo' int(4) NOT NULL AUTO_INCREMENT COMMENT ' 课程编号 ',
    'CName' varchar(50) NOT NULL COMMENT ' 课程名称 ',
    'CHour' int(4) NOT NULL COMMENT ' 课时 ',
    'Grade' int(4) DEFAULT NULL COMMENT ' 开课年级 ',
    'CIntro' text COMMENT ' 课程简介 ',
    PRIMARY KEY ('CNo')
) ENGINE=InnoDB AUTO_INCREMENT=10 DEFAULT CHARSET=utf8;
```

执行上述代码, 查询结果如下:

```
mysql>CREATE TABLE 'student' (
    'SNo' char(10) NOT NULL COMMENT ' 学号 ',
    'LoginPwd' varchar(20) DEFAULT NULL COMMENT ' 密码 ',
    'SName' varchar(20) NOT NULL COMMENT ' 姓名 ',
    'Sex' char(2) DEFAULT NULL COMMENT ' 性别 ',
    'Grade' int(4) NOT NULL COMMENT ' 所在年级 ',
    'Phone' char(11) DEFAULT NULL COMMENT ' 联系电话 ',
    'BornDate' date DEFAULT NULL COMMENT ' 出生日期 ',
    PRIMARY KEY ('SNo')
) ENGINE=InnoDB AUTO_INCREMENT=10 DEFAULT CHARSET=utf8;
CREATE TABLE 'choose' (
    'ChooseNo' int(4) NOT NULL AUTO_INCREMENT COMMENT ' 选课序号 ',
    'SNo' char(10) NOT NULL COMMENT ' 学号 ',
    'CNo' int(4) NOT NULL COMMENT ' 课程编号 ',
    'ExamDate' date DEFAULT NULL COMMENT ' 考试时间 ',
    'Score' int(4) DEFAULT NULL COMMENT ' 成绩 ',
    PRIMARY KEY ('ChooseNo'),
    KEY 'SubjectNo' ('CNo'),
    KEY 'FK_choose' ('SNo'),
    CONSTRAINT 'FK_choose' FOREIGN KEY ('SNo') REFERENCES 'student' ('SNo'),
    CONSTRAINT 'FK_choose2' FOREIGN KEY ('CNo') REFERENCES 'course' ('CNo')
) ENGINE=InnoDB AUTO_INCREMENT=10 DEFAULT CHARSET=utf8;
CREATE TABLE 'course' (
    'CNo' int(4) NOT NULL AUTO_INCREMENT COMMENT ' 课程编号 ',
    'CName' varchar(50) NOT NULL COMMENT ' 课程名称 ',
    'CHour' int(4) NOT NULL COMMENT ' 课时 ',
    'Grade' int(4) DEFAULT NULL COMMENT ' 开课年级 ',
    'CIntro' text DEFAULT NULL COMMENT ' 课程简介 ',
    PRIMARY KEY ('CNo')
) ENGINE=InnoDB AUTO_INCREMENT=10 DEFAULT CHARSET=utf8;
[SQL] CREATE TABLE 'course' (
    'CNo' int(4) NOT NULL AUTO_INCREMENT COMMENT ' 课程编号 ',
    'CName' varchar(50) NOT NULL COMMENT ' 课程名称 ',
    'CHour' int(4) NOT NULL COMMENT ' 课时 ',
    'Grade' int(4) DEFAULT NULL COMMENT ' 开课年级 ',
```

```
    'CIntro' text COMMENT ' 课程简介 ',
    PRIMARY KEY ('CNo')
) ENGINE=InnoDB AUTO_INCREMENT=10 DEFAULT CHARSET=utf8;
受影响的行 : 0
时间 : 0.031ms
[SQL]
CREATE TABLE 'student' (
    'SNo' char(10) NOT NULL COMMENT ' 学号 ',
    'LoginPwd' varchar(20) DEFAULT NULL COMMENT ' 密码 ',
    'SName' varchar(20) NOT NULL COMMENT ' 姓名 ',
    'Sex' char(2) DEFAULT NULL COMMENT ' 性别 ',
    'Grade' int(4) NOT NULL COMMENT ' 所在年级 ',
    'Phone' char(11) DEFAULT NULL COMMENT ' 联系电话 ',
    'BornDate' date DEFAULT NULL COMMENT ' 出生日期 ',
    PRIMARY KEY ('SNo')
) ENGINE=InnoDB AUTO_INCREMENT=10 DEFAULT CHARSET=utf8;
受影响的行 : 0
时间 : 0.000ms
[SQL]
CREATE TABLE 'choose' (
    'ChooseNo' int(4) NOT NULL AUTO_INCREMENT COMMENT ' 选课序号 ',
    'SNo' char(10) NOT NULL COMMENT ' 学号 ',
    'CNo' int(4) NOT NULL COMMENT ' 课程编号 ',
    'ExamDate' date DEFAULT NULL COMMENT ' 考试时间 ',
    'Score' int(4) DEFAULT NULL COMMENT ' 成绩 ',
    PRIMARY KEY ('ChooseNo'),
    KEY 'SubjectNo' ('CNo'),
    KEY 'FK_choose' ('SNo'),
    CONSTRAINT 'FK_choose' FOREIGN KEY ('SNo') REFERENCES 'student' ('SNo'),
    CONSTRAINT 'FK_choose2' FOREIGN KEY ('CNo') REFERENCES 'course' ('CNo')
) ENGINE=InnoDB AUTO_INCREMENT=10 DEFAULT CHARSET=utf8;
受影响的行 : 0
时间 : 0.032ms
```

第三步 : 向学生选课系统数据库的表中添加数据。

打开查询编辑器, 输入如下命令 :

67

insert into 'course'('CNo','CName','CHour','Grade','CIntro') values

(1,' 数字图像处理 ',48,2018,' 数字图像处理的基础 '),(2,' 人机交互的软件工程方法 ',32,2018,NULL),

(3,'EPON 宽带接入技术 ',32,2018,NULL),(4,' 程序设计基础 ',32,2019,NULL),

(5,' 智能产品开发与设计 ',32,2017,' 软硬件结合的课程 '),(6,' 信息论基础 ',32,2019,NULL),

(7,' 算法设计与分析 ',48,2018,NULL),(8,' 人工智能导论 ',32,2019,' 人工智能的导论课程 '),

(9,' 计算机系统结构 ',48,2017,NULL),(10,' 计算机图形学 ',48,2018,NULL),

(11,' 工程图学与计算机绘图 ',32,2019,NULL);

insert into 'student'('SNo','LoginPwd','SName','Sex','Grade','Phone','BornDate') values

('34B5170101','111111',' 梅超风 ',' 男 ',2017,'13500000009','1998-12-31'), ('34B5170102','111111',' 奥丹斯 ',' 男 ',

2017,'13500000013','1997-12-31'),('34B5170103','123456',' 多伦 ',' 女 ',

2017,NULL,'1998-10-02'),('34B5180101','111111',' 李斯文 ',' 男 ',

2018,NULL,'1999-11-30'),('34B5180102','123456',' 武松 ',' 男 ',

2018,'13500000004','1998-03-31'),('34B5180103','123456',' 张三 ',' 男 ',

2018,'13500000005','1999-05-01'),('34B5180104','123456',' 张秋丽 ',' 女 ',

2018,'13500000006','1999-02-12'),('34B5180105','123456',' 肖梅 ',' 女 ',

2018,'13500000007','1998-12-02'),('34B5180106','123456',' 刘毅 ',' 男 ',

2018,'13500000011','1999-05-20'),('34B5180108','123456',' 李梅 ',' 女 ',

2018,NULL,'2000-11-30'),('34B5180109','123456',' 张得 ',' 女 ',

2018,'13500000016','2000-05-23'),('34B5190101','111111',' 郭靖 ',' 男 ',

2019,'13500000001','2000-12-11'),('34B5190102','123456',' 李文才 ',' 男 ',

2019,'13500000002','2000-12-31'),('34B5190103','111111',' 欧阳峻峰 ',' 男 ',

2019,'13500000008','2001-01-30'),('34B5190104','123456',' 李东方 ',' 男 ',

2019,'13500000017','1999-07-30'),('34B5190105','111111',' 刘奋斗 ',' 男 ',

2019,'13500000018','2000-12-31'),('34B5190106','123456',' 可可 ',' 女 ',

2019,'13500000019','2000-09-10'),('34B5190107','123456','Tom',' 男 ',2019,'13500000020','1999-10-10');

insert into 'choose'('ChooseNo','SNo','CNo','ExamDate','Score') values

(1,'34B5170101',4,'2020-10-16',79),(2,'34B5170102',4,'2020-11-11',74),(3,'34B5170103',4,'2020-11-21',69),(4,'34B5180101',1,'2020-11-11',94),(5,'34B5180101',2,'2020-11-10',75),(6,'34B5180101',3,'2020-12-19',70),(7,'34B5180102',1,'2020-11-18',90),(8,'34B5180102',2,'2020-11-11',97),(9,'34B5180102',3,'2020-12-13',58);

执行上述代码,查询结果如下:

```
mysql>insert into 'course'('CNo','CName','CHour','Grade','CIntro') values
```
(1,' 数字图像处理 ',48,2018,' 数字图像处理的基础 '),(2,' 人机交互的软件工程方法 ',32,2018,NULL),

(3,'EPON 宽带接入技术 ',32,2018,NULL),(4,' 程序设计基础 ',32,2019,NULL),

(5,' 智能产品开发与设计 ',32,2017,' 软硬件结合的课程 '),(6,' 信息论基础 ',32, 2019, NULL),

(7,' 算法设计与分析 ',48,2018,NULL),(8,' 人工智能导论 ',32,2019,' 人工智能的导论课程 '),

(9,' 计算机系统结构 ',48,2017,NULL),(10,' 计算机图形学 ',48,2018,NULL),

(11,' 工程图学与计算机绘图 ',32,2019,NULL);

```
insert into 'student'('SNo','LoginPwd','SName','Sex','Grade','Phone','BornDate') values
```
('34B5170101','111 111',' 梅超风 ',' 男 ',2017,'13500000009','1998-12-31'), ('34B5170102', '111111',' 奥丹斯 ',' 男 ',

2017,'13500000013','1997-12-31'),('34B5170103','123456',' 多伦 ',' 女 ',

2017,NULL,'1998-10-02'),('34B5180101','111111',' 李斯文 ',' 男 ',

2018,NULL,'1999-11-30'),('34B5180102','123456',' 武松 ',' 男 ',

2018,'13500000004','1998-03-31'),('34B5180103','123456',' 张三 ',' 男 ',

2018,'13500000005','1999-05-01'),('34B5180104','123456',' 张秋丽 ',' 女 ',

2018,'13500000006','1999-02-12'),('34B5180105','123456',' 肖梅 ',' 女 ',

2018,'13500000007','1998-12-02'),('34B5180106','123456',' 刘毅 ',' 男 ',

2018,'13500000011','1999-05-20'),('34B5180108','123456',' 李梅 ',' 女 ',

2018,NULL,'2000-11-30'),('34B5180109','123 456',' 张得 ',' 女 ',

2018,'13500000016','2000-05-23'),('34B5190101','111111',' 郭靖 ',' 男 ',

2019,'13500000001','2000-12-11'),('34B5190102','123456',' 李文才 ',' 男 ',

2019,'13500000002','2000-12-31'),('34B5190103','111111',' 欧阳峻峰 ',' 男 ',

2019,'13500000008','2001-01-30'),('34B5190104','123456',' 李东方 ',' 男 ',

2019,'13500000017','1999-07-30'),('34B5190105','111111',' 刘奋斗 ',' 男 ',

2019,'13500000018','2000-12-31'),('34B5190106','123456',' 可可 ',' 女 ',

2019,'13500000019','2000-09-10'),('34B5190107','123456','Tom',' 男 ',2019,'13500000020', '1999-10-10');

```
insert into 'choose'('ChooseNo','SNo','CNo','ExamDate','Score')values
```
(1,'34B5170101',4,'2020-10-16',79),(2,'34B5170102',4,'2020-11-11',74),(3,'34B5170103',4, '2020-11-21',69),(4,'34B5180101',1,'2020-11-11',94),(5,'34B5180101',2,'2020-11-10',75),(6, '34B5180101',3,'2020-12-19',70),(7,'34B5180102',1,'2020-11-18',90),(8,'34B5180102',2,'2020- 11-11',97),(9,'34B5180102',3,'2020-12-13',58);

[SQL]

insert into 'course'('CNo','CName','CHour','Grade','CIntro') values

(1,' 数字图像处理 ',48,2018,' 数字图像处理的基础 '),(2,' 人机交互的软件工程方法 ',32,2018,NULL),

(3,'EPON 宽带接入技术 ',32,2018,NULL),(4,' 程序设计基础 ',32,2019,NULL),

(5,' 智能产品开发与设计 ',32,2017,' 软硬件结合的课程 '),(6,' 信息论基础 ',32,2019,NULL),

(7,' 算法设计与分析 ',48,2018,NULL),(8,' 人工智能导论 ',32,2019,' 人工智能的导论课程 '),

(9,' 计算机系统结构 ',48,2017,NULL),(10,' 计算机图形学 ',48,2018,NULL),

(11,' 工程图学与计算机绘图 ',32,2019,NULL);

受影响的行 : 11

时间 : 0.000ms

[SQL]

insert into 'student'('SNo','LoginPwd','SName','Sex','Grade','Phone','BornDate')values ('34B5170101','111111',' 梅超风 ',' 男 ',2017,'13500000009','1998-12-31'),

('34B5170102','111111',' 奥丹斯 ',' 男 ',2017,'13500000013','1997-12-31'),

('34B5170103','123456',' 多伦 ',' 女 ',2017,NULL,'1998-10-02'),

('34B5180101','111111',' 李斯文 ',' 男 ',2018,NULL,'1999-11-30'),

('34B5180102','123456',' 武松 ',' 男 ',2018,'13500000004','1998-03-31'),

('34B5180103','123456',' 张三 ',' 男 ',2018,'13500000005','1999-05-01'),

('34B5180104','123456',' 张秋丽 ',' 女 ',2018,'13500000006','1999-02-12'),

('34B5180105','123456',' 肖梅 ',' 女 ',2018,'13500000007','1998-12-02'),

('34B5180106','123456',' 刘毅 ',' 男 ',2018,'13500000011','1999-05-20'),

('34B5180108','123456',' 李梅 ',' 女 ',2018,NULL,'2000-11-30'),

('34B5180109','123456',' 张得 ',' 女 ',2018,'13500000016','2000-05-23'),

('34B5190101','111111',' 郭靖 ',' 男 ',2019,'13500000001','2000-12-11'),

('34B5190102','123456',' 李文才 ',' 男 ',2019,'13500000002','2000-12-31'),

('34B5190103','111111',' 欧阳峻峰 ',' 男 ',2019,'13500000008','2001-01-30'),

('34B5190104','123456',' 李东方 ',' 男 ',2019,'13500000017','1999-07-30'),

('34B5190105','111111',' 刘奋斗 ',' 男 ',2019,'13500000018','2000-12-31'),

('34B5190106','123456',' 可可 ',' 女 ',2019,'13500000019','2000-09-10'),

('34B5190107','123456','Tom',' 男 ',2019,'13 500000020','1999-10-10');

受影响的行 : 18

时间 : 0.000ms

[SQL]

```
insert into 'choose'('ChooseNo','SNo','CNo','ExamDate','Score') values
 (1,'34B5170101',4,'2020-10-16',79),(2,'34B5170102',4,'2020-11-11',74),
(3,'34B5170103',4,'2020-11-21',69),(4,'34B5180101',1,'2020-11-11',94),
(5,'34B5180101',2,'2020-11-10',75),(6,'34B5180101',3,'2020-12-19',70),
(7,'34B5180102',1,'2020-11-18',90),(8,'34B5180102',2,'2020-11-11',97),
(9,'34B5180102',3,'2020-12-13',58);
受影响的行：9
时间：0.000ms
```

3.6　项目二案例分析——企业新闻发布系统

3.6.1　情景引入

企业新闻发布系统是对针对企业内部实时发生的新闻内容进行维护和管理的 MIS 系统，其基本功能包括如下几点。

（1）系统用户可以发布、审核、评论新闻，管理员还可以管理用户。

（2）企业新闻作为系统的主体，包含多个新闻类别，用户可以管理新闻发布和维护系统中的新闻信息。

（3）系统用户归属于多个不同的部门，每个部门维护自己的系统用户信息。

3.6.2　任务目标

为企业新闻发布系统创建数据库，使用 SQL 语句实现以下数据修改。

（1）修改 cms 数据库的 tb_user 表中 uid 值为 u1003 的记录。将 lever 字段的值改为"普通用户"。

（2）将 cms 数据库的 tb_user 表中 lever 为"普通用户"的记录删除。

（3）将 tb_news 表中新闻编号为 8 的新闻，发布者改为 u1001，点击次数改为 600。

3.6.3　任务实施

（1）修改 cms 数据库的 tb_user 表中 uid 值为 u1003 的记录。将 lever 字段的值改为"普通用户"。

【任务分析】创建 cms 数据库，在用户表 tb_user 中根据用户编号查找修改的记录，然后修改用户的权限。

【任务步骤】

第一步：设计 cms 数据库表结构，用户表 tb_user 设计如表 3-8 所示，部门表 tb_dept 设计如表 3-9 所示，新闻类别表 tb_newstype 设计如表 3-10 所示，新闻表 tb_news 设计如表 3-11 所示，新闻评论表 tb_comment 设计如表 3-12 所示。

表 3-8　用户表 tb_user

字段名	数据类型	主键	必填	备注
uid	char（10）	是	是	用户编号
username	varchar（20）		是	姓名
password	varchar（10）		是	登录密码
email	varchar（50）		是	邮箱
lever	varchar（20）		是	用户等级
deptcode	varchar10）	外键	是	所属部门编号

表 3-9　部门表 tb_dept

字段名	数据类型	主键	必填	备注
deptcode	varchar（10）	是	是	部门编号
deptname	varchar（20）	唯一性约束	是	名称
deptup	varchar（10）		是	上级部门编号（默认值为"d1001"）

表 3-10　新闻类别表 tb_newstype

字段名	数据类型	主键	必填	备注
tid	char（10）	是	是	类别编号
typename	varchar（20）		是	名称
newstotal	Int（11）		是	包含的新闻条数（默认值为 0）

表 3-11　新闻表 tb_news

字段名	数据类型	主键	必填	备注
nid	int（11）	是（自动编号）	是	新闻编号
title	varchar（50）		是	标题
tid	char（10）	外键	是	所属类别编号
inputer	char（10）	外键	是	发布者编号
chkuser	char（10）	外键	是	审核者编号
deptcode	varchar（10）	外键		发布部门编号
time	datetime			发布时间
hits	int（11）			点击次数
content	text			新闻内容

表 3-12　新闻评论表 tb_comment

字段名	数据类型	主键	必填	备注
cid	char(10)	是	是	评论编号
uid	char(10)	外键	是	评论者编号
nid	int	外键	是	评论的新闻编号
time	date			评论时间
content	text			评论内容

第二步：创建 cms 数据库，创建表并添加数据的语句如下。

```
    CREATE DATABASE /*!32312 IF NOT EXISTS*/'cms' /*!40100 DEFAULT CHARAC-
TER SET utf8 */;
    USE 'cms';
    /*Table structure for table 'tb_comment' */
    DROP TABLE IF EXISTS 'tb_comment';

    CREATE TABLE 'tb_comment' (
      'cid' char(10) NOT NULL,
      'uid' char(10) NOT NULL,
      'nid' int(11) NOT NULL,
      'time' date DEFAULT NULL,
      'content' text,
      PRIMARY KEY ('cid'),
      KEY 'uid' ('uid'),
      KEY 'nid' ('nid'),
      CONSTRAINT 'tb_comment_ibfk_1' FOREIGN KEY ('uid') REFERENCES 'tb_user'
('uid'),
      CONSTRAINT 'tb_comment_ibfk_2' FOREIGN KEY ('nid') REFERENCES 'tb_news'
('nid')
    ) ENGINE=InnoDB DEFAULT CHARSET=gbk;

    insert into 'tb_comment'('cid','uid','nid','time','content') values ('c121','u1004',1,'2020-09-07','
希望以后多多指导我们的工作。'),('c122', 'u1005',2,'2020-09-07',' 顺利通过达标验收，可喜
可贺。'),('c123','u1006',3,'2020-10-02',' 好想试用新产品。'),('c124','u1007',4,'2020-10-03',' 招
聘会截止时间是什么时候？'),('c125','u1005',5,'2020-10-10',' 希望以后这个行业更加标准
化。');
```

73

```
/*Table structure for table 'tb_dept' */

DROP TABLE IF EXISTS 'tb_dept';

CREATE TABLE 'tb_dept' (
    'deptcode' varchar(10) CHARACTER SET utf8 NOT NULL,
    'deptname' varchar(20) CHARACTER SET utf8 DEFAULT NULL,
    'deptup' varchar(10) CHARACTER SET utf8 NOT NULL DEFAULT 'd1001',
    PRIMARY KEY ('deptcode'),
    UNIQUE KEY 'deptname' ('deptname')
) ENGINE=InnoDB DEFAULT CHARSET=gbk;

/*Data for the table 'tb_dept' */

insert into 'tb_dept'('deptcode','deptname','deptup') values ('d1001',' 人力资源管理 ','d1001'),
('d2001',' 财务部 ','d2001'),('d2012',' 纳税筹划 ','d2001'),('d3001',' 信息部 ','d3001'),('d3002','
广告设计 ','d3001'),('d4001',' 技术支持部 ','d4001'),('d4013',' 研发测试 ','d4001'),('d5001',' 市
场部 ','d5001'),('d5006',' 策划品牌渠道 ','d5001'),('d5008',' 市场扩展部 ','d5001');

/*Table structure for table 'tb_news' */
DROP TABLE IF EXISTS 'tb_news';

CREATE TABLE 'tb_news' (
    'nid' int(11) NOT NULL AUTO_INCREMENT,
    'title' varchar(50) NOT NULL,
    'tid' char(10) NOT NULL,
    'inputer' char(10) NOT NULL,
    'chkuser' char(10) NOT NULL,
    'deptcode' varchar(10) CHARACTER SET utf8 DEFAULT NULL,
    'time' datetime DEFAULT NULL,
    'hits' int(11) DEFAULT NULL,
    'content' text,
    PRIMARY KEY ('nid'),
    KEY 'tid' ('tid'),
```

KEY 'deptcode' ('deptcode'),

KEY 'inputer' ('inputer'),

KEY 'chkuser' ('chkuser'),

CONSTRAINT 'tb_news_ibfk_1' FOREIGN KEY ('tid') REFERENCES 'tb_newstype' ('tid'),

CONSTRAINT 'tb_news_ibfk_2' FOREIGN KEY ('deptcode') REFERENCES 'tb_dept' ('deptcode'),

CONSTRAINT 'tb_news_ibfk_3' FOREIGN KEY ('inputer') REFERENCES 'tb_user' ('uid'),

CONSTRAINT 'tb_news_ibfk_4' FOREIGN KEY ('chkuser') REFERENCES 'tb_user' ('uid')

) ENGINE=InnoDB AUTO_INCREMENT=9 DEFAULT CHARSET=gbk;

/*Data for the table 'tb_news' */

insert into 'tb_news'('nid','title','tid','inputer','chkuser','deptcode','time','hits','content') values (1,' 市领导莅临我公司参观指导 ','t1001','u1001','u1001','d1001','2020-09-07 12:55:48',100,' 我公司与研究所以及集团内兄弟单位将共同组团参加本次大会 '),(2,' 我公司最新工程顺利完工 ','t1001','u1002','u1001','d1001','2020-09-07 17:25:48',200,' 我公司承接该工程项目已完成,并顺利通过达标验收。'),(3,' 我公司将推出新一代产品 ','t5005','u1002','u1001', 'd1001','2020-10-02 12:55:48',300,' 我公司联合国内外知名研发设计院,将于近期推出产品。'),(4,'12 月最新招聘信息 ','t6006','u1002','u1001','d1001','2020-10-03 10:10:10',500,' 销售经理:根据公司销售计划,积极有效地完成销售目标。'),(5,' 行业委员会工作会议在京召开 ','t4004','u1004','u1001','d3001','2020-10-10 13:22:48',200,'2020 年 10 月 6 日至 9 日行业委员会第三次工作会议在北京召开。'),(6,' 出差报销标准 ','t3003','u1001','u1001', 'd1001','2020-11-07 13:00:33',100,' 详情见财务部网站。'),(7,'10 月工资说明 ','t3003','u1002',' u1001','d1001','2020-11-17 13:00:33',200,' 补发暖气费 '),(8,' 年终工作总结 ','t3003','u1003','u1 001','d1001','2020-11-20 13:01:01',200,' 详见年终工作总结要求 ');

/*Table structure for table 'tb_newstype' */

DROP TABLE IF EXISTS 'tb_newstype';

CREATE TABLE 'tb_newstype' (

'tid' char(10) NOT NULL,

'typename' varchar(20) CHARACTER SET utf8 NOT NULL,

'newstotal' int(11) NOT NULL DEFAULT '0',
    PRIMARY KEY ('tid')
) ENGINE=InnoDB DEFAULT CHARSET=gbk;

/*Data for the table 'tb_newstype' */
insert into 'tb_newstype'('tid','typename','newstotal') values ('t1001',' 企业新闻 ',200), ('t2002',' 企业文化 ',80),('t3003',' 规章制度 ',120),('t4004',' 市场简讯 ',300),('t5005',' 最新产品 ',140),('t6006',' 人事招聘 ',100);

/*Table structure for table 'tb_user' */

DROP TABLE IF EXISTS 'tb_user';

CREATE TABLE 'tb_user' (
    'uid' char(10) NOT NULL,
    'username' varchar(20) CHARACTER SET utf8 NOT NULL,
    'password' varchar(10) CHARACTER SET utf8 NOT NULL,
    'email' varchar(50) CHARACTER SET utf8 NOT NULL,
    'lever' varchar(20) CHARACTER SET utf8 NOT NULL,
    'deptcode' varchar(10) CHARACTER SET utf8 NOT NULL,
    PRIMARY KEY ('uid'),
    KEY 'deptcode' ('deptcode'),
    CONSTRAINT 'tb_user_ibfk_1' FOREIGN KEY ('deptcode') REFERENCES 'tb_dept' ('deptcode')
) ENGINE=InnoDB DEFAULT CHARSET=gbk;

/*Data for the table 'tb_user' */

insert into 'tb_user'('uid','username','password','email','lever','deptcode') values ('u1001',' 张小明 ','c333677015','xiaoming@163.com',' 超级管理员 ','d1001'),('u1002',' 李华 ', '5bd2026f12', 'lihua@163.com',' 普通管理员 ','d1001'),('u1003',' 李小红 ', '508df4cb2f','xiaohong@163.com',' 普通管理员 ','d1001'),('u1004',' 张天浩 ','41efd6b4f8','tianhao@126.com',' 普通用户 ','d3001'), ('u1005',' 李洁 ','4e11a005f7','lijie@163.com',' 普通用户 ', 'd5001'), ('u1006',' 黄维 ','a027c77005', 'huangwei@163.com',' 普通用户 ','d5008'),('u1007',' 余明杰 ','8044657128','mingjie@126.com', ' 普通用户 ','d4013');

第三步:修改 tb_user 表中 uid 值为 u1003 的记录,将 lever 字段的值改为"普通用户"。

```
UPDATE tb_user
SET lever=' 普通用户 '
WHERE uid='u1003';
```

执行上述代码后,查询结果如下。

```
mysql> UPDATE tb_user SET lever=' 普通用户 ' WHERE uid='u1003';

[SQL] UPDATE tb_user
SET lever=' 普通用户 '
WHERE uid='u1003';
受影响的行:1
时间:0.000ms
```

(2)将 cms 数据库的 tb_user 表中 lever 为"普通用户"的记录删除。

【任务分析】在用户表 tb_user 中查找用户等级为"普通用户"的记录,然后用命令删除。

【任务步骤】

代码如下。

```
mysql> DELETE FROM tb_user WHERE lever=' 普通用户 ';
+-------+-----------+-----------+-------------------+-----------------+----------+
| uid   | username  | password  | email             | lever           | deptcode |
+-------+-----------+-----------+-------------------+-----------------+----------+
| u1001 | 张小明    | c333677015| xiaoming@163.com  | 超级管理员      | d1001    |
| u1002 | 李华      | 5bd2026f12| lihua@163.com     | 普通管理员      | d1001    |
| u1003 | 李小红    | 508df4cb2f| xiaohong@163.com  | 普通管理员      | d1001    |
+-------+-----------+-----------+-------------------+-----------------+----------+
```

(3)将 tb_news 表中新闻编号为 8 的新闻的发布者改为 u1001,点击次数改为 600。

【任务分析】在新闻表 tb_news 中根据新闻编号查找要修改的发布者编号,然后对点击次数进行修改。

【任务步骤】

代码如下。

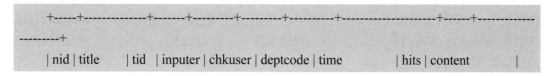

```
+-----+----------+-----+--------+--------+--------+-----------------+------+---------+
| nid | title    | tid | inputer| chkuser| deptcode| time           | hits | content |
```

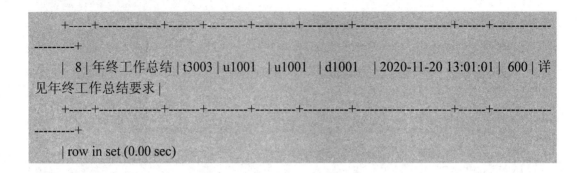

```
+-----+--------------+------+--------+--------+---------------------+------+-----
---------+
| 8 | 年终工作总结 | t3003 | u1001 | u1001 | d1001 | 2020-11-20 13:01:01 | 600 | 详
见年终工作总结要求 |
+-----+--------------+------+--------+--------+---------------------+------+-----
---------+
| row in set (0.00 sec)
```

3.7　项目三案例分析——网上商城系统

3.7.1　情景引入

B2C 是电子商务的典型模式,是企业通过网络开展的在线销售活动,它直接面向消费者销售产品和服务。消费者通过网络选购商品和服务、发表相关评论及进行电子支付等。

随着网上商城系统中的商品、订单等数据量的增大,为了能够让用户快速在系统中查询到指定的商品、订单等数据,需要使用索引对订单表的查询进行优化,从而有效提高数据查询的效率。

3.7.2　任务目标

为网上商城系统创建数据库 onlinedb、创建表、添加数据,具体任务目标如下:
(1)在网上商城系统创建数据库;
(2)添加数据库表结构;
(3)为表结构添加数据。

3.7.3　任务实施

(1)为网上商城系统创建数据库 onlinedb,其 SQL 语句如下。

```
CREATE  DATABASE  /*!32312  IF  NOT  EXISTS*/'onlinedb'  /*!40100  DEFAULT
CHARACTER SET utf8 */;
```

(2)创建数据表并添加数据。

【任务分析】先将数据表结构设计好,然后添加到数据库中。

【任务步骤】

第一步:设计数据表结构。商品类别表 goodstype 结构如表 3-13 所示,商品表 goods 结构如表 3-14 所示,会员表 user 结构如表 3-15 所示,订单表 orders 结构如表 3-16 所示,订单详情表 ordersDetail 结构如表 3-17 所示,购物车表 scar 结构如表 3-18 所示,管理员表 admin 结构如表 3-19 所示。

表 3-13   商品类别表 goodstype 结构

序号	字段名	数据类型	主键	允许空	默认值	说明
1	tID	int	是（自增）	否		类别 ID
2	tName	varchar(100)				类别名称

表 3-14   商品表 goods 结构

序号	字段名	数据类型	主键	允许空	默认值	说明
1	gdID	int	是（自增）	否		商品 ID
2	tID	int	外键	否		类别 ID
3	gdName	varchar(100)		否		名称
4	gdPrice	float			0	价格
5	gdQuantity	int			0	库存数量
6	gdSaleQty	int			0	销售量
7	gdCity	varchar(50)			北京	所在城市
8	gdInfo	longtext				商品介绍
9	gdAddTime	timestamp				上架时间
10	gdHot	int			0	是否热销
11	gdImage	varchar(255)				商品图片

表 3-15   会员表 user 结构

序号	字段名	数据类型	主键	允许空	默认值	说明
1	uID	int	是（自增）	否		会员 ID
2	uName	varchar(30)		否		用户名
3	uPwd	varchar(30)		否		密码
4	uSex	char(2)				性别
5	uBirth	date			1999-01-01	出生日期
6	uCity	varchar(50)			北京	所在城市
7	uPhone	varchar(20)				联系电话
8	uEmail	varchar(50)				邮箱
9	uCredit	int			0	会员积分
10	uRegTime	date				注册时间
11	uImage	varchar(100)				用户图像

表 3-16　订单表 orders 结构

序号	字段名	数据类型	主键	允许空	默认值	说明
1	oID	int	是（自增）	否		订单 ID
2	uID	int	外键			会员 ID
3	oTime	datetime				下单时间
4	oTotal	float				订单金额
5	oAddress	varchar(255)				送货地址

表 3-17　订单详情表 ordersDetail 结构

序号	字段名	数据类型	主键	允许空	默认值	说明
1	odID	int	是（自增）	否		详情 ID
2	oID	int	外键			订单 ID
3	gdID	int	外键			商品 ID
4	odNum	int				购买数量
5	dEvalution	varchar(8000)				商品评价
6	odTime	datetime				评价时间

表 3-18　购物车表 scar 结构

序号	字段名	数据类型	主键	允许空	默认值	说明
1	odID	int	是（自增）	否		详情 ID
2	oID	int	外键			订单 ID
3	gdID	int	外键			商品 ID
4	odNum	int				购买数量
5	dEvalution	varchar(8000)				商品评价
6	odTime	datetime				评价时间

表 3-19　管理员表 admin 结构

序号	字段名	数据类型	主键	允许空	默认值	说明
1	adID	int	是（自增）	否		管理员 ID
2	adName	varchar(50)		否		管理员用户名
3	adPwd	varchar(128)		否		管理员密码
4	adLoginTime	timestamp				登录时间

第二步:用 SQL 命令创建数据表。

```
CREATE TABLE 'goodstype' (
    'tID' int(11) NOT NULL AUTO_INCREMENT,
    'tName' varchar(100) DEFAULT NULL,
    PRIMARY KEY ('tID')
) ENGINE=InnoDB AUTO_INCREMENT=6 DEFAULT CHARSET=utf8;

CREATE TABLE 'goods' (
    'gdID' int(11) NOT NULL AUTO_INCREMENT,
    'tID' int(11) DEFAULT NULL,
    'gdName' varchar(100) NOT NULL,
    'gdPrice' float DEFAULT '0',
    'gdQuantity' int(11) DEFAULT '0',
    'gdSaleQty' int(11) DEFAULT '0',
    'gdCity' varchar(50) DEFAULT ' 北京 ',
    'gdInfo' longtext NOT NULL,
    'gdAddTime' timestamp DEFAULT NULL,
    'gdHot' tinyint(11) DEFAULT '0',
    'gdImage' varchar(255) DEFAULT NULL,
    PRIMARY KEY ('gdID'),
    KEY 'FK_Reference_10' ('tID'),
    CONSTRAINT 'FK_Reference_10' FOREIGN KEY ('tID') REFERENCES 'goodstype'
('tID')
) ENGINE=InnoDB AUTO_INCREMENT=11 DEFAULT CHARSET=utf8;

CREATE TABLE 'user' (
    'uID' int(11) NOT NULL AUTO_INCREMENT,
    'uName' varchar(30) NOT NULL,
    'uPwd' varchar(30) NOT NULL,
    'uSex' char(2) DEFAULT NULL,
    'uBirth' date DEFAULT '1999-01-01',
    'uCity' varchar(50) DEFAULT ' 北京 ',
    'uPhone' varchar(20) DEFAULT NULL,
    'uEmail' varchar(50) DEFAULT NULL,
    'uCredit' int(11) DEFAULT '0',
    'uRegTime' date DEFAULT NULL,
```

```
    'uImage' varchar(100) DEFAULT NULL,
    PRIMARY KEY ('uID')
) ENGINE=InnoDB AUTO_INCREMENT=13 DEFAULT CHARSET=utf8;

CREATE TABLE 'orders' (
    'oID' int(11) NOT NULL AUTO_INCREMENT,
    'uID' int(11) DEFAULT NULL,
    'oTime' datetime NOT NULL,
    'oTotal' float DEFAULT NULL,
    'oAddress' varchar(255) DEFAULT NULL,
    PRIMARY KEY ('oID')
) ENGINE=InnoDB AUTO_INCREMENT=7 DEFAULT CHARSET=utf8;

CREATE TABLE 'ordersdetail' (
    'odID' int(11) NOT NULL AUTO_INCREMENT,
    'oID' int(11) DEFAULT NULL,
    'gdID' int(11) DEFAULT NULL,
    'odNum' int(11) DEFAULT NULL,
    'dEvalution' varchar(8000) DEFAULT NULL,
    'odTime' datetime DEFAULT NULL,
    PRIMARY KEY ('odID')
) ENGINE=InnoDB AUTO_INCREMENT=11 DEFAULT CHARSET=utf8;

CREATE TABLE 'scar' (
    'sID' int(11) NOT NULL AUTO_INCREMENT,
    'uID' int(11) DEFAULT NULL,
    'gdID' int(11) DEFAULT NULL,
    'scNum' int(11) NOT NULL DEFAULT '0',
    PRIMARY KEY ('sID')
) ENGINE=InnoDB AUTO_INCREMENT=18 DEFAULT CHARSET=utf8;

CREATE TABLE 'admin' (
    'adID' int(11) NOT NULL AUTO_INCREMENT,
    'adName' varchar(50) NOT NULL,
    'adPwd' varbinary(128) DEFAULT NULL,
    'adLoginTime' timestamp DEFAULT NULL,
    PRIMARY KEY ('adID')
) ENGINE=InnoDB AUTO_INCREMENT=2 DEFAULT CHARSET=utf8;
```

执行上述代码成功后，使用 DESC 语句查看结果，代码如下所示：

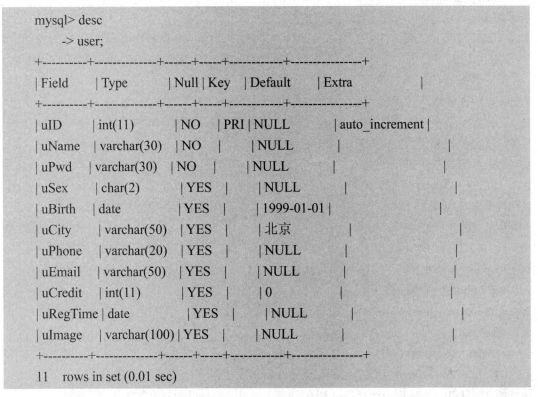

```
mysql> desc
    -> user;
+----------+--------------+------+-----+------------+----------------+
| Field    | Type         | Null | Key | Default    | Extra          |
+----------+--------------+------+-----+------------+----------------+
| uID      | int(11)      | NO   | PRI | NULL       | auto_increment |
| uName    | varchar(30)  | NO   |     | NULL       |                |
| uPwd     | varchar(30)  | NO   |     | NULL       |                |
| uSex     | char(2)      | YES  |     | NULL       |                |
| uBirth   | date         | YES  |     | 1999-01-01 |                |
| uCity    | varchar(50)  | YES  |     | 北京        |                |
| uPhone   | varchar(20)  | YES  |     | NULL       |                |
| uEmail   | varchar(50)  | YES  |     | NULL       |                |
| uCredit  | int(11)      | YES  |     | 0          |                |
| uRegTime | date         | YES  |     | NULL       |                |
| uImage   | varchar(100) | YES  |     | NULL       |                |
+----------+--------------+------+-----+------------+----------------+
11  rows in set (0.01 sec)
```

第三步：为表结构添加数据。

insert into 'admin'('adID','adName','adPwd','adLoginTime') values (1,'admin','123', '2017-12-04 08:41:56');

insert into 'goods'('gdID','tID','gdName','gdPrice','gdQuantity','gdSaleQty','gdCity','gdInfo', 'gdAddTime','gdHot','gdImage') values

(1,1,' 迷彩帽 ',63,1500,29,' 长沙 ',' 透气夏天棒球帽男女鸭舌帽网帽迷彩帽子太阳帽防晒韩版休闲遮阳帽 ','2016-09-07 10:21:38',0,' 透气夏天棒球帽男女鸭舌帽网帽迷彩帽子太阳帽防晒韩版休闲遮阳帽 '),

(3,2,' 牛肉干 ',94,200,61,' 重庆 ',' 牛肉干一般是用黄牛肉和其他调料一起腌制而成的肉干。牛肉干携带方便，并且有丰富的营养 ','2016-09-07 10:21:38',0,' 牛肉干一般是用黄牛肉和其他调料一起腌制而成的肉干。牛肉干携带方便，并且有丰富的营养 '),

(4,2,' 零食礼包 ',145,17900,234,' 济南 ',' 养生零食,孕妇零食,减肥零食,办公室闲趣零食,居家休闲零食,零食礼包,聚会零食等 ','2015-09-07 10:21:38',0,' 养生零食,孕妇零食,减肥零食,办公室闲趣零食,居家休闲零食,零食礼包,聚会零食等 '),

(5,1,' 运动鞋 ',400,1078,200,' 上海 ',' 运动, 健康等 ','2016-09-07 10:21:38',1,' 运动, 健康等'),

(6,5,' 咖啡壶 ',50,245,45,' 北京 ',' 一种冲煮咖啡的器具。咖啡壶是欧洲最早的发明之一, 约在 1685 年于法国问世, 在路易十五时期在各地广为流传。','2016-09-07 10:21:38',0,' 一种冲煮咖啡的器具。咖啡壶是欧洲最早的发明之一, 约在 1685 年于法国问世, 在路易十五时期在各地广为流传。'),

(8,1,'A 字裙 ',128,400,200,' 长沙 ','2016 秋季新品韩版高腰显瘦圆环拉链 a 字半身裙双口袋包臀短裙子女 ','2016-09-07 16:31:12',1,'2016 秋季新品韩版高腰显瘦圆环拉链 a 字半身裙双口袋包臀短裙子女 '),

(9,5,'LED 小台灯 ',29,100,31,' 长沙 ',' 皮克斯 LED 小台灯护眼学习主播灯光直播补光美颜美甲电脑桌办公 ','2016-09-07 16:33:21',0,' 皮克斯 LED 小台灯护眼学习主播灯光直播补光美颜美甲电脑桌办公 '),

(10,3,' 华为 P9_PLUS',3980,20,7,' 深圳 ','【华为官方买就送 Type C 转接头】Huawei/ 华为 P9 plus 全网通手机 ','2016-09-07 20:34:18',0,'【华为官方买就送 Type C 转接头】Huawei/ 华为 P9 plus 全网通手机 ');

insert into 'goodstype'('tID','tName') values (1,' 服饰 '),(2,' 零食 '),(3,' 电器 '),(4,' 书籍 '),(5,' 家居 ');

insert into 'orders'('oID','uID','oTime','oTotal','oAddress') values
(1,1,'2020-12-04 08:45:07',83,' 陕西省西安市长安区常宁大街 888 号 '),
(2,3,'2020-12-04 08:45:07',144,NULL),(3,9,'2020-12-04 08:45:07',29,NULL),
(4,8,'2020-12-04 08:45:07',1049,NULL),(5,4,'2020-12-04 08:45:07',557,NULL),
(6,3,'2020-12-04 08:45:07',1049,NULL);

insert into 'ordersdetail'('odID','oID','gdID','odNum','dEvalution','odTime') values
(1,1,1,1,' 式样依旧采用派克式, 搭配奔尼帽, 但上衣和裤子的贴袋与第一次配发的有所不同 ','2020-12-12 08:45:24'),

(2,1,1,1,' 看封面图好可爱, 打算入一本, 但是之前看过很多封面好看。','2020-12-12 08:45:24'),(3,2,3,1,' 朋友都说不错, 很值! \r\n\r\n ','2020-12-12 08:45:24'),

(4,2,6,1,' 果然一分钱一分货, 版型超好 \r\n\r\n ','2020-12-12 08:45:24'),

(5,6,9,1,' 性价比很高, 这样的价能买到这质量非常不错。','2020-12-12 08:45:24'),(6,5,3,1,' 虽然还没有到手上, 不过爸爸说不错 ','2020-12-12 08:45:24'),

(7,4,5,1,' 最近太忙了, 确认晚了, 东西是很好的, 呵呵。','2020-12-12 08:45:24'),

(8,4,8,1,' 很棒的衣服, 很好的服务, 谢谢 ','2020-12-12 08:45:24'),(9,4,9,1,' 听同事介绍来的, 都说质量不错, 下次还来你家。呵呵。','2020-12-12 08:45:24'),

(10,3,6,1,' 虽然还没有到手上, 不过爸爸说不错 ','2020-12-12 08:45:24');

insert into 'scar'('sID','uID','gdID','scNum') values (1,3,9,2),(2,12,3,1),(3,1,6,3),(4,7,4,1),(5, 3,2,1),(6,3,7,1),(7,12,7,1),(8,2,8,5),(9,10,5,2),(10,10,1,3),(11,8,5,4),(12,7,4,2),(13,6,2,2),(14,6,4, 1),(15,6,9,3),(16,5,1,1),(17,5,8,2);

insert into 'user'('uID','uName','uPwd','uSex','uBirth','uCity','uPhone','uEmail','uCredit',' uRegTime','uImage') values

(1,' 郭炳颜 ','111',' 男 ','2000-02-15',' 北京 ','18945672210','1234432@qq.com',100,'2013- 11-07',NULL),

(2, 蔡准 ','123',' 男 ','1998-10-28',' 北京 ','14786593245','258269775@qq.com',79,'2009- 09-07','2.jpg'),

(3,' 段湘林 ','123',' 男 ','2000-03-01',' 长沙 ','18974521635','127582934@qq.com',85,'2015- 10-29','3.jpg'),

(4,' 盛伟刚 ','123',' 男 ','1994-04-20',' 上海 ','13598742685','24596325@qq.com',163, '2012- 09-07','1.jpg'),

(5,' 李珍珍 ','123',' 女 ','1989-09-03',' 上海 ','14752369842','24589632@qq.com',986, '2003- 01-27','1.jpg'),

(6,' 常浩萍 ','123',' 女 ','1985-09-24',' 北京 ','16247536915','2157596@qq.com',12,'2013- 11-07','6.jpg'),

(7,' 柴宗文 ','123',' 男 ','1983-02-19',' 北京 ','18245739214','225489365@qq.com',34, '2016- 09-07' ,NULL),

(8,' 李莎 ','123',' 女 ','1994-01-24',' 重庆 ','17632954782','458963785@qq.com',196, '2014- 07-31','3.jpg'),

(9,' 陈瑾 ','123',' 女 ','2001-07-02',' 长沙 ','15874269513','2159635874@qq.com',254,'2012- 07-26','5.jpg'),

(10,' 次旦多吉 ','123',' 男 ','2008-12-23',' 长沙 ','17654289375','2459632@qq.com',1000, '2004-03-10','4.jpg'),

(11,' 冯玲芬 ','123',' 女 ','1983-09-12',' 长沙 ','19875236942','25578963@qq.com',158,'2015- 11-26','5.jpg'),

(12,' 范丙全 ','123',' 男 ','1984-04-29',' 长沙 ','17652149635','2225478@qq.com',72,' 2013- 07-18',NULL);

3.8 本章小结

本章节的关键知识点主要包括：① MySQL 的安装与配置；②管理数据库；③管理数据表；④管理表中的数据。本章节的关键技能点主要包括：①使用 Navicat 管理数据库、数据表、数据；②使用 SQL 语句管理数据库、数据表、数据。

3.9　知识拓展

MySQL安装完成后，会在磁盘上生成一个目录，该目录被称为 MySQL 的安装目录。MySQL 的安装目录包含一些子目录以及一些后缀名为 .ini 的配置文件，它们的具体功能如下。

1）bin 目录

bin 目录用于放置一些可执行文件，如 mysql.exe、mysqld.exe、mysqlshow.exe 等。

2）docs 目录

docs 目录用于存放一些文档。

3）Data 目录

登录数据库后，可使用 SHOW GLOBAL VARIABLES LIKE %Datadir%; 命令查看 Data 目录位置。

4）include 目录

include 目录用于放置一些头文件，如：mysql.h、mysql_ername.h 等。

5）lib 目录

lib 目录用于放置一系列库文件。

6）share 目录

share 目录用于存放字符集、语言等信息。

7）my.ini 文件

my.ini 是 MySQL 默认使用的配置文件，一般情况下，只要修改 my.ini 配置文件中的内容就可以对 MySQL 进行配置。

3.10　章节练习

1. 选择题

（1）【单选题】添加表记录的语句关键字是（　　）。

A. select

B. insert

C. update

D. delete

（2）【多选题】关于主表与从表说法正确的是（　　）。

A. 插入数据时，先插入主表的数据，再插入从表的数据。

B. 插入数据时，先插入从表的数据，再插入主表的数据。

C. 删除数据时，先删除从表中的数据，再删除主表的数据。

D. 删除数据时，先删除主表中的数据，再删除从表的数据。

（3）【多选题】商品类别表（goodsType）如下图所示，向该表中插入一条记录 (6,' 车品 ')，其中 tID 是自动递增列，正确的代码是（　　　　）。

tID	∧	tName
1		服饰
2		零食
3		电器
4		书籍
5		家居

A. insert into GoodsType set tID=6,tName=' 车品 ';

B. insert into GoodsType(tName) values(' 车品 ');

C. insert into GoodsType values(6,' 车品 ');

D. insert into GoodsType values(' 车品 ');

（4）【单选题】删除表记录的语句关键字是（　　　　）。

A. insert

B. delete

C. update

D. select

（5）【单选题】修改用户表 user 中姓名为 mary 的用户数据，将其密码修改为 888888，正确的语句是（　　　　）。

A. update user set uPwd=888888;

B. update user set uPwd=888888 where uName='mary';

C. update set uPwd=888888;

D. update user uPwd=888888 where uName='mary';

（6）【单选题】删除 user 表中姓名为 mary 的用户记录，正确的语句是（　　　　）。

A. delete from user where uName='mary';

B. delete * from user where uName='mary';

C. drop from user where uName='mary';

D. drop * from user where uName='mary';

（7）【单选题】设置表的默认字符集的关键字是（　　　　）。

A. DEFAULT CHARACTER

B. DEFAULT SET

C. DEFAULT

D. DEFAULT CHARACTER SET

（8）【单选题】更新或删除主表中的记录时，从表中相关记录对应的值也需更新或删除，设置外键约束时应使用（　　　　）关键字。

A. RISTRICT

B. NO ACTION

C. SET NULL

D. CASCADE

2. 简答题

（1）简述 MySQL 的查询方法。

（2）简述 UPDATE 语句的操作方法。

（3）简述 INSERT 语句的操作方法。

第4章 数据查询

本章学习目标

知识目标

- 掌握查询的基本方法。
- 了解嵌套查询的操作方式。

技能目标

- 通过学生选课系统案例分析,掌握数据的简单查询方法。
- 通过企业新闻发布系统案例分析,掌握嵌套查询方法。
- 通过网上商城系统案例分析,掌握内连接、外连接的查询方法。

态度目标

- 查询应用:党建平台——多样化的数据平台。

数据库管理系统的一个最重要的功能就是数据查询,数据查询不应只是简单查询数据库中存储的数据,还应根据需要对数据进行筛选,以及确定数据以什么样的格式显示。MySQL 提供了功能强大的、灵活的语句来实现这些操作。

本章主要介绍数据查询相关的知识内容,包括:查询的基本命令、多表连接查询、子查询等。

4.1 创建单表基本查询

4.1.1 SELECT 语句结构

使用 SQL 语言中的 SELECT 语句能实现对数据库的查询。SELECT 语句的作用是让服务器从数据库中按用户要求检索数据,并将结果以表格的形式返回给用户。SELECT 语句基本语法格式如下:

```
SELECT< 子句 1 >
    FROM< 子句 2 >
    [WHERE< 表达式 1>]
    [GROUP BY< 子句 3>]
    [HAVING < 表达式 2>]
    [ORDER BY < 子句 4>]
    [LIMIT < 子句 5>]
    [UNION < 操作符 >];
```

命令相关参数说明如下：

（1）SELECT 子句指定查询结果中需要返回的值；

（2）FROM 子句指定从其中检索行的表或视图；

（3）WHERE 表达式指定查询的搜索条件；

（4）GROUP BY 子句指定查询结果的分组条件；

（5）HAVING 表达式指定分组或集合的查询条件；

（6）ORDER BY 子句指定查询结果的排序方法；

（7）LIMIT 子句可以被用于限制被 SELECT 语句返回的行数；

（8）UNION 操作符将多个 SELECT 语句的查询结果组合为一个结果集，该结果集包含联合查询中的所有查询的全部行。

【思政小贴士】

案例：信息技术，特别是软件技术在结合了互联网技术之后，将以传统方式开展的党建工作，升级为信息化、网络化、数据化的形式。软件技术能够助力新时代党建工作高效地开展。"学习强国"平台是由中共中央宣传部主管，以习近平新时代中国特色社会主义思想和党的二十大精神为主要内容，立足全体党员、面向全社会的优质平台，极大地满足了互联网条件下广大党员干部和人民群众多样化、自主化、便捷化的学习需求。用户可以在"学习强国"平台上搜索相关时事政治信息，也可以搜索新闻视频。门类众多的数据资料给用户提供了多样化的信息资讯。

4.1.2 SELECT 子句

SELECT 子句的语法格式如下：

```
SELECT [ALL| DISTINCT]< 目标表达式 >[,< 目标表达式 >][,...]
    FROM< 表或视图名 >[,< 表或视图名 >][,...] [LIMIT n1[, n2]];
```

命令相关参数说明如下：

（1）ALL 指定在结果集显示所有行，可以显示重复行，ALL 是默认选项；

（2）DISTINCT 指定在结果集显示唯一行，空值被认为相等，用于消除取值重复的行，ALL 与 DISTINCT 不能同时使用；

（3）LIMIT nl 表示返回最前面的 nl 行数据，nl 表示返回的行数；

（4）LIMIT nl,n2 表示从 nl 行开始,返回 n2 行数据,初始行为 0（从 0 行开始）,nl、n2 必须是非负的整型常量;

（5）Setect 后跟目标表达式,此处位置选择要查询的特定的列名,作为查询结果集,它可以是星号（*）、表达式、列表、变量等。其中,星号（*）用于返回表或视图的所有列,列表用"表名 . 列名"来表示,如 student. 学号 , 若只有一个表或多个表中没有相同的列时,表名可以省略。

在本节中使用 Navicat for MySQL 软件进行查询。打开 Navicat for MySQL 软件,选中数据库,单击"查询"→"新建查询",出现查询编辑器窗口,如图 4.1 所示。

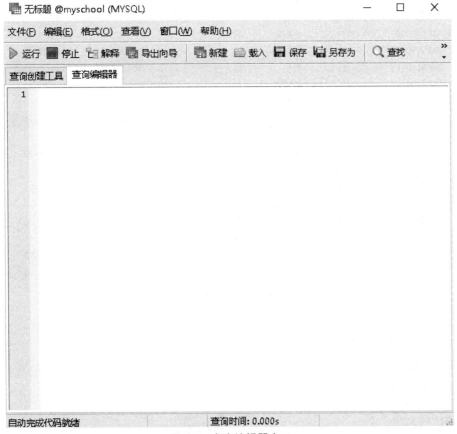

图 4.1　查询编辑器窗口

例 4.1:查询学生表（student）的全部信息。

SELECT * FROM student;

在查询编辑器中执行上述代码,查询结果如图 4.2 所示。

无标题 @myschool (MYSQL) *

文件(F) 编辑(E) 格式(O) 查看(V) 窗口(W) 帮助(H)

▷ 运行 ■ 停止 🔁 解释 📊 导出向导　　🔲 新建 📂 载入 💾 保存 📋 另存为　　🔍 查找 🔲 自动换行

查询创建工具　查询编辑器

```
1    SELECT * FROM student;
```

信息　结果1　概况　状态

SNo	LoginPwd	SName	Sex	Grade	Phone	BornDate
34B5170101	111111	梅超风	男	2017	13500000009	1998-12-31
34B5170102	111111	奥丹斯	男	2017	13500000013	1997-12-31
34B5170103	123456	多伦	女	2017	(Null)	1998-10-02
34B5180101	111111	李斯文	男	2018		1999-11-30
34B5180102	123456	武松	男	2018	13500000004	1998-03-31
34B5180103	123456	张三	男	2018	13500000005	1999-05-01
34B5180104	123456	张秋丽	女	2018	13500000006	1999-02-12
34B5180105	123456	肖梅	女	2018	13500000007	1998-12-02
34B5180106	123456	刘毅	男	2018	13500000011	1999-05-20
34B5180108	123456	李梅	女	2018	(Null)	2000-11-30
34B5180109	123456	张得	女	2018	13500000016	2000-05-23
34B5190101	111111	郭靖	男	2019	13500000001	2000-12-11
34B5190102	123456	李文才	男	2019	13500000002	2000-12-31
34B5190103	111111	欧阳峋峰	男	2019	13500000008	2001-01-30
34B5190104	123456	李东方	男	2019	13500000017	1999-07-30
34B5190105	111111	刘奋斗	男	2019	13500000018	2000-12-31
34B5190106	123456	可可	女	2019	13500000019	2000-09-10
34B5190107	123456	Tom	男	2019	13500000020	1999-10-10

图 4.2　查询学生表(student)的全部信息

4.1.3　WHERE 子句

使用 SELECT 语句进行查询时,如果用户希望设置查询条件来限制返回的数据行,可以通过在 SELECT 语句后使用 WHERE 子句来实现,具体语法如下:

WHERE< 表达式 >;

使用 WHERE 子句可以限制查询的范围,提高查询的效率。使用时, WHERE 子句必须紧跟在 FROM 子句之后。WHERE 子句中的查询条件或限定条件可以是比较运算符、模式匹配、范围说明、是否为空值、逻辑运算符。

1. 比较查询

比较查询条件由两个表达式和比较运算符(表 4-1)组成,系统将根据该查询条件的真假来决定某一条记录是否满足该查询条件,只有满足该查询条件的记录才会出现在最终结果中。

比较查询条件具体语法如下:

表达式 1 比较运算符 表达式 2

表 4-1 比较运算符

运算符	描述	表达式	运算符	描述	表达式
=	相等	$x=y$	<=	小于等于	$x<=y$
<>	不相等	$x<>y$	>=	大于等于	$x>=y$
>	大于	$x>y$	!=	不等于	$x!=y$
<	小于	$x<y$	<=>	相等或都等于空	$x<=>y$

例 4.2：查询姓名是"李东方"的学生的信息。

SELECT * FROM student WHERE SName=' 李东方 ';

在查询编辑器中执行上述代码，查询结果如图 4.3 所示。

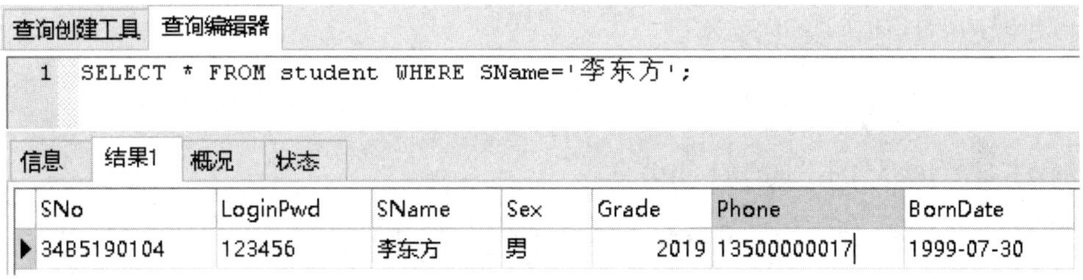

图 4.3 查询姓名是"李东方"的学生的信息

2. 模式匹配

模式匹配常用来返回某种匹配格式的所有记录，通常使用 LIKE 或 REGEXP 关键字。

1）LIKE 运算符

LIKE 运算符使用通配符来表示字符串需要匹配的模式，通配符及其含义如表 4-2 所示，具体语法如下：

表达式 [NOT]LIKE 模式表达式；

表 4-2 LIKE 运算符及其含义

通配符	名称	描述
%	百分号	匹配通配符或多个任意字符
_	下画线	匹配单个任意字符

2）REGEXP 运算符

REGEXP 运算符使用通配符来表示字符串需要匹配的模式,通配符及其含义如表 4-3 所示。

表 4-3　REGEXP 运算符及其含义

通配符	名称	描述
A	插入号	匹配字符串的开始部分
$	美元	匹配字符串的结束部分
o	句号	匹配字符串（包括回车和新行）
*	乘号	匹配 0 个或多个任意字符
+	加号	匹配单个或多个任意字符
?	问号	匹配 0 个或单个任意字符
()	括号	匹配括号里的内容
{n}	大括号	匹配括号前的内容出现 n 次的序列

模式匹配的具体语法如下:

表达式 [NOT] REGEXP 模式表达式 ;

例 4.3: 查询姓为"张"的学生的信息。

SELECT * FROM student WHERE SName regexp ' 张 ';

在查询编辑器中执行上述代码,查询结果如图 4.4 所示。

图 4.4　查询姓为"张"的学生的信息

3. 范围查询

如果需要返回的某一字段的值是介于两个指定值之间的所有记录,就可以使用范围查询 条件进行检索。范围查询主要有以下两种方式。

（1）使用 BETWEEN...AND 语句指定内含范围条件。

内含范围指要求返回记录某个字段的值在两个指定值范围以内,同时包括这两个指定值，通常使用 BETWEEN...AND 语句来指定内含范围条件。

内含范围条件的格式如下：

```
表达式 BETWEEN 表达式 1 AND 表达式 2;
```

（2）使用 IN 语句指定列表查询条件。

包含列表查询条件的查询将返回所有与列表中的任意一个值匹配的记录，通常使用 IN 语句指定列表查询条件。对于查询条件表达式中出现多个条件相同的情况，也可以用 IN 语句来简化。

列表查询条件的格式如下：

```
表达式 IN ( 表达式 [, ...]);
```

例 4.4：查询 70~90 分之间的所有成绩记录。

```
SELECT * FROM choose WHERE Score BETWEEN 70 AND 90;
```

在查询编辑器中执行上述代码，查询结果如图 4.5 所示。

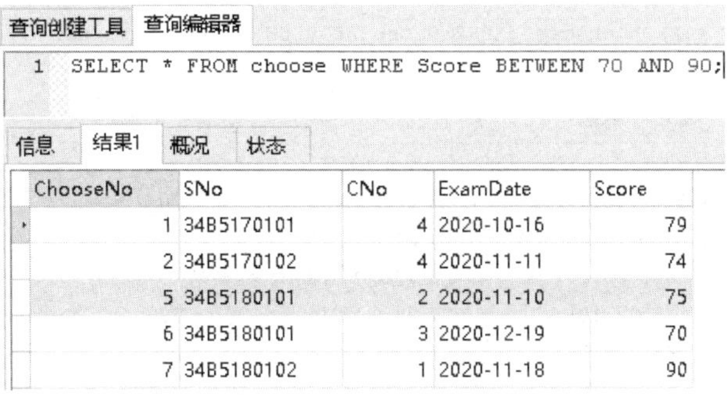

ChooseNo	SNo	CNo	ExamDate	Score
1	34B5170101	4	2020-10-16	79
2	34B5170102	4	2020-11-11	74
5	34B5180101	2	2020-11-10	75
6	34B5180101	3	2020-12-19	70
7	34B5180102	1	2020-11-18	90

图 4.5　查询 70~90 分之间的所有成绩记录

4. 空值判断查询条件

空值判断查询条件主要用来搜索某一字段为空值的记录，可以使用 IS NULL 或 IS NOT NULL 关键字来指定查询条件。

【注意】IS NULL 不能用 " = NULL" 代替。

5. 使用逻辑运算符查询

前面介绍的查询条件还可以通过逻辑运算符组成更为复杂的查询条件。逻辑运算符有四种，分别是 NOT、AND、OR 和 XOR。其中，NOT 表示对条件的否定；AND 用于连接两个条件，当两个条件都满足时才返回 TRUE，否则返回 FALSE；OR 也用于连接两个条件，只要有一个条件满足时就返回 TRUE；XOR 同样也用于连接两个条件，只有一个条件满足时才返回 TRUE，当两个条件都满足或都不满足时返回 FALSE。

需要说明的内容包括以下几点。

（1）四种运算的优先级从高到低的顺序是 NOT，AND，OR 和 XOR，但可以通过括号改变其优先级关系。

（2）在 MySQL 中，逻辑表达式共有三种可能的结果值，分别是 1（TRUE）、0（FALSE）和 NULL。

4.1.4 ORDER BY 子句

当使用 SELECT 语句查询时，如果希望查询结果能够按照其中的一个或多个字段进行排序，可以通过在 SELECT 语句后跟一个 ORDER BY 子句来实现。排序有两种方式：一种是升序，使用 ASC 关键字来指定；一种是降序，使用 DESC 关键字来指定。如果没有指定顺序，系统将默认使用升序。

ORDER BY 子句的语法格式如下：

```
ORDER BY< 字段名 > [ASC | DESC][,...];
```

例 4.5：查询在 70~90 分之间的所有成绩记录，成绩按升序排序。

```
SELECT * FROM choose WHERE Score BETWEEN 70 AND 90 order by score asc ;
```

在查询编辑器中执行上述代码，查询结果如图 4.6 所示。

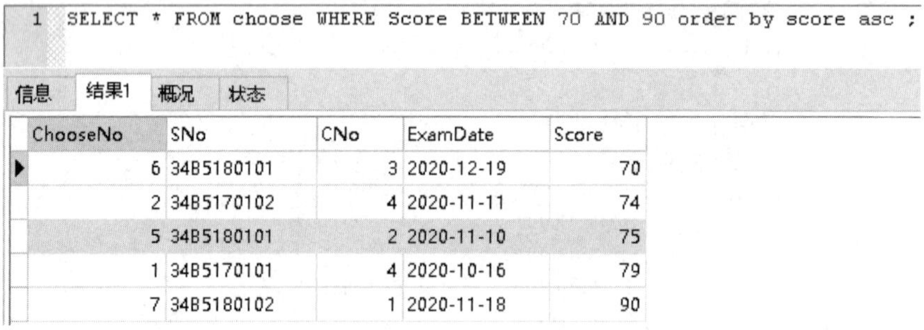

ChooseNo	SNo	CNo	ExamDate	Score
6	34B5180101	3	2020-12-19	70
2	34B5170102	4	2020-11-11	74
5	34B5180101	2	2020-11-10	75
1	34B5170101	4	2020-10-16	79
7	34B5180102	1	2020-11-18	90

图 4.6　查询 70~90 分之间的所有成绩记录并按升序排序

4.1.5 GROUP BY 子句

使用 SELECT 语句进行查询时，若条件中需要进行分组查询，可以通过 GROUP BY 子句来实现。在查询中，如果 SELECT 子句中包含聚合函数，则 GROUP BY 将计算每组的汇总值。常用的聚合函数如表 4-4 所示。

表 4-4　常用聚合函数

函数名	功能
SUM()	返回一个数值列或计算列的总和
AVG()	返回一个数值列或计算列的平均值
MIN()	返回一个数值列或计算列的最小值
MAX()	返回一个数值列或计算列的最大值
COUNT()	返回满足 SELECT 语句中指定条件的记录数
COUNT(*)	返回找到的行数

GROUP BY 子句用来进行分组,其语法格式如下:

> GROUP BY{字段名 | 表达式}[ASC| DESC][,...]
> [WITH ROLLUP];

命令相关参数说明如下。

(1)ASC 关键字用来指定升序, DESC 关键字用来指定降序。

(2)ROLLUP 指定在结果集内不仅包含由 GROUP BY 提供的行,还包含汇总行。

例 4.6:统计成绩在 70~90 分之间的人数。

> SELECT count(*) FROM choose WHERE Score BETWEEN 70 AND 90;

在查询编辑器中执行上述代码,查询结果如图 4.7 所示。

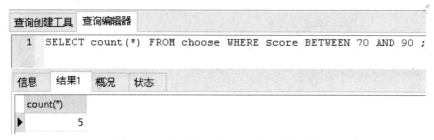

图 4.7 统计成绩在 70~90 分之间的人数

4.1.6 HAVING 子句

当完成数据结果的查询和统计后 , 若希望对查询和计算后的结果进行进一步筛选,可以在 SELECT 语句后使用 GROUP BY 子句配合 HAVING 子句来实现。

使用 HAVING 子句来实现筛选语法如下所示:

> HAVING< 表达式 >;

例 4.7:统计平均成绩在 85 分以上的课程编号。

> SELECT cno,avg(score) FROM choose group by cno having avg(score)>=85 ;

在查询编辑器中执行上述代码,查询结果如图 4.8 所示。

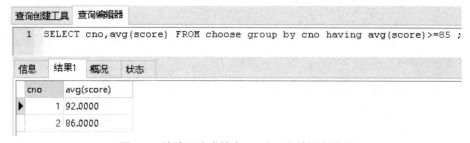

图 4.8 统计平均成绩在 85 分以上的课程编号

4.2 创建多表连接查询

4.2.1 内连接

内连接的连接查询结果集中仅包含满足条件的行。内连接是 MySQL 默认的连接方式,可以把 INNER JOIN 简写成 JOIN。根据所使用的比较方式不同,内连接又分为等值连接、自然连接和不等值连接三种。

内连接命令的语法格式如下:

FROM <表名 1>[别名 1], <表名 2 > [别名 2] [, ...]
　WHERE <连接条件表达式> [AND< 条件表达式>];

或者

FROM <表名 1> [别名 1] INNER JOIN< 表名 2> [别名 2] ON< 连接条件表达式 >
[WHERE < 条件表达式 >];

其中,第一种命令格式的连接类型在 WHERE 子句中指定,第二种命令格式的连接类型在 FROM 子句中指定。

比较运算符可以使用等号"=",此时称作等值连接;也可以使用不等比较运算符,包括 >、<、> =、< =、!=、<> 等,此时为不等值连接。

说明:

(1)FROM 后可跟多个表名,表名与表名之间用空格间隔;

(2)当连接类型在 WHERE 子句中指定时, WHERE 后一定要有连接条件表达式,即两个表的公共字段相等;

(3)若没有定义别名,表的别名默认为表名,定义别名后使用定义的别名;

(4)若在输出列或条件表达式中出现两个表的公共字段,则在公共字段名前必须加别名。

例 4.8:查询每个学生的选课及成绩情况。

SELECT student.SName,choose.CNo,choose.Score FROM student,choose where student.SNo=choose.SNo;

或

SELECT student.SName,choose.CNo,choose.Score FROM student inner join choose on student.SNo=choose.SNo;

在查询编辑器中执行上述代码,查询结果如图 4.9 所示。

信息 结果1 概况 状态

SName	CNo	Score
梅超风	4	79
奥丹斯	4	74
多伦	4	69
李斯文	1	94
李斯文	2	75
李斯文	3	70
武松	1	90
武松	2	97
武松	3	58

图 4.9　查询每个学生的选课及成绩情况

4.2.2　外连接

外连接的连接查询结果集中既包含那些满足条件的行，还包含其中某个表的全部行。有三种形式的外连接：左外连接、右外连接、全外连接。

左外连接是对连接条件中左边的表不加限制，即在结果集中保留连接表达式左表中的非匹配记录；右外连接是对右边的表不加限制，即在结果集中保留连接表达式右表中的非匹配记录；全外连接对两个表都不加限制，所有两个表中的行都会包括在结果集中。

外连接命令的语法格式如下：

```
FROM< 表名 1 > LEFT | RIGHT | FULL [OUTER] JOIN< 表名 2>
ON < 表名 1. 列 1 > = < 表名 2. 列 2 >
```

例 4.9：查询所有学生姓名及选修课课程编号，学生未选课的也要显示。

```
SELECT student.SName,choose.CNo FROM student left join choose on student.
SNo=choose.SNo;
```

在查询编辑器中执行上述代码，查询结果如图 4.10 所示。

信息 结果1 概况

SName	CNo
梅超风	4
奥丹斯	4
多伦	4
李斯文	1
李斯文	2
李斯文	3
武松	1
武松	2
武松	3
张三	(Null)
张秋丽	(Null)
肖梅	(Null)
刘毅	(Null)
李梅	(Null)
张得	(Null)
郭靖	(Null)
李文才	(Null)
欧阳峻峰	(Null)
李东方	(Null)
刘奋斗	(Null)
可可	(Null)
Tom	(Null)

图 4.10　查询所有学生姓名及选修课课程编号

4.2.3 交叉连接

交叉连接又称笛卡儿连接,是指两个表之间做笛卡儿积操作,得到结果集的行数是两个表的行数的乘积。

交叉连接命令的语法格式如下:

FROM < 表名 1>[别名 1],< 表名 2>[别名 2];

例 4.10:将 choose 表和 course 表进行交叉连接。

SELECT course.*,choose.* FROM course,choose;

在查询编辑器中执行上述代码,部分查询结果如图 4.11 所示。

CNo	CName	CHour	Grade	CIntro	ChooseNo	SNo	CNo1	ExamDate	Score
1	数字图像处理	48	2018	数字图像处理的基础	1	34B5170101	4	2020-10-16	79
1	数字图像处理	48	2018	数字图像处理的基础	2	34B5170102	4	2020-11-11	74
1	数字图像处理	48	2018	数字图像处理的基础	3	34B5170103	4	2020-11-21	69
1	数字图像处理	48	2018	数字图像处理的基础	4	34B5180101	1	2020-11-11	94
1	数字图像处理	48	2018	数字图像处理的基础	5	34B5180101	2	2020-11-10	75
1	数字图像处理	48	2018	数字图像处理的基础	6	34B5180101	3	2020-12-19	70
1	数字图像处理	48	2018	数字图像处理的基础	7	34B5180102	1	2020-11-18	90
1	数字图像处理	48	2018	数字图像处理的基础	8	34B5180102	2	2020-11-11	97
1	数字图像处理	48	2018	数字图像处理的基础	9	34B5180102	3	2020-12-13	58
2	人机交互的软件工程方法	32	2018	(Null)	1	34B5170101	4	2020-10-16	79
2	人机交互的软件工程方法	32	2018	(Null)	2	34B5170102	4	2020-11-11	74
2	人机交互的软件工程方法	32	2018	(Null)	3	34B5170103	4	2020-11-21	69
2	人机交互的软件工程方法	32	2018	(Null)	4	34B5180101	1	2020-11-11	94
2	人机交互的软件工程方法	32	2018	(Null)	5	34B5180101	2	2020-11-10	75
2	人机交互的软件工程方法	32	2018	(Null)	6	34B5180101	3	2020-12-19	70
2	人机交互的软件工程方法	32	2018	(Null)	7	34B5180102	1	2020-11-18	90
2	人机交互的软件工程方法	32	2018	(Null)	8	34B5180102	2	2020-11-11	97
2	人机交互的软件工程方法	32	2018	(Null)	9	34B5180102	3	2020-12-13	58
3	EPON宽带接入技术	32	2018	(Null)	1	34B5170101	4	2020-10-16	79
3	EPON宽带接入技术	32	2018	(Null)	2	34B5170102	4	2020-11-11	74
3	EPON宽带接入技术	32	2018	(Null)	3	34B5170103	4	2020-11-21	69
3	EPON宽带接入技术	32	2018	(Null)	4	34B5180101	1	2020-11-11	94
3	EPON宽带接入技术	32	2018	(Null)	5	34B5180101	2	2020-11-10	75
3	EPON宽带接入技术	32	2018	(Null)	6	34B5180101	3	2020-12-19	70
3	EPON宽带接入技术	32	2018	(Null)	7	34B5180102	1	2020-11-18	90
3	EPON宽带接入技术	32	2018	(Null)	8	34B5180102	2	2020-11-11	97
3	EPON宽带接入技术	32	2018	(Null)	9	34B5180102	3	2020-12-13	58
4	程序设计基础	32	2019	(Null)	1	34B5170101	4	2020-10-16	79

图 4.11 choose 表和 course 表交叉连接

4.2.4 自连接

连接操作不只在不同的表之间进行,一张表内还可以进行自身连接操作,即将同一个表的不同行连接起来。自连接可以看作一张表的两个副本之间的连接。在自连接中,必须为表指定两个别名,使之在逻辑上成为两张表。

自连接命令的语法格式如下:

FROM < 表名 1>[别名 1],< 表名 1> [别名 2][...]
WHERE< 连接条件表达式 > [AND < 条件表达式 >];

例 4.11:查询同时选修了 4(ICT 程序设计基础)和 7(算法设计与分析)课程的学生的学号。

SELECT student.SNo FROM student,choose,course WHERE student.SNo=choose.SNo and choose.CNo=course.Cno and (choose.CNo=4 or course.CNo=7);

或

SELECT student.SNo FROM student,choose,course WHERE
student.SNo=choose.SNo and choose.CNo=course.Cno and choose.CNo in(4,7);

在查询编辑器中执行上述代码,部分查询结果如图 4.12 所示。

图 4.12　查询同时选修了 4 和 7 课程的学生学号

4.2.5　Union 多表联合

在进行内连接时,有时候出于某种特殊需要,可能涉及对三张表甚至更多张表进行连接。对三张表甚至更多张表进行连接和对两张表进行连接的基本原理是相同的,即先把两张表连接成一个大表,再对其和第三张表进行连接,以此类推。

例 4.12:查询同时选修了 4(ICT 程序设计基础)和 7(算法设计与分析)课程的学生的学号、课程名称、成绩。

SELECT student.SNo,course.CName,choose.Score FROM student,choose,course WHERE
student.SNo=choose.SNo and choose.CNo=course.CNO
and choose.CNo in(4,7) ;

在查询编辑器中执行上述代码,部分查询结果如图 4.13 所示。

	SNo	CName	Score
▶	34B5170101	程序设计基础	79
	34B5170102	程序设计基础	74
	34B5170103	程序设计基础	69

图 4.13　查询同时选修了 4 和 7 课程的学生的学号、课程名、成绩

4.3 创建子查询

4.3.1 IN 子查询

子查询指在一个 SELECT 查询语句的 WHERE 子句中包含另一个 SELCET 查询语句，或者将一个 SELECT 查询语句嵌入在另一个语句中成为其中一部分。在外层的 SELECT 查询语句称为主查询，WHERE 子句中的 SELECT 查询语句被称为子查询。

子查询可描述复杂的查询条件，也称为嵌套查询。嵌套查询一般会涉及两个以上的表，所做的查询有的可以采用连接查询或者用几个查询语句完成。

在子查询中可以使用 IN 关键字、EXISTS 关键字和比较操作符（ALL 与 ANY）等来连接表数据信息。

子查询的语法格式如下：

<字段名> [NOT] IN（子查询）

例 4.13：查询没有选修"EPON 宽带接入技术"的学生的学号和姓名。

SELECT SNo, SName FROM student WHERE SNo not in

(select SNo from choose where CNo in (select CNo from course where CName='EPON 宽带接入技术 '))

在查询编辑器中执行上述代码，部分查询结果如图 4.14 所示。

SNo	SName
34B5170101	梅超风
34B5170102	奥丹斯
34B5170103	多伦
34B5180103	张三
34B5180104	张秋丽
34B5180105	肖梅
34B5180106	刘毅
34B5180108	李梅
34B5180109	张得
34B5190101	郭靖
34B5190102	李文才
34B5190103	欧阳剑峰
34B5190104	李东方
34B5190105	刘奋斗
34B5190106	可可
34B5190107	Tom

图 4.14 查询没有选修"EPON 宽带接入技术"的学生的学号和姓名

4.3.2 比较运算符子查询

带有比较运算符的子查询是指用比较运算符与主查询进行连接的子查询。当用户能确切知道内层查询返回的是单值时,可以用 >、<、=、>=、<=、! = 或 <> 等比较运算符连接主查询与子查询。

比较运算符子查询的语法格式如下:

> <字段名><比较运算符><子查询>

例 4.14: 查询超过平均年龄的学生的信息。

> SELECT * FROM student WHERE
> year(now())-year(BornDate)>(select avg(year(now())-year(BornDate)) from student);

在查询编辑器中执行上述代码,部分查询结果如图 4.15 所示。

信息	结果1	概况	状态				
SNo	LoginPwd	SName	Sex	Grade	Phone	BornDate
34B5170101	111111	梅超风	男	2017	13500000009	1998-12-31
34B5170102	111111	奥丹斯	男	2017	13500000013	1997-12-31
34B5170103	123456	多伦	女	2017	(Null)	1998-10-02
34B5180101	111111	李斯文	男	2018	(Null)	1999-11-30
34B5180102	123456	武松	男	2018	13500000004	1998-03-31
34B5180103	123456	张三	男	2018	13500000005	1999-05-01
34B5180104	123456	张秋丽	女	2018	13500000006	1999-02-12
34B5180105	123456	肖梅	女	2018	13500000007	1998-12-02
34B5180106	123456	刘毅	男	2018	13500000011	1999-05-20
34B5190104	123456	李东方	男	2019	13500000017	1999-07-30
34B5190107	123456	Tom	男	2019	13500000020	1999-10-10

图 4.15 查询超过平均年龄的学生的信息

4.3.3 ANY 或 ALL 子查询

子查询返回单值时,可以用比较运算符,但返回多值时,要用 ANY 或 ALL 谓词修饰符。在使用 ANY 或 ALL 谓词时,必须同时使用比较运算符。子查询由一个比较运算符引入,后面跟 ANY 或 ALL,ANY 和 ALL 用于一个值与一组值的比较,以"> "为例,ANY 表示大于一组值中的任意一个,ALL 表示大于一组值中的每一个。

ANY 或 ALL 与比较运算符一起使用的语义如表 4-5 所示。

表 4-5 ANY 或 ALL 子查询

用法	含义
> ANY	大于子查询结果中的某个值
> ALL	大于子查询结果中的所有值
< ANY	小于子查询结果中的某个值
< ALL	小于子查询结果中的所有值

用法	含义
>=ANY	大于等于子查询结果中的某个值
>=ALL	大于等于子查询结果中的所有值
<=ANY	小于等于子查询结果中的某个值
<=ALL	小于等于子查询结果中的所有值
=ANY	等于子查询结果中的某个值
=ALL	等于子查询结果中的所有值（通常没有实际意义）
!=ANY 或 <>ANY	不等于子查询结果中的某个值
!=ALL 或 <>ALL	不等于子查询结果中的任何一个值

ANY 或 ALL 子查询的语法格式如下：

<字段名><比较运算符>[ANY|ALL]<子查询>

例 4.15： 查询选修课程编号为 1 的学生的成绩高于选修课程编号为 4 的学生的成绩的学号。

SELECT SNo FROM choose WHERE CNo=1 and score>any(select score from choose where CNo=4);

在查询编辑器中执行上述代码，部分查询结果如图 4.16 所示。

图 4.16　查询课程编号为 1 的学生的成绩高于课程编号为 4 的学生的成绩的学号

4.3.4　EXISTS 子查询

带有 EXISTS 的子查询不需要返回任何实际数据，而只需要返回一个逻辑真值 TRUE 或逻辑假值 FALSE。也就是说，它的作用是在 WHERE 子句中测试子查询返回的行是否存在。如果存在则返回真值，如果不存在则返回假值。

EXISTS 子查询的语法格式如下：

<字段名>[NOT] EXISTS（子查询）

例 4.16： 查询没有选修课程编号为 4 的课程的学生的姓名。

SELECT SName FROM student WHERE not EXISTS (SELECT * from choose WHERE student.SNo=choose.SNo and CNo=4);

在查询编辑器中执行上述代码,部分查询结果如图 4.17 所示。

图 4.17　查询没有选修课程编号为 4 的课程的学生的姓名

4.4　项目一案例分析——学生选课系统

4.4.1　情景引入

学生选课系统是针对学生选课情况进行管理和维护的 MIS 系统,其基本功能包括以下几点。

(1)在系统中,学生可以查看课程的信息,包括课程名称、课时、开课年级以及课程简介等。

(2)学生用户登录后可以进行选课。为保证学习效果,每位学生最多能选修两门课程。学生选修时需提供学号、姓名、密码、性别、所在年级、出生日期和联系电话等信息。

(3)系统需要记录学生某门课的考试时间和成绩。

4.4.2　任务目标

基于学生选课系统数据库进行相关查询操作,具体任务目标如下。

(1)查看哪些同学选修了课程。

(2)查询学号为 34B5180101 的学生所选课程的课程编号及成绩。

(3)查找联系电话为空的学生的信息。

(4)计算选修了 4 号课程的学生的平均成绩。

(5)查询 2020 年 11 月 10 日至 2020 年 11 月 15 日期间进行考试的学生的学号和成绩。

4.4.3 任务实施

【**任务分析**】在学生选课系统中,结合上一章学习的创建数据库、创建表、添加数据的操作,对已有数据进行相关的查询。

(1)查看哪些同学选修了课程。

【**任务步骤**】

```
SELECT DISTINCT SNo FROM choose;
```

执行上述代码,查询结果如图 4.18 所示。

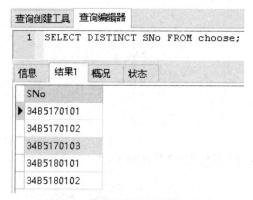

图 4.18　查看哪些同学选修了课程

(2)查询学号为 34B5180101 的学生所选课程的课程编号及成绩。

【**任务步骤**】

```
SELECT CNo,Score FROM choose WHERE SNo='34B5180101';
```

执行上述代码,查询结果如图 4.19 所示。

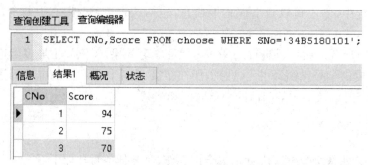

图 4.19　查询学号为 34B5180101 的学生所选课程的课程编号及成绩

(3)查找联系电话为空的学生的信息。

【**任务步骤**】

```
SELECT * FROM student WHERE Phone IS NULL;
```

执行上述代码,查询结果如图 4.20 所示。

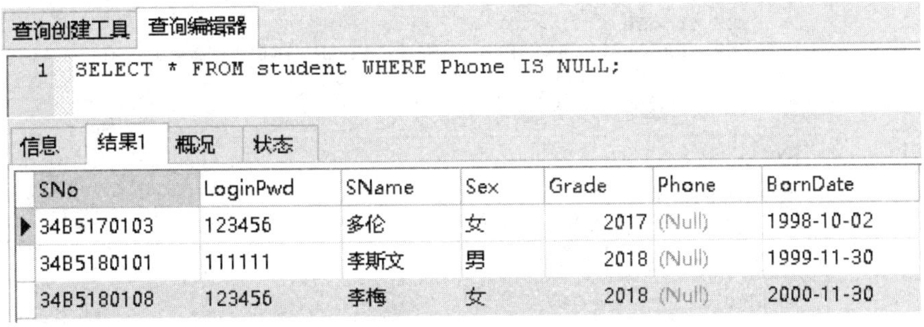

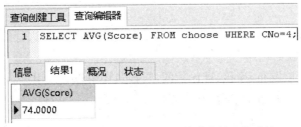

图 4.20　查找联系电话为空的学生的信息

(4)计算选修了 4 号课程的学生的平均成绩。

【任务步骤】

```
SELECT AVG(Score) FROM choose WHERE CNo=4;
```

执行上述代码,查询结果如图 4.21 所示。

图 4.21　计算选修了 4 号课程的学生的平均成绩

(5)查询在 2020 年 11 月 10 日至 2020 年 11 月 15 日期间进行考试的学生的学号和成绩。

【任务步骤】

```
SELECT SNo,Score
FROM choose
WHERE ExamDate BETWEEN '2020-11-10' AND '2020-11-15';
```

执行上述代码,查询结果如图 4.22 所示。

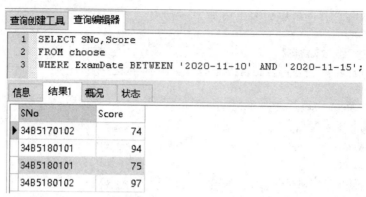

图 4.22 查询 2020 年 11 月 10 日至 2020 年 11 月 15 日期间进行考试的学生的学号和成绩

4.5 项目二案例分析——企业新闻发布系统

本节主要以企业新闻发布系统为项目案列,介绍数据查询的方法。

4.5.1 情景引入

企业新闻发布系统是对针对企业内部实时发生的新闻内容进行维护和管理的 MIS 系统,其基本功能包括以下几点。

(1)系统用户可以发布、审核、评论新闻,管理员还可以管理用户。

(2)企业新闻作为系统的主体,包含多个新闻类别,用户可以管理新闻发布和维护系统中的新闻信息。

(3)系统用户归属于多个不同的部门,每个部门维护自己的系统用户信息。

4.5.2 任务目标

为企业新闻发布系统数据库创建查询;对于复杂查询,要能够进行准确的分析和判断,具体任务目标如下。

(1)查找新闻表中排行前 3 的新闻的标题和发布时间。

(2)统计发布新闻条数大于 2 的发布者的编号及其发布的新闻的条数。

(3)查询姓张的用户发布的新闻,显示用户的姓名及其发布的新闻的新闻标题。

(4)显示新闻标题及评论内容,若没有评论内容,则显示新闻标题。

4.5.3 任务实施

(1)查找新闻表中排行前 3 的新闻的标题和发布时间。

【任务分析】新闻表中的新闻很多,但是人们通常喜欢浏览新闻。本任务要求能够查找到排行前 3 的新闻。

【任务步骤】

```
SELECT title AS 标题 ,time AS 发布时间
FROM tb_news
ORDER BY time LIMIT 3;
```

执行上述代码,查询结果如图 4.23 所示。

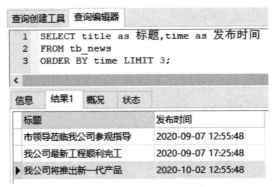

图 4.23　查找新闻表中排行前 3 的新闻的标题和发布时间

(2)统计发布新闻条数大于 2 的发布者的编号及其发布的新闻的条数。

【任务分析】新闻表中,企业管理人员最关注的是员工的发布量,所以本题目要求能够统计出发布新闻的数量。

【任务步骤】

```
SELECT inputer,COUNT(*)
FROM tb_news
GROUP BY inputer HAVING COUNT(*)>2;
```

执行上述代码,查询结果如图 4.24 所示。

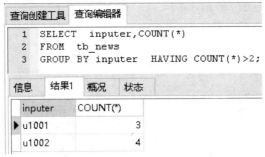

图 4.24　统计发布新闻条数大于 2 的发布者的编号及其发布的新闻的条数

(3)查询姓张的用户发布的新闻,显示用户的姓名及其发布的新闻的新闻标题。

【任务分析】新闻表中,企业管理人员想查找指定用户发布的新闻信息。本任务涉及用户表和新闻表的信息。

【任务步骤】

```
select username,title
from tb_user a ,tb_news b
where a.uid=b.inputer and username like ' 张 %';
```

执行上述代码,查询结果如图 4.25 所示。

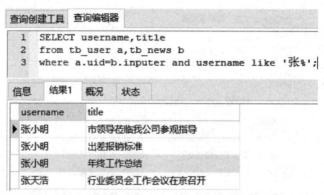

图 4.25　查询姓张的用户发布的新闻,显示用户的姓名及其发布的新闻的新闻标题

(4)显示新闻标题及评论内容,若没有评论内容,则显示新闻标题。

【任务分析】在日常的统计工作中,有时会漏掉一些数据,如果不加左外连接或右外连接,则无法看到这些数据。

【任务步骤】

```
select title ,b.content
from tb_news a left outer join tb_comment b
on a.nid=b.nid;
```

执行上述代码,查询结果如图 4.26 所示。

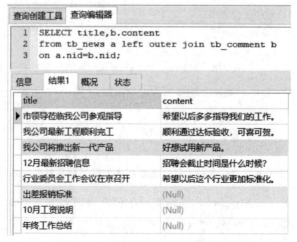

图 4.26　显示新闻标题及评论内容

4.6 项目三案例分析——网上商城系统

4.6.1 情景引入

B2C 是电子商务的典型模式,是企业通过网络开展的在线销售活动,它直接面向消费者销售产品和服务。消费者通过网络选购商品和服务、发表相关评论及进行电子支付等。

随着网上商城系统中的商品、订单等数据量的增大,为了能够让用户快速在系统中查询到指定的商品、订单等数据,需要使用索引对订单表的查询进行优化,从而有效提高数据查询的效率。

4.6.2 任务目标

网上商城系统中的数据查询是使用最为广泛的。在网上商城系统中,实现下面的查询,具体任务目标如下。

(1)查询 goods 表中每件商品的销售总价,其中销售总价 = 销售量 × 价格,显示商品的名称和销售总价。

(2)查询 goods 表中 gdCity 为长沙、西安、上海三个城市的商品的名称。

(3)查询 user 表中 uName 第 2 个字为"湘"的用户的用户名、性别和联系电话。

(4)查询 goods 表中商品类别为"服饰"的商品的商品 ID、名称、价格及类别名称。

(5)查询 uName 值为"段湘林"的用户的购物车中的商品 ID、名称、价格及购买数量。

4.6.3 任务实施

(1)查询 goods 表中每件商品的销售总价,其中销售总价 = 销售量 × 价格,显示商品的名称和销售总价。

【任务分析】在网上商城系统中,商品的种类很多,要想统计商品的销售总价,就需要进行计算。

【任务步骤】

```
SELECT gdName AS 名称 ,gdSaleQty*gdPrice AS 销售总价
FROM goods;
```

执行上述代码,查询结果如图 4.27 所示。

图 4.27　查询 goods 表中每件商品的销售总价

（2）查询 goods 表中 gdCity 为长沙、西安、上海三个城市的商品的名称。

【任务分析】在网上商城系统中,查询某些商品的生产地点的信息。

【任务步骤】

```
SELECT gdName,gdCity
FROM goods
WHERE gdCity in (' 长沙 ',' 西安 ',' 上海 ');
```

执行上述代码,查询结果如图 4.28 所示。

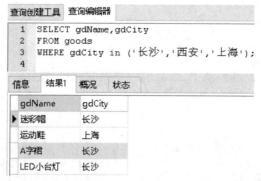

图 4.28　查询 goods 表中 gdCity 为长沙、西安、上海三个城市的商品的名称

（3）查询 user 表中 uName 第 2 个字为"湘"的用户的用户名、性别和联系电话。

【任务分析】在网上商城系统中,可以针对固定客户人群做出定性分析。

【任务步骤】

```
SELECT uName,uSex,uPhone
FROM user
WHERE uName LIKE '_ 湘 %';
```

执行上述代码,查询结果如图 4.29 所示。

图 4.29　查询 user 表中 uName 第 2 个字为"湘"的用户的用户名、性别和联系电话

（4）查询 goods 表中商品类别为"服饰"的商品的商品 ID、名称、价格及类别名称。

【任务分析】在网上商城系统中,通过商品类别找到指定商品的其他信息,比如商品的名称、价格等。

【任务步骤】

```
SELECT tName,gdID,gdName,gdPrice
FROM goodstype a INNER JOIN goods b ON a.tID= b.tID
WHERE tName=' 服饰 ';
```

执行上述代码,查询结果如图 4.30 所示。

图 4.30　查询 goods 表中商品类别为"服饰"的商品的商品 ID、名称、价格及类别名称

（5）查询 uName 值为"段湘林"的用户的购物车中的商品的商品 ID、名称、价格及购买数量。

【任务分析】在网上商城系统中,找到指定客户的购物车中的商品信息,并为客户提出建议意见。

【任务步骤】

```
SELECT c.gdID,gdName,gdPrice,scNum
FROM( user a INNER JOIN scar b ON a.uID=b.uID) INNER JOIN goods c ON b.gdID=c.gdID
WHERE uName=' 段湘林 ';
```

执行上述代码,查询结果如图 4.31 所示。

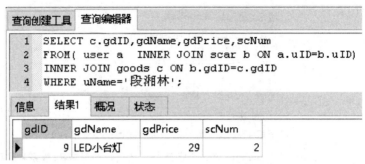

图 4.31　查询 uName 值为"段湘林"的用户的购物车中的商品的商品 ID、名称、价格及购买数量

4.7　本章小结

本章的关键知识点主要包括:①创建单表基本查询;②创建多表连接查询;③创建子查询。

学习的关键技能点主要包括:①能够使用 SELECT 语句进行数据查询;②能够进行内外连接查询。

4.8　知识拓展

在 MySQL 查询中,可能会包含重复值,使用 DISTINCT 可返回唯一不同的值。例如:

SELECT DISTINCT * FROM student;

另外,如果要对某个字段去重,可以使用如下语句(举例):

SELECT *, COUNT(DISTINCT name) FROM student GROUP BY sno;

在编写查询之前,应该对过滤条件进行排序,真正高效的条件是查询的主要驱动力,低效条件只起辅助作用,而高效与否要看过滤条件能否尽量减少必须处理的数据量。

4.9　章节练习

1. 选择题

(1)【单选题】用于指定查询筛选条件的关键字是(　　)。

A.SELECT

B.FROM

C.WHERE

D.WHILE

（2）【单选题】SQL 语言提供的（　　　）语句能实现从数据表中检索数据。

A.create

B.insert

C.update

D.select

（3）【单选题】在 SELECT 语句中,符号（　　　）表示选择指定表中所有列。

A.*

B.#

C.@

D.%

（4）【单选题】查询语句中,更改结果集中的列标题可使用（　　　）关键字。

A.ON

B.AS

C.AT

D.FROM

（5）【单选题】在学生信息表 s 中,查询年龄在 19 岁以上的学生的姓名、性别和年龄,正确的 SQL 语句是（　　　）。

A.select sn,sex,age

from s

where age>=19;

B.select sn,sex,age

from s

where age>19;

C.select sn,sex,age

from s

where age<=19;

D.select sn,sex,age

from s

where age<19;

（6）【单选题】在 MySQL 的查询中,消除重复记录所用的关键字是（　　　）。

A.distinct

B.explict

C.as

D.remove

（7）【单选题】查询所有学生所在院系的名称,正确的 SQL 语句是（　　　）。

A.select sDept from student;

B.select diffrent sDept from student;

C.select distinct sDept from student;

D.select notsame sDept from student;

（8）【单选题】在学生选课系统中，有如下关系模式：

Student 学生表（sNO，sName，sGender 性别，sAge，sDept 所在院系）

Course 课程表（cNo，cName，cPno 先行课，cCredit 学分）

SC 选课表（scNo 选课代码，sNo，cNo，scGrade 成绩）

查询已经选了课的学生的人数，正确的 SQL 语句是（　　　）。

A.select count(sNo) from SC;

B.select count(*) from SC;

C.select count(DISTINCT sNo) from SC;

D.select count(DISTINCT *) from SC;

（9）【多选题】在学生选课系统中，有如下关系模式：

Student 学生表（sNO，sName，sGender 性别，sAge，sDept 所在院系）

Course 课程表（cNo，cName，cPno 先行课，cCredit 学分）

SC 选课表（scNo 选课代码，sNo，cNo，scGrade 成绩）

查询年龄在 18 岁到 20 岁的学生的姓名和年龄，正确的 SQL 语句是（　　　）。

A.select sName,sAge from Student where sAge between 18 and 20;

B.select sName,sAge from Student where sAge >=18 and sAge<=20;

C.select sName,sAge from Student where sAge>18 and sAge<20;

D.select sName,sAge from Student where sAge>=18 or sAge<=20;

（10）【多选题】在学生选课系统中，有如下关系模式：

Student 学生表（sNO，sName，sGender 性别，sAge，sDept 所在院系）

Course 课程表（cNo，cName，cPno 先行课，cCredit 学分）

SC 选课表（scNo 选课代码，sNo，cNo，scGrade 成绩）

查询所在院系是信息工程学院、软件学院、网络空间学院这三个学院的学生的姓名、性别和所在院系，正确的 SQL 语句是（　　　）。

A.select sName,sGender,sDept from Student where sDept=' 信息工程学院 ' and sDept=' 软件学院 ' and sDept=' 网络空间学院 ';

B.select sName,sGender,sDept from Student where sDept=' 信息工程学院 ' or sDept=' 软件学院 ' or sDept=' 网络空间学院 ';

C.select sName,sGender,sDept from Student where sDept in(' 信息工程学院 ',' 软件学院 ',' 网络空间学院 ');

D.select sName,sGender,sDept from Student where sDept on(' 信息工程学院 ',' 软件学院 ',' 网络空间学院 ');

（11）【单选题】在学生信息表 s 中，查询姓"张"的学生的姓名及其所在院系，正确的 SQL 语句是（　　　）。

A.select sn, Dept

from s

where sn = '% 张 %';

B.select sn, Dept

from s

where sn like '% 张 %';

C.select sn, Dept

from s

where sn like ' 张 %';

D.select sn, Dept

from s

where sn = ' 张 _';

（12）【单选题】表示按照姓名（name）降序排列的子句是（　　　）。

A.ORDER BY DESC NAME

B.ORDER BY NAME DESC

C.ORDER BY NAME ASC

D.ORDER BY ASC NAME

（13）【单选题】在学生选课系统中，有如下关系模式：

Student 学生表（sNO，sName，sGender 性别，sAge，sDept 所在院系）

Course 课程表（cNo，cName，cPno 先行课，cCredit 学分）

SC 选课表（scNo 选课代码，sNo，cNo，scGrade 成绩）

查询选课表中成绩在前五名的学生的学号，正确的 SQL 语句是（　　　）。

A.select top 5 sNo from SC by scGrade desc;

B.select sNO from SC by scGrade desc limit 5;

C.select sNO from SC by scGrade limit 5;

D.select sNO from SC by scGrade asc limit 5;

（14）【单选题】在 SELECT 语句中，可以使用（　　　）子句，将结果集中的数据行根据选择列的值进行逻辑分组，以便能汇总表内容的子集，即实现对每个组的聚合计算。

A.LIMIT

B.GROUP BY

C.WHERE

D.ORDER BY

（15）【单选题】在学生选课系统中，有如下关系模式：

Student 学生表（sNO，sName，sGender 性别，sAge，sDept 所在院系）

Course 课程表（cNo，cName，cPno 先行课，cCredit 学分）

SC 选课表（scNo 选课代码，sNo，cNo，scGrade 成绩）

查询选课表中每位同学的总成绩，正确的 SQL 语句是（　　　）。

A.select sNo,sum(scGrade) from SC group by sNo;

B.select sName,sum(scGrade) from SC group by sName;

C.select sNo,sum(scGrade) from SC group by scNo;

D.select sName,sum(scGrade) from SC group by sNo;

（16）【单选题】在学生选课系统中，有如下关系模式：

Student 学生表（sNO,sName,sGender 性别,sAge,sDept 所在院系）

Course 课程表（cNo,cName,cPno 先行课,cCredit 学分）

SC 选课表（scNo 选课代码,sNo,cNo,scGrade 成绩）

查询每门课程的最高分,正确的 SQL 语句是（　　　）。

A.select cNo,min(scGrade) from SC group by cNo;

B.select cNo,max(scGrade) from SC group by cNo;

C.select cNo,count(scGrade) from SC group by cNo;

D.select cNo,sum(scGrade) from SC group by cNo;

（17）【单选题】在学生选课系统中,有如下关系模式：

Student 学生表（sNO,sName,sGender 性别,sAge,sDept 所在院系）

Course 课程表（cNo,cName,cPno 先行课,cCredit 学分）

SC 选课表（scNo 选课代码,sNo,cNo,scGrade 成绩）

查询每位学生选修的课程数目,正确的 SQL 语句是（　　　）。

A.select sName,count(*)

from Student left join SC on Student.sNo=SC.sNO

group by sName;

B.select sName,count(*)

from Student join SC on Student.sNo=SC.sNO

group by sName;

C.select sName,count(SC.*)

from Student left JOIN SC on Student.sNo=SC.sNO

group by sName;

D.select sName,count(SC.scNo)

from Student left JOIN SC on Student.sNo=SC.sNO

group by sName;

（18）【多选题】在学生选课系统中,有如下关系模式：

Student 学生表（sNO,sName,sGender 性别,sAge,sDept 所在院系）

Course 课程表（cNo,cName,cPno 先行课,cCredit 学分）

SC 选课表（scNo 选课代码,sNo,cNo,scGrade 成绩）

查询学生表,统计各院系的学生人数,显示人数在 1000 以上的院系,正确的 SQL 语句
是（　　　）。

A.select sDept,count(*)

from Student

group by sDept

having count(*)>=1000;

B.select sDept,count(sNo)

from Student

group by sDept

having count(*)>=1000;

C.select sDept,count(sNo)

from Student

group by sDept

where count(*)>=1000;

D.select sDept,count(*)

from Student

where count(*)>=1000

group by sDept;

（19）【多选题】左外连接使用（　　）关键字。

A.LEFT JOIN

B.JOIN

C.CROSS JOIN

D.LEFT OUTER JOIN

（20）【多选题】在学生选课系统中，有如下关系模式：

Student 学生表（sNO，sName，sGender 性别，sAge，sDept 所在院系）

Course 课程表（cNo，cName，cPno 先行课，cCredit 学分）

SC 选课表（scNo 选课代码，sNo，cNo，scGrade 成绩）

查询没有选修任何课程的学生的学号，正确的 SQL 语句是（　　）。

A.select sno

from student a left JOIN sc b

on a.sno=b.sno

where cno = null;

B.select a.sno

from student a left JOIN sc b

on a.sno=b.sno

where cno is null;

C.select a.sno

from student a JOIN sc b

on a.sno=b.sno

where cno= null;

D.select b.sno

from sc a right JOIN student b

on a.sno=b.sno

where cno is null;

2. 简答题

（1）简述查询的概念。

（2）简述单表查询的方法。

（3）简述内连接和外连接的区别。

（4）简述子查询中比较查询的方法。

提高篇

第5章　查询优化

本章学习目标

知识目标

- 了解视图的概念和优点。
- 了解索引的概念、类型和优缺点。

技能目标

- 通过企业新闻发布系统案例分析,掌握视图的创建、删除、更新、使用方法。
- 通过网上商城系统案例分析,掌握索引的创建、删除、使用方法。

态度目标

- 视图优化查询:至繁归于至简。
- 视图提高数据的安全性:保险巨头遭勒索软件网络攻击。
- 索引优化查询:当代大学生如何提高创新思维能力。

在实际业务场景中,不同的业务人员可能只关心与其业务有关的表和字段的数据。但由于查询语句中涉及多表关联、分组聚合、子查询等复杂查询,有时查询语句过长,会导致可读性差、易出错、查询效率低等问题。因此,数据库中提供了视图和索引,用于对查询语句结构和查询性能进行优化。

本章主要介绍与视图和索引相关的知识内容,包括:视图和索引的概念、视图和索引的相关使用操作等。

5.1　创建和使用视图

5.1.1　视图概述

1. 视图的概念

视图是从一个或多个表中派生出来的用于集中、简化和显示数据库中数据的一种数据库对象。视图中的内容是由查询定义的,并且视图和查询都是通过 SQL 语句定义的。

视图与表类似,它们的相同点在于:两者都是由一系列带有名称的行和列的数据组成的。对表的数据操纵同样适用于视图,通过视图也可以查询和更新数据。但是视图不等同于表,它们之间的本质区别在于:表中的数据是物理存储于磁盘上的;而视图并不存储任何数据,视图中的数据存储在基本表中,可以把视图看作从一个或多个表中导出的表,它是一个虚拟存在的表,在被引用时动态生成。

视图就像一个窗口,通过这个窗口,应用程序可以读取数据,甚至在某些特定条件下,还可以通过视图对表中的数据进行添加、修改和删除操作。这样一来,用户不用看到整个数据表中的数据,只关心对自己有用的数据即可,这也保证了数据库的安全性。视图和表的关系如图 5.1 所示。

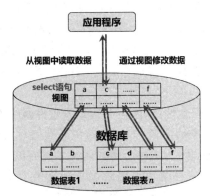

图 5.1　视图和表的关系

2. 视图的优点

视图与表在本质上虽然不相同,但视图经过定义以后,结构形式和表一样,可以对其进行查询、修改、更新和删除等操作。同时,视图具有如下优点。

(1)定制用户数据,聚焦特定的数据。

在实际的应用过程中,不同的用户可能对不同的数据有不同的要求。例如,当数据表同时存在时,如学生基本信息表、课程表和教师信息表等多种表同时存在时,视图可以根据需求让不同的用户使用各自需要的数据。如视图可以使学生查看、修改自己的基本信息,使安排课程的人员查看、修改课程表和教师信息表,使教师查看学生信息表和课程信息表。

(2)简化数据操作。

在进行数据查询时,很多时候要使用聚合函数,同时还要显示其他字段的信息,可能还需要关联到其他表,语句可能会很长,如果需要频繁进行操作的话,可以通过创建视图来对操作进行简化。

(3)提高数据的安全性。

由于视图是虚拟的,在物理上是不存在的,因此数据库管理系统可以只授予用户使用视图的权限,而不授予其使用表的权限,以保护基础数据的安全。

(4)共享所需数据。

通过使用视图,用户可以不必定义和存储重复的数据,而是共享数据库中的数据,重复的数据只需要存储一次即可。

（5）更改数据格式。

通过使用视图,用户可以重新格式化检索出的数据,并将其输出到其他应用程序中。

（6）重用 SQL 语句。

视图提供的是对查询操作的封装,本身不包含数据,所呈现的数据是根据视图定义从基础表中检索出来的,如果基础表中的数据有新增或删除,视图呈现的也是更新后的数据。

【思政小贴士】

案例 1：视图优化查询：至繁归于至简

在实际的业务场景中,我们往往会根据简单的业务描述而写出比较复杂的 SQL 语句,当复杂的 SQL 语句被应用程序频繁调用时,就需要用视图来优化它。这也体现了人生的两种境界:由简到繁,再由繁到简。乔布斯将"至繁归于至简"的理念深深贯彻在苹果的产品理念中。这句话反映出苹果最初的设计理念和苹果创始人人生的起起伏伏以及他的价值观和人生观。使用视图简化数据操作,也体现了"至繁归于至简"。不管世界有多复杂,只要我们总能保持像乔布斯那样坚持不懈地专注于做一件事,脚踏实地、执着努力,就一定能成功。

案例 2：视图提高数据的安全性：保险巨头遭勒索软件网络攻击

使用视图,可以隐藏数据表的字段信息,从而提高数据访问的安全性。有了视图机制,就可以在设计数据库应用系统时,为不同的用户定义不同的视图,使机密数据不出现在不应看到这些数据的用户视图上,这样就由视图机制自动提供了对机密数据的安全保护功能。据外媒 BleepingComputer 报道,保险巨头安盛集团在泰国、马来西亚、中国香港和菲律宾的分公司遭到了勒索软件网络攻击。据该家媒体报道,Avaddon 勒索软件集团在其泄密网站上称,其从安盛亚洲业务中窃取了 3TB 的敏感数据。

5.1.2　创建视图

创建视图与创建表的操作基本相同。在 SQL 中通常使用 CREATE VIEW 命令定义视图。在定义视图时,必须指定一个视图名称,并且必须指定计算视图的查询,其基本语法格式如下:

```
CREATE
    [OR REPLACE]
    [ALGORITHM = {UNDEFINED | MERGE | TEMPTABLE}]
    [DEFINER = { user | CURRENT_USER }]
    [SQL SECURITY { DEFINER | INVOKER }]
    VIEW view_name [(column_list)]
    AS select_statement
    [WITH [CASCADED | LOCAL] CHECK OPTION]
```

命令相关参数说明如下。

（1）column_list:要想为视图的列定义明确的名称,可使用可选的 column_list 子句,列出由逗号隔开的列名。column_list 中的名称数目必须等于 SELECT 语句检索的列数。若使用与源表或视图中相同的列名时可以省略 column_list。

（2）OR REPLACE：可选，表示可以替换已有的同名视图。

（3）ALGORITHM 子句：可选，规定了视图的算法，算法会影响 MySQL 处理视图的方式。ALGORITHM 可取三个值：MERGE、TEMPTABLE 或 UNDEFINED。如果没有 ALGO-RITHM 子句，默认算法是 UNDEFINED（未定义的）。指定了 MERGE 选项，会将引用视图的语句的文本与视图定义合并起来，使得视图定义的某一部分取代语句的对应部分。MERGE 算法要求视图中的行和基本表中的行具有一对一的关系，如果不具有这种关系，必须使用临时表取而代之。指定了 TEMPTABLE 选项，视图的结果将被置于临时表中，然后使用它执行语句。

（4）select_statement：表示用来创建视图的 SELECT 语句，可在 SELECT 语句中查询多个表或视图。但对 SELECT 语句有以下限制：

● 定义视图的用户必须对所参照的表或视图有查询（即可执行 SELECT 语句）权限；
● 不能包含 FROM 子句中的子查询；
● 不能引用系统或用户变量；
● 不能引用预处理语句参数；
● 在定义中引用的表或视图必须存在；
● 引用不是当前数据库的表或视图时，要在表或视图前加上数据库的名称；
● 在视图定义中允许使用 ORDER BY，但是如果从特定视图中进行了选择，而该视图使用了自己的 ORDER BY 语句，则视图定义中的 ORDER BY 语句将被忽略；
● 对于 SELECT 语句中的其他选项或子句，若视图中也包含了这些选项或子句，则效果未定义。例如，如果在视图定义中包含 LIMIT 子句，而 SELECT 语句使用了自己的 LIMIT 子句，MySQL 对使用哪个 LIMIT 未做定义。

（5）WITH CHECK OPTION：该参数指出在可更新视图上所进行的修改都要符合 select_statement 所指定的限制条件，这样可以确保数据被修改后，仍可通过视图看到修改的数据。当视图是根据另一个视图定义的时，WITH CHECK OPTION 给出两个参数：LOCAL 和 CASCADED，它们决定了检查测试的范围。LOCAL 关键字使 CHECK OPTION 只对定义的视图进行检查，CASCADED 关键字则代表会对所有视图进行检查。如果未给定任一关键字，默认值为 CASCADED。

【注意】使用视图时，要注意下列事项。

（1）在默认情况下，将在当前数据库创建新视图。若想在给定数据库中创建视图，创建时，应将名称指定为 db_name.view_name。

（2）视图的命名必须遵循标志符命名规则，不能与表同名，且对每个用户，视图名必须是唯一的，即对不同用户，即使是定义相同的视图，也必须使用不同的名字。

（3）不能把规则、默认值或触发器与视图相关联。

（4）不能在视图上建立任何索引，包括全文索引。

5.1.3 查看视图

视图创建成功后,可以通过查看视图的语句来查看视图的字段信息以及详细信息。

1. 查看视图的结构

查看视图的字段信息与查看数据表的字段信息一样,都是使用 DESCRIBE 关键字来查看,具体语法如下:

DESCRIBE 视图名;

或简写成:

DESC 视图名;

2. 查看视图的基本信息

查看视图的基本信息的具体语法如下:

SHOW TABLE STATUS [LIKE ' 视图名 '];

在命令执行结果中,包含了一些额外信息。如果 COMMENT 的值为 VIEW,表示所查的对象是一个视图。

3. 查看视图的详细信息

在 MySQL 中,SHOW CREATE VIEW 语句可以查看视图的详细定义。其语法如下所示:

SHOW CREATE VIEW 视图名;

上面的语句还可以用来查看创建视图的语句。创建视图的语句可以作为修改或者重新创建视图的参考,方便用户操作。

5.1.4 使用视图

视图一经定义之后,查询视图就同查询数据表一样,可以使用 SELECT 语句查询其中的数据,语法和查询数据表中的数据的语法一样。

1. 视图查询主要应用在以下几个方面

(1)使用视图重新格式化检索出的数据。

(2)使用视图简化复杂的表连接。

(3)使用视图过滤数据。

2. 使用视图的时候,还应该注意以下几点

(1)创建视图需要足够的访问权限。

(2)创建的视图的数目没有限制。

(3)视图可以嵌套,即从其他视图中检索数据的查询来创建视图。

(4)视图不能索引,也不能有关联的触发器、默认值或规则。

(5)视图可以和表一起使用。

（6）视图不包含数据，所以每次使用视图时，都必须执行查询中所需的任何一个检索操作。

（7）如果用多个连接和过滤条件创建了复杂的视图或嵌套了视图，可能会发现系统运行性能下降得十分严重。因此，在部署大量视图应用时，应该进行系统测试。

5.1.5 修改视图

修改视图是指修改 MySQL 数据库中存在的视图，当基本表的某些字段发生变化时，可以通过修改视图来保持其与基本表的一致性。

对已有的视图进行修改可以使用 ALTER VIEW 语句，其语法如下所示：

```
ALTER
    [ALGORITHM = {UNDEFINED | MERGE | TEMPTABLE}]
    [DEFINER = { user | CURRENT_USER }]
    [SQL SECURITY { DEFINER | INVOKER }]
    VIEW view_name [(column_list)]
    AS select_statement
    [WITH [CASCADED | LOCAL] CHECK OPTION];
```

命令相关参数说明如下。

（1）view_name：指定视图的名称。该名称在数据库中必须是唯一的，不能与其他表或视图同名。

（2）select_statement：指定创建视图的 SELECT 语句，可用于查询多个基本表或源视图。

ALTER VIEW 语句命令中相关参数说明与 5.1.2 中 CREATE VIEW 语句命令中相关参数说明相同。需要注意的是，对于 ALTER VIEW 语句的使用，需要用户具有针对视图的 CREATE VIEW 和 DROP 权限，以及由 SELECT 语句选择的每一列上的某些权限。

除了通过 ALTER VIEW 修改视图的定义外，也可以使用 DROP VIEW 语句先删除视图，再使用 CREATE VIEW 语句来实现对视图定义的修改。

1. 修改视图内容

视图是一个虚拟表，实际的数据来自基本表，所以通过插入、修改和删除操作更新视图中的数据，实质上是在更新视图所引用的基本表的数据。

【注意】对视图的修改就是对基本表的修改，因此在修改时，要满足基本表的数据定义。

某些视图是可更新的，也就是说，用户可以使用 UPDATE、DELETE 或 INSERT 等语句更新基本表的内容。对于可更新的视图，视图中的行和基本表的行之间必须具有一对一的关系。

而一些特定的其他结构会使得视图不可更新。更具体地讲，如果视图包含以下结构中的任何一种，它就是不可更新的：

（1）聚合函数 SUM()、MIN()、MAX()、COUNT() 等；

（2）DISTINCT 关键字；

（3）GROUP BY 子句；

（4）HAVING 子句；

（5）UNION 或 UNION ALL 运算符；

（6）位于选择列表中的子查询；

（7）FROM 子句中的不可更新视图或包含多个表；

（8）WHERE 子句中的子查询，引用 FROM 子句中的表；

（9）ALGORITHM 选项为 TEMPTABLE（使用临时表会使视图成为不可更新的视图）。

2. 修改视图名称

修改视图的名称可以先将视图删除，然后按照相同的定义语句进行视图的创建，并用新的名称命名它。

5.1.6　删除视图

删除视图是指删除 MySQL 数据库中已经存在的视图。删除视图时，只能删除视图的定义，不会删除数据。

删除视图可以使用 DROP VIEW 语句。其语法如下所示：

```
DROP VIEW [IF EXISTS]
    view_name [, view_name] ...
    [RESTRICT | CASCADE];
```

在上述语法格式中，view_name 指定要删除的视图名。DROP VIEW 语句可以一次删除多个视图，但是用户必须对每个视图都拥有 DROP 权限。

5.2　项目—案例分析——企业新闻发布系统

上一节主要介绍了创建和使用视图的基本命令，本节主要以企业新闻发布系统为项目案例介绍创建和使用视图的操作步骤和方法。

5.2.1　情景引入

企业新闻发布系统是对企业内部实时发生的新闻的内容进行维护和管理的 MIS 系统，其基本功能包括以下几点。

（1）系统用户可以发布、审核、评论新闻，管理员还可以管理用户。

（2）企业新闻作为系统的主体，包含多个新闻类别，用户可以管理新闻发布和维护系统中的新闻信息。

（3）新闻发布系统的用户，每个部门都有系统用户可以操作新闻发布系统的数据。

5.2.2　任务目标

为企业新闻发布系统数据库创建视图，并对视图进行管理和维护，使用视图查询和更新基本表的数据，具体任务目标如下。

（1）创建企业新闻发布系统普通用户的视图 v_CommUser，该视图包括用户编号、姓名和邮箱三列。

（2）使用工具查看和维护视图。

（3）修改视图 v_CommUser，将原有的三个属性用户编号、姓名和邮箱，改为 tb_user 表中的所有属性。

（4）对视图 v_CommUser 中的数据进行更新。

（5）删除视图 v_CommUser。

5.2.3　任务实施

1. 创建企业新闻发布系统普通用户的视图 v_CommUser

【任务分析】用户表中有普通用户和管理员之分，为了查询方便，需要建立一个普通用户的视图。首先需要一个查询语句，将普通用户的记录查询出来，然后再建立视图。

【任务步骤】

第一步：创建查询普通用户的查询语句。

```
select uid,username,email
from tb_user
where lever=' 普通用户 ';
```

执行上述代码，查询结果如下：

```
mysql> select uid,username,email from tb_user where lever=' 普通用户 ';
+-------+----------+------------------+
| uid   | username | email            |
+-------+----------+------------------+
| u1004 | 张天浩    | tianhao@126.com  |
| u1005 | 李洁      | lijie@163.com    |
| u1006 | 黄维      | huangwei@163.com |
| u1007 | 余明杰    | mingjie@126.com  |
+-------+----------+------------------+
4   rows in set (0.00 sec)
```

第二步：确认查询语句正确后，再创建视图，将视图命名为 v_CommUser。

```
create view v_CommUser
as
select uid,username,email
from tb_user
where lever=' 普通用户 ';
```

第三步：使用视图查询数据。

```
select * from v_CommUser;
```

执行上述代码后,查询结果如下(查询结果与第一步中使用查询语句得到的查询结果相同):

```
mysql> select * from v_CommUser;
+-------+----------+------------------+
| uid   | username | email            |
+-------+----------+------------------+
| u1004 | 张天浩   | tianhao@126.com  |
| u1005 | 李洁     | lijie@163.com    |
| u1006 | 黄维     | huangwei@163.com |
| u1007 | 余明杰   | mingjie@126.com  |
+-------+----------+------------------+
4   rows in set (0.00 sec)
```

v_CommUser 视图创建成功后,可以使用 DESC 命令查看视图结构,查询结果如下:

```
mysql> desc v_CommUser;
+----------+-------------+------+-----+---------+-------+
| Field    | Type        | Null | Key | Default | Extra |
+----------+-------------+------+-----+---------+-------+
| uid      | char(10)    | NO   |     | NULL    |       |
| username | varchar(20) | NO   |     | NULL    |       |
| email    | varchar(50) | NO   |     | NULL    |       |
+----------+-------------+------+-----+---------+-------+
3   rows in set (0.01 sec)
```

此外,还可以使用 SHOW 命令查看 v_CommUser 视图创建信息,查询结果如下:

```
mysql> show create view v_CommUser \G;
*************************** 1. row ***************************
                View: v_commuser
         Create View: CREATE ALGORITHM=UNDEFINED DEFINER='root'@'%'
SQL SECURITY DEFINER VIEW 'v_commuser' AS select 'tb_user'.'uid' AS 'uid','tb_user'.'us-
ername' AS 'username','tb_user'.'email' AS 'email' from 'tb_user' where ('tb_user'.'lever' = ' 普通
用户 ')
character_set_client: utf8
collation_connection: utf8_general_ci
1   row in set (0.00 sec)
```

若需要查看当前数据库中都有哪些视图对象，可以使用 SHOW TABLES 列出所有表和视图对象的名字，查询结果如图 5.2 所示。

```
mysql> show tables;
+---------------+
| Tables_in_cms |
+---------------+
| tb_comment    |
| tb_dept       |
| tb_news       |
| tb_newstype   |
| tb_user       |
| v_commuser    |
+---------------+
6 rows in set (0.00 sec)
```

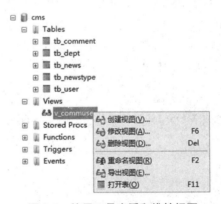

图 5.2　显示已创建的所有表和视图

2. 使用工具查看和维护视图

视图创建好以后，就可以查看和维护了。除了可以使用 MySQL 命令行来查看和维护视图以外，还可以使用图形化工具 Navicat 或者 SQLyog 来查看、修改已经创建好的视图，也可以删除不需要的视图。通过 SQLyog 工具对视图进行操作时，直接在需要操作的视图对象上单击鼠标右键，即可弹出视图操作的相关选项列表，此时只需要根据需求选择列表中对应的操作项即可，如图 5.3 所示。

图 5.3　使用工具查看和维护视图

3. 修改视图 v_CommUser

修改视图 v_CommUser，将原有的三个属性用户编号、姓名和邮箱，改为 tb_user 表中的所有属性。与创建这个视图的 SQL 语句相比，修改视图的 SQL 语句首先要修改查询语句，将其改为查询出所有属性，然后将 create view 改为 alter view。SQL 语句如下：

```
alter view v_CommUser
as
select *
from tb_user
where lever=' 普通用户 ';
```

执行以上 SQL 语句后,使用 DESC 语句查看视图 v_CommUser 的结构,查询结果如下所示:

```
mysql> desc v_CommUser;
+----------+-------------+------+-----+---------+-------+
| Field    | Type        | Null | Key | Default | Extra |
+----------+-------------+------+-----+---------+-------+
| uid      | char(10)    | NO   |     | NULL    |       |
| username | varchar(20) | NO   |     | NULL    |       |
| password | varchar(10) | NO   |     | NULL    |       |
| email    | varchar(50) | NO   |     | NULL    |       |
| lever    | varchar(20) | NO   |     | NULL    |       |
| deptcode | varchar(10) | NO   |     | NULL    |       |
+----------+-------------+------+-----+---------+-------+
6   rows in set (0.01 sec)
```

4. 更新视图 v_CommUser

对视图 v_CommUser 中的数据进行更新,实际上是对视图引用的基本表 tb_user 中的数据进行更新(包括插入、修改、删除操作)。通过视图更新数据的语法与更新基本表的语法是完全一样的,都是使用 insert、update、delete 语句,只需将表名换成视图名。

(1)通过视图添加数据,向视图 v_CommUser 中添加一行新的用户数据,其实质是向基本表 tb_user 中添加这一行数据。SQL 语句如下:

```
INSERT INTO v_CommUser VALUES
('u1010',' 李四 ', substring(MD5(456123),1,10),'lisi@163.com',' 普通用户 ','d3001');
```

执行以上 SQL 语句成功后,查看 tb_user 表中已添加了这一行数据。

```
mysql> INSERT INTO v_CommUser VALUES ('u1010',' 李四 ',substring(MD5(456123),1,10),
'lisi@163.com',' 普通用户 ','d3001');
Query OK, 1 row affected (0.01 sec)

mysql> select * from tb_user;
+-------+-----------+------------+-------------------+-----------------+----------+
| uid   | username  | password   | email             | lever           | deptcode |
+-------+-----------+------------+-------------------+-----------------+----------+
| u1001 | 张小明    | c333677015 | xiaoming@163.com  | 超级管理员      | d1001    |
| u1002 | 李华      | 5bd2026f12 | lihua@163.com     | 普通管理员      | d1001    |
| u1003 | 李小红    | 508df4cb2f | xiaohong@163.com  | 普通管理员      | d1001    |
| u1004 | 张天浩    | 41efd6b4f8 | tianhao@126.com   | 普通用户        | d3001    |
```

```
| u1005 | 李洁      | 4e11a005f7 | lijie@163.com      | 普通用户 | d5001   |
| u1006 | 黄维      | a027c77005 | huangwei@163.com   | 普通用户 | d5008   |
| u1007 | 余明杰    | 8044657128 | mingjie@126.com    | 普通用户 | d4013   |
| u1010 | 李四      | d964173dc4 | lisi@163.com       | 普通用户 | d3001   |
+-------+-----------+------------+------------------+------------------+----------+
8    rows in set (0.01 sec)
```

（2）通过视图修改数据，将用户编号是 u1005 的用户的部门编号改为 d3001，这也是修改了基本表中的数据。SQL 语句如下：

```
UPDATE v_CommUser
SET deptcode='d3001' WHERE uid='u1005';
```

执行以上 SQL 语句成功后，查看 tb_user 表中用户编号为 u1005 的用户的部门编号已被修改为 d3001。

```
mysql> UPDATE v_CommUser
    -> SET deptcode='d3001' WHERE uid='u1005';
Query OK, 1 row affected (0.02 sec)
Rows matched: 1    Changed: 1    Warnings: 0

mysql> select * from tb_user;
+-------+-----------+------------+------------------+------------------+----------+
| uid   | username  | password   | email            | lever            | deptcode |
+-------+-----------+------------+------------------+------------------+----------+
| u1001 | 张小明    | c333677015 | xiaoming@163.com | 超级管理员       | d1001    |
| u1002 | 李华      | 5bd2026f12 | lihua@163.com    | 普通管理员       | d1001    |
| u1003 | 李小红    | 508df4cb2f | xiaohong@163.com | 普通管理员       | d1001    |
| u1004 | 张天浩    | 41efd6b4f8 | tianhao@126.com  | 普通用户         | d3001    |
| u1005 | 李洁      | 4e11a005f7 | lijie@163.com    | 普通用户         | d3001    |
| u1006 | 黄维      | a027c77005 | huangwei@163.com | 普通用户         | d5008    |
| u1007 | 余明杰    | 8044657128 | mingjie@126.com  | 普通用户         | d4013    |
| u1010 | 李四      | d964173dc4 | lisi@163.com     | 普通用户         | d3001    |
+-------+-----------+------------+------------------+------------------+----------+
8    rows in set (0.00 sec)
```

（3）通过视图删除数据。使用 delete 语句，将以上添加的一行用户信息删除。SQL 语句如下：

```
DELETE FROM v_CommUser WHERE uid='u1010';
```

执行以上 SQL 语句成功后,查看 tb_user 表中用户编号为 u1010 的用户的记录已被成功删除。

```
mysql> DELETE FROM v_CommUser WHERE uid='u1010';
Query OK, 1 row affected (0.02 sec)

mysql> select * from tb_user;
+-------+-----------+------------+------------------+-----------------+----------+
| uid   | username  | password   | email            | lever           | deptcode |
+-------+-----------+------------+------------------+-----------------+----------+
| u1001 | 张小明    | c333677015 | xiaoming@163.com | 超级管理员      | d1001    |
| u1002 | 李华      | 5bd2026f12 | lihua@163.com    | 普通管理员      | d1001    |
| u1003 | 李小红    | 508df4cb2f | xiaohong@163.com | 普通管理员      | d1001    |
| u1004 | 张天浩    | 41efd6b4f8 | tianhao@126.com  | 普通用户        | d3001    |
| u1005 | 李洁      | 4e11a005f7 | lijie@163.com    | 普通用户        | d3001    |
| u1006 | 黄维      | a027c77005 | huangwei@163.com | 普通用户        | d5008    |
| u1007 | 余明杰    | 8044657128 | mingjie@126.com  | 普通用户        | d4013    |
+-------+-----------+------------+------------------+-----------------+----------+
7   rows in set (0.01 sec)
```

5. 删除视图 v_CommUser

通过 DROP VIEW 语句可以删除视图 v_CommUser,SQL 语句如下:

```
DROP VIEW v_CommUser;
```

执行以上 SQL 语句成功后,再次使用 SHOW TABLES 列出当前数据库中所有表和视图对象,通过查询结果可以确认视图 v_CommUser 已成功删除。

```
mysql> DROP VIEW v_CommUser;
Query OK, 0 rows affected (0.00 sec)

mysql> SHOW TABLES;
+---------------+
| Tables_in_cms |
+---------------+
| tb_comment    |
| tb_dept       |
| tb_news       |
| tb_newstype   |
| tb_user       |
```

```
+----------------+
```
5   rows in set (0.01 sec)

5.3   创建与使用索引

在现实生活中,为了让读者方便、快速地在书籍中找到想看的内容,在书籍的开头都会有一个目录,让读者可以根据目录的内容与指定的页码快速定位到要查看的内容。

数据库中的索引类似于书籍中的目录,是一种重要的数据对象。合理地使用索引能够极大地提高数据的检索速度,提高数据库的性能。本节将详细介绍索引技术,包括索引的基本概念和类型,创建和维护索引的方法。

5.3.1   索引概述

1. 索引的概念

索引(Index)是在列上建立的一种数据库对象,它为表中的数据提供逻辑顺序,从而提高数据的访问速度,这与在书籍中添加目录的作用相似。在书籍中,目录可使读者不必翻阅完整本书就能迅速查找到所需的信息;在数据库中,索引也允许数据库系统不必扫描完整个数据库,就能通过索引查找到数据在表中的位置,从而快速检索到相应的数据。在书籍中,目录包括目录内容和相应的页码;在数据库中,索引包含表中一列或多列生成的键值以及键值映射到指定数据的存储位置的指针。

索引是一种特殊的数据库结构,由数据表中的一列或多列组合而成,可以用来快速查询数据表中有某一特定值的记录。通过索引查询数据时,数据库系统不用读完记录的所有信息,而是只查询索引列即可。否则,数据库系统将读取每条记录的所有信息进行匹配。因此,使用索引可以在很大程度上提高数据库的查询速度,还能有效提高数据库系统的性能。

2. 索引的类型

根据实现语法和具体用途的不同,MySQL 中的索引在逻辑上分为以下五类。

1)普通索引

普通索引是 MySQL 中最基本的索引类型,它没有任何限制,唯一任务就是加快系统对数据的访问速度。普通索引允许在定义索引的列中插入重复值和空值。创建普通索引时,通常使用的关键字是 INDEX 或 KEY。

需要注意的是:① INDEX 和 KEY 关键字都可设置普通索引;②应将关键字加在查找条件的字段;③不宜添加太多普通索引,影响数据的插入、删除和修改操作。

2)主键索引

主键索引就是专门为主键字段创建的索引,也属于索引的一种。主键索引是一种特殊的唯一索引,表示某一个属性或属性的组合能唯一标识一条记录,不允许值重复或者值为空。创建主键索引通常使用 PRIMARY KEY 关键字。不能使用 CREATE INDEX 语句创建主键索引。

主键索引的特点有：①是最常见的索引类型；②能确保数据记录的唯一性；③能确定特定数据记录在数据库中的位置。

3）唯一索引

唯一索引与普通索引类似，不同的是创建唯一性索引的目的不是为了提高访问速度，而是为了避免数据出现重复。唯一索引列的值必须唯一，允许有空值。如果是组合索引，则列值的组合必须唯一。创建唯一索引通常使用 UNIQUE 关键字。

其与主键索引的区别是：①主键索引只能有一个；②唯一索引可有多个。

4）全文索引

全文索引主要用来查找文本中的关键字，只能在数据类型为 CHAR、VARCHAR 或 TEXT 的列上创建。在 MySQL 中只有 MyISAM 存储引擎支持全文索引。全文索引允许在索引列中插入重复值和空值。不过，对于大容量的数据表，生成全文索引非常消耗时间和硬盘空间。创建全文索引使用 FULLTEXT 关键字。

需要注意的是：①全文索引只能用于 MyISAM 类型的数据表；②只能用于数据类型为 CHAR、VARCHAR、TEXT 的列；③适合大型数据集。

5）空间索引

空间索引是对空间数据类型的字段建立的索引，使用 SPATIAL 关键字进行扩展。创建空间索引的列必须将其声明为 NOT NULL，空间索引只能在存储引擎为 MyISAM 的表中创建。空间索引主要用于地理空间数据类型 GEOMETRY。对于初学者来说，这类索引很少会用到。

3. 数据的访问方式

数据的访问方式取决于数据的存储方式，在没有建立索引的表中，系统使用"堆"的方式组织数据页，即向数据库中存储数据时，数据按照时间顺序存储于数据页中。数据的存储顺序与数据本身的逻辑关系之间不存在任何联系。因此，从数据的逻辑关系来看，数据是杂乱无章地堆放在一起的。在建立索引的表内，数据根据索引的键值按照顺序存储。因此，数据的存储关系与数据的逻辑关系存在相应的联系。根据数据存储方式的不同，数据访问的方式有两种：表扫描方式和索引查找方式。

1）表扫描方式

在没有建立索引的表中，系统采用表扫描方式检索数据。表扫描方式是指系统从表头所在的数据页开始，从前向后逐页扫描表的全部数据页，并提取出符合查询条件的记录，直到扫描完表中的全部记录为止的数据访问方式。显然，采用表扫描方式，系统耗费的检索时间同数据量成正比。

2）索引查找方式

在建立索引的表中，系统采用索引查找方式检索数据。索引查找方式是指系统通过对搜索值与索引的键值进行比较，查找到搜索值的存储位置，并提取出符合查询条件的记录的数据访问方式。显然，采用索引查找方式，可以加快系统的访问速度，减少访问时间。

4. 索引的使用原则

合理使用索引能够提高整个数据库的性能，但不合适的索引也会降低系统的性能。因此，在创建索引之前，需要考虑哪些列适宜创建索引，哪些列不适宜创建索引。索引的创建需要遵循以下原则。

（1）定义主键的列一定要建立索引。主键能够强制列的唯一性，并组织表中数据的排列结构。因此，通过主键能够快速查找到表中的数据。

（2）定义外键的列可以建立索引。外键能够强制表之间的连接。因此，通过外键列能够加快表之间的连接速度。

（3）经常进行数据查询的列最好建立索引，包括经常根据范围进行搜索的列和经常使用在 WHERE 子句中的列。

（4）数据查询中很少使用的列不适宜建立索引。

（5）重复值比较多的列不适宜建立索引。

（6）查询条件中频繁使用的字段适宜建立索引，所以在创建索引时，要选择会在 WHERE 子句、GROUP BY 子句、ORDER BY 子句中或表与表之间连接时频繁使用的字段。

（7）小数据量的表建议不要加索引。

（8）在存储类型为 InnoDB 的表中，经常使用唯一索引、普通索引、组合索引来提高查询效率。

5. 索引的优缺点

索引有其明显的优点，也有其不可避免的缺点，具体如下。

1）索引的优点

（1）创建唯一索引可以保证数据库表中每一行数据的唯一性。

（2）创建索引可以大大加快数据的查询速度，这是使用索引最主要的目的。

（3）在实现数据的参考完整性方面，索引可以加速表与表之间的连接。

（4）在使用分组和排序子句进行数据查询时，索引也可以显著缩短查询中分组和排序的时间。

2）索引的缺点

（1）创建和维护索引组要耗费时间，并且随着数据量的增加所耗费的时间也会增加。

（2）索引需要占用磁盘空间，除了数据表占数据空间以外，每一个索引还要占一定的物理空间。如果有大量的索引，索引文件可能比数据文件更快达到最大文件尺寸。

（3）当对表中的数据进行增加、删除和修改操作的时候，索引需要动态维护，这样就降低了数据的维护速度。

【思政小贴士】

案例：索引优化查询：当代大学生如何提高创新思维能力

索引功能体现了用先进思维方法解决问题的理念。创新是一个民族进步的灵魂，是一个国家兴旺发达的不竭动力，也是中国共产党永葆生机的源泉。当代大学生如何提高创新思维能力？最重要的是加强创新思维能力的培养。

首先，要有强烈的问题意识。在日常的工作、生活和学习中，要善于观察事物，善于发现问题。一个人如果经常能发现很多问题，那他的创新思维能力一定就很活跃，在工作、生活和学习中就一定能取得大的成就。牛顿正是在极普通的苹果落地这一现象中发现了万有引力定律；瓦特正是在极平常的开水蒸汽冲动壶盖这一现象中发明了蒸汽机。

其次，要敢于打破常规，突破旧的思维定式。要提高创新思维能力，就必须突破思维定式,打破"框框"的束缚,在办事情和解决问题的过程中,要做到具体问题具体分析,因地制宜,灵活多变,确保采取正确的思维方式。

最后,要善于转换视角,从不同的角度认识事物。需要掌握两种创新思维方法:一是发散思维,其是指从一个目标出发,沿着各种不同的途径去思考,探求多种答案的思维。二是反向思维,其就是背逆通常的思考方法,从相反方向思考问题的思考方法。战国时期,孙膑智胜魏惠王的故事就是很好的反向思维的方法。孙膑是战国时著名兵家,至魏国求职,魏惠王心胸狭窄,忌其才华,故意习难,对孙膑说:"听说你挺有才能,如你能使我从座位上走下来,我就任用你为将军。"魏惠王心想:我就是不起来,你又奈我何! 孙膑想:魏惠王赖在座位上,我不能强行把他拉下来。怎么办呢? 只有用反向思维,让他自动走下来。于是,孙膑对魏惠王说:"我确实没有办法使大王从宝座上走下来,但是我却有办法使您坐到宝座上。"魏惠王心想,这还不是一回事,我就是不坐下,你又奈我何! 便乐呵呵地从座位上走下来,孙膑马上说:"我现在虽然没有办法使您坐回去,但我已经使您从座位上走下来了。"魏惠王方知上当,只好任用他为将军。

创新思维能使一个人根据已有的知识经验,努力探索尚未被认识的世界,从而打开新的局面。没有创新思维,没有勇于探索和创新的精神,一个人只能停留在原有水平上,就不可能在创新中发展,在开拓中前进,必然陷入停滞甚至倒退的状态。 创新思维在实践中的成功,更可以使人享受到人生的最大幸福,并激励人们以更大的热情去继续从事创新活动,为自己的成功之路奠定基础,实现更大的人生价值。

5.3.2 创建索引

创建索引是指在某个表的一列或多列上建立一个索引,这可以提高对表的访问速度。创建索引对 MySQL 数据库的高效运行来说是很重要的。MySQL 提供了三种创建索引的方法,具体内容如下。

1)使用 CREATE INDEX 语句创建索引

在一个已有的表上创建索引可以使用专门用于创建索引的 CREATE INDEX 语句,但该语句不能创建主键索引。具体语法格式如下:

```
CREATE [ONLINE|OFFLINE] [UNIQUE|FULLTEXT|SPATIAL] INDEX index_name
    [USING {BTREE | HASH}]
    ON tbl_name (col_name [(length)] [ASC | DESC],...);
```

相关参数说明如下。

(1)index_name:指定索引名。一个表可以创建多个索引,但每个索引在该表中的名称是唯一的。

(2)tbl_name:指定要创建索引的的表的表名。

(3)col_name:指定要创建索引的列名。通常可以考虑将查询语句中在 JOIN 子句和WHERE 子句里经常出现的列作为索引列。

(4)length:可选项,指定使用列名字符串中前 length 长的字符来创建索引。使用列的一部分创建索引有利于减小索引文件,节省索引列所占的空间。在某些情况下,只能用列的前缀进行索引。索引列的长度有一个最大上限,即 255 个字节(MyISAM 和 InnoDB 表的索引列的长度的最大上限为 1000 个字节),如果索引列的长度超过了这个上限,就只能用列的前缀进行索引。另外,BLOB 或 TEXT 类型的列也必须使用前缀索引。

(5)ASC|DESC:可选项,ASC 指定索引按照升序来排列,DESC 指定索引按照降序来排列,默认为 ASC。

2)使用 CREATE TABLE 语句创建索引

用户也可以在创建表(CREATE TABLE)的同时创建索引,在 CREATE TABLE 语句中添加以下语句即可,具体语法格式如下:

```
CREATE [TEMPORARY] TABLE [IF NOT EXISTS] tbl_name
    ([CONSTRAINT] PRIMARY KEY [index_type] (index_col_name,...)
    | {INDEX|KEY} [index_name] [index_type] (index_col_name,...)
    | [CONSTRAINT] UNIQUE [INDEX|KEY] [index_name] [index_type] (index_col_
name,...)
    | {FULLTEXT|SPATIAL} [INDEX|KEY] [index_name] (index_col_name,...)
    | [CONSTRAINT] FOREIGN KEY)
```

相关参数说明如下。

(1)PRIMARY KEY:表示在创建新表的同时创建该表的主键。

(2)INDEX | KEY:表示在创建新表的同时创建该表的索引。

(3)UNIQUE:表示在创建新表的同时创建该表的唯一索引。

(4)FULLTEXT|SPATIAL:表示在创建新表的同时创建该表的全文索引。

(5)FOREIGN KEY:表示在创建新表的同时创建该表的外键。

在上述语句中,CONSTRAINT 关键字可以省略。在使用 CREATE TABLE 语句定义列选项的时候,可以通过直接在某个列定义后面添加 PRIMARY KEY 的方式创建主键。而当主键是由多个列组成的多列索引时,则不能使用这种方法,只能用在语句的最后加上一个 PRIMARY KRY(< 列名 >,...) 子句的方式来实现。

3)使用 ALTER TABLE 语句创建索引

使用 CREATE INDEX 语句可以在一个已有的表上创建索引,使用 ALTER TABLE 语句也可以在一个已有的表上创建索引。在使用 ALTER TABLE 语句修改表的同时,可以向已有的表添加索引。具体的做法是在 ALTER TABLE 语句中添加以下语法成分的某一项或几项,语法格式如下:

```
ALTER TABLE tbl_name
    [ADD {INDEX|KEY} [index_name] [index_type] (index_col_name,...)
    | ADD [CONSTRAINT] PRIMARY KEY[index_type] (index_col_name,...)
    | ADD [CONSTRAINT] UNIQUE [INDEX|KEY] [index_name] [index_type] (index_col_
name,...)
```

```
| ADD FULLTEXT [INDEX|KEY] [index_name] (index_col_name,...)
| ADD SPATIAL [INDEX|KEY] [index_name] (index_col_name,...)
| ADD [CONSTRAINT [symbol]] FOREIGN KEY [index_name] (index_col_name,...)]
```

使用 ALTER TABLE 语句创建索引的相关参数的说明与使用 CREATE INDEX 语句创建索引的相关参数的说明相同。

索引创建完成后,可以利用 SQL 语句查看已经存在的索引。

在 MySQL 中,可以使用 SHOW INDEX 语句查看表中创建的索引,语法格式如下:

```
SHOW {INDEX | INDEXES | KEYS}
    {FROM | IN} tbl_name
    [{FROM | IN} db_name]
    [WHERE expr]
```

相关参数说明如下。

(1)tbl_name:指定需要查看索引的数据表的表名。

(2)db_name:指定需要查看索引的数据表所在的数据库,可省略。

5.3.3　使用索引

索引创建成功后可以使用 EXPLAIN 关键字查看索引是否正在被使用,并且输出其使用的索引信息。具体语法格式如下:

```
EXPLAIN SELECT select_options;
```

参数说明如下。

(1)select_options:SELECT 语句的查询选项,包括 FROM、WHERE 子句等。

(2)EXPLAIN:用于对查询的类型、可能的键值、扫描的行数等进行分析。该语句的输出总是具有相同的列,可变的是行数和每列中的内容。执行上述语句后,会以表格的形式输出使用的索引信息,可以通过 possible_keys 和 key 的值来判断查询语句执行时是否使用了索引。其中:possible_keys 指出 MySQL 能使用哪个索引在该表中找到行。如果该列是 NULL,则没有相关的索引。在这种情况下,可以通过检查 WHERE 子句看它是否引用了某些列或适宜创建索引的列来提高查询性能。如果没有,可以创建适宜的索引来提高查询的性能。keys 指实际选用的索引,如果没有使用索引,则值为 NULL。

5.3.4　删除索引

删除索引是指将表中已经存在的索引删除。不用的索引建议进行删除,因为它们会降低表的更新速度,影响数据库的性能。

对索引进行删除可以使用 DROP INDEX 语句或 ALTER TABLE 语句。

1)使用 DROP INDEX 语句

语法格式如下:

```
DROP INDEX index_name ON tbl_name
```

相关参数说明如下。

（1）index_name：指定要删除的索引名。

（2）tbl_name：指定该索引所在的表的表名。

2）使用 ALTER TABLE 语句

根据 ALTER TABLE 语句的语法可知，该语句也可以用于删除索引。具体使用方法是将 ALTER TABLE 语句的语法中的部分指定为以下子句中的某一项，具体语法格式如下：

```
ALTER TABLE tbl_name
[DROP PRIMARY KEY
| DROP {INDEX|KEY} index_name
| DROP FOREIGN KEY fk_symbol]
```

相关参数说明如下。

（1）DROP PRIMARY KEY：表示删除表中的主键。一个表只有一个主键，主键也是一个索引。

（2）DROP INDEX index_name：表示删除名称为 index_name 的索引。

（3）DROP FOREIGN KEY fk_symbol：表示删除外键。

5.4 项目二案例分析——网上商城系统

5.4.1 情景引入

B2C 是电子商务的典型模式，是企业通过网络开展的在线销售活动，它直接面向消费者销售产品和服务。消费者通过网络选购商品和服务、发表相关评论及进行电子支付等。

随着网上商城系统中的商品、订单等数据量的增大，为了能够让用户快速在系统中查询到指定的商品、订单等数据，需要使用索引对订单表的查询进行优化，从而有效提高数据查询的效率。

5.4.2 任务目标

为网上商城系统数据库创建不同类型的索引，并对索引进行管理和维护，具体任务目标如下。

（1）在网上商城系统数据库中创建数据表 goods2，将商品 ID（gdID）添加为主键索引。

（2）使用 CREATE INDEX 语句将名称（gdName）添加为唯一索引，索引名为 gdNameIdx。

（3）通过 ALTER TABLE 语句将所在城市（gdCity）添加为普通索引。

（4）使用 EXPLAIN 关键字来查看 goods2 表中所在城市为"上海"的记录是否使用了

索引。

（5）使用 ALTER TABLE 语句删除 gdCity 列已创建的普通索引。

（6）使用 DROP INDEX 语句删除 gdName 列创建的唯一索引 gdNameIdx。

5.4.3 任务实施

（1）在网上商城系统数据库中创建数据表 goods2，将商品 ID（gdID）添加为主键索引，SQL 语句如下：

```
CREATE TABLE 'goods2' (
    'gdID' int(11) NOT NULL AUTO_INCREMENT,
    'gdName' varchar(100) NOT NULL,
    'gdPrice' float DEFAULT '0',
    'gdQuantity' int(11) DEFAULT '0',
    'gdSaleQty' int(11) DEFAULT '0',
    'gdCity' varchar(50) DEFAULT ' 北京 ',
    'gdInfo' longtext NOT NULL,
    'gdAddTime' timestamp DEFAULT NULL,
    'gdHot' tinyint(11) DEFAULT '0',
    'gdImage' varchar(255) DEFAULT NULL,
    PRIMARY KEY ('gdID')
);
```

执行上述代码成功后，使用 DESC 语句或 SHOW INDEX 语句查看结果，如下所示：

```
mysql> desc goods2;
+------------+--------------+------+-----+---------+----------------+
| Field      | Type         | Null | Key | Default | Extra          |
+------------+--------------+------+-----+---------+----------------+
| gdID       | int(11)      | NO   | PRI | NULL    | auto_increment |
| gdName     | varchar(100) | NO   |     | NULL    |                |
| gdPrice    | float        | YES  |     | 0       |                |
| gdQuantity | int(11)      | YES  |     | 0       |                |
| gdSaleQty  | int(11)      | YES  |     | 0       |                |
| gdCity     | varchar(50)  | YES  |     | 北京    |                |
| gdInfo     | longtext     | NO   |     | NULL    |                |
| gdAddTime  | timestamp    | YES  |     | NULL    |                |
| gdHot      | tinyint(11)  | YES  |     | 0       |                |
| gdImage    | varchar(255) | YES  |     | NULL    |                |
|            |              |      |     |         |                |
```

```
+------------+--------------+-------+-----+---------+----------------+
```
10   rows in set (0.01 sec)

```
mysql> SHOW INDEX FROM goods2 \G;
*************************** 1. row ***************************
        Table: goods2
   Non_unique: 0
     Key_name: PRIMARY
 Seq_in_index: 1
  Column_name: gdID
    Collation: A
  Cardinality: 0
     Sub_part: NULL
       Packed: NULL
         Null:
   Index_type: BTREE
      Comment:
Index_comment:
1   row in set (0.00 sec)
```

（2）使用 CREATE INDEX 语句将名称（gdName）添加为唯一索引，索引名为 gdName-eIdx，SQL 语句如下：

```
CREATE UNIQUE INDEX gdNameIdx ON goods2(gdName);
```

执行上述代码成功后，使用 DESC 语句查看结果，如下所示：

```
mysql> DESC goods2;
+------------+--------------+------+-----+---------+----------------+
| Field      | Type         | Null | Key | Default | Extra          |
+------------+--------------+------+-----+---------+----------------+
| gdID       | int(11)      | NO   | PRI | NULL    | auto_increment |
| gdName     | varchar(100) | NO   | UNI | NULL    |                |
| gdPrice    | float        | YES  |     | 0       |                |
| gdQuantity | int(11)      | YES  |     | 0       |                |
| gdSaleQty  | int(11)      | YES  |     | 0       |                |
| gdCity     | varchar(50)  | YES  |     | 北京     |                |
| gdInfo     | longtext     | NO   |     | NULL    |                |
| gdAddTime  | timestamp    | YES  |     | NULL    |                |
```

```
| gdHot        | tinyint(11)  | YES  |     | 0       |                 |
| gdImage      | varchar(255) | YES  |     | NULL    |                 |
+-------------+--------------+------+-----+---------+-----------------+
```
10   rows in set (0.01 sec)

（3）通过 ALTER TABLE 语句将所在城市（gdCity）添加为普通索引，SQL 语句如下：

ALTER TABLE goods2 ADD INDEX(gdCity);

执行上述代码成功后，使用 SHOW INDEX 语句查看结果，如下所示：

```
mysql> SHOW INDEX FROM goods2 \G;
*************************** 3. row ***************************
        Table: goods2
   Non_unique: 1
     Key_name: gdCity
 Seq_in_index: 1
  Column_name: gdCity
    Collation: A
  Cardinality: 8
     Sub_part: NULL
       Packed: NULL
         Null: YES
   Index_type: BTREE
      Comment:
Index_comment:
```

（4）使用 EXPLAIN 关键字查看 goods2 表中所在城市为"上海"的记录时是否使用了索引，SQL 语句如下：

EXPLAIN SELECT * from goods2 where gdCity=' 上海 ';

执行上述语句成功后可以看到，possible_keys 和 key 的值都是 gdCity，表示在执行"select * from goods2 where gdCity=' 上海 '"这条 SQL 语句时使用了索引 gdCity，如图 5.4 所示：

```
mysql> explain select * from goods2 where gdCity='上海';
+----+-------------+--------+------+---------------+--------+---------+-------+------+-------------+
| id | select_type | table  | type | possible_keys | key    | key_len | ref   | rows | Extra       |
+----+-------------+--------+------+---------------+--------+---------+-------+------+-------------+
|  1 | SIMPLE      | goods2 | ref  | gdCity        | gdCity | 153     | const |    1 | Using where |
+----+-------------+--------+------+---------------+--------+---------+-------+------+-------------+
1 row in set (0.00 sec)
```

图 5.4　使用 EXPLAIN 查看 SQL 命令是否使用索引

（5）使用 ALTER TABLE 语句删除 gdCity 列已创建的普通索引，SQL 语句如下：

```
ALTER TABLE goods2 DROP INDEX gdCity;
```

执行上述语句后,使用 DESC 语句或 SHOW INDEX 语句验证该普通索引已被成功删除。

（6）使用 DROP INDEX 语句删除 gdName 列创建的唯一索引 gdNameIdx，SQL 语句如下:

```
DROP INDEX gdNameIdx ON goods2;
```

执行上述语句后,使用 DESC 语句或 SHOW INDEX 语句验证该唯一索引已被成功删除。

5.5 本章小结

本章的关键知识点主要包括:①视图的概念和优点;②视图和表之间的关系;③创建、修改、删除视图的 SQL 语句的语法;④索引的概念和作用;⑤索引的类型;⑥创建、查看、删除索引的语句的语法;⑦索引的设计原则等。

学习的关键技能点主要包括:①创建视图;②通过视图查询、添加、修改和删除数据;③创建、查看、删除索引。

5.6 知识拓展

1. MySQL 索引分类

根据存储方式的不同，MySQL 中常用的索引在物理上分为 B-树索引和 HASH 索引两类,两种不同类型的索引各有其不同的适用范围,具体如下。

1）B-树索引

B-树索引又称 BTREE 索引,目前大部分的索引都是采用 B-树索引来存储的。

B-树索引是一个典型的数据结构,其包含的组件主要有以下几个。

（1）叶子节点:包含的条目直接指向表里的数据行。叶子节点之间彼此相连,一个叶子节点有一个指向下一个叶子节点的指针。

（2）分支节点:包含的条目指向索引里其他的分支节点或者叶子节点。

（3）根节点:一个 B-树索引只有一个根节点,实际上它就是位于树的最顶端的分支节点。

基于这种树形数据结构,表中的每一行都会在索引上有一个对应值。因此,在对表进行数据查询时,可以根据索引值一步一步定位到数据所在的行。

B-树索引可以进行全键值、键值范围和键值前缀查询,也可以对查询结果进行 ORDER BY 排序。但 B-树索引必须遵循左边前缀原则,要考虑以下几点约束。

（1）查询必须从索引的最左边的列开始。

（2）查询不能跳过某一索引列，必须按照从左到右的顺序进行匹配。

（3）存储引擎不能使用索引中范围条件右边的列。

2）HASH 索引

HASH 一般翻译为散列，也有直接音译成"哈希"的，就是把任意长度的输入（又叫作预映射，pre-image）通过散列算法变换成固定长度的输出，其输出的就是散列值。

HASH 索引也称为散列索引或哈希索引。MySQL 目前仅有 MEMORY 存储引擎和 HEAP 存储引擎支持这类索引。其中，MEMORY 存储引擎可以支持 B-树索引和 HASH 索引，且将 HASH 索引当成默认索引。

HASH 索引不是基于树形的数据结构查找数据的，而是根据索引列对应的哈希值获取表的记录行。HASH 索引的最大特点是访问速度快，但也存在以下缺点。

（1）MySQL 需要读取表中索引列的值来参与散列计算，散列计算是一个比较耗时的操作。也就是说，相对于 B-树索引来说，建立 HASH 索引会耗费更多的时间。

（2）不能使用 HASH 索引排序。

（3）HASH 索引只支持等值比较，如"="" IN()"或"<=>"。

（4）HASH 索引不支持键的部分匹配，因为在计算 HASH 值的时候是通过整个索引值来计算的。

2. MySQL 索引优化规则

对 MySQL 索引优化可以通过以下规则进行。

1）前导模糊查询不能使用索引

前导模糊查询不能使用索引，如下面的 SQL 语句。

```
select * from doc where title like '%××';
```

而非前导模糊查询则可以使用索引，如下面的 SQL 语句。

```
select * from doc where title like '××%';
```

页面搜索严禁左模糊或者全模糊，如果需要可以用搜索引擎来解决。

2）union all、in、or 都能够命中索引

union all 和 or 在查询优化中耗费的 CPU 比 in 多，建议使用 in。示例代码如下：

```
select * from doc where status in (1, 2);
```

3）联合索引最左前缀原则

如果在 (a,b,c) 三个字段上建立联合索引，那么它能够加快 a | (a,b) | (a,b,c) 三组查询速度。例如针对登录业务需求，可以建立 (login_name, passwd) 的联合索引，代码如下：

```
select uid, login_time from user where login_name=? and passwd=?;
```

如果建立了 (a,b) 联合索引，就不必再单独建立 a 索引。同理，如果建立了 (a,b,c) 联合索引，就不必再单独建立 a、(a,b) 索引。

存在非等号和等号混合判断条件时，在建立索引时，应把等号条件的列前置。如 where

a>×× and b=×××，那么即使 a 的区分度更高，也必须把 b 放在索引的最前列。

4）范围列可以用到索引（联合索引必须是最左前缀）

范围条件有：<、<=、>、>=、between 等。

范围列可以用到索引（联合索引必须是最左前缀），但是范围列后面的列无法用到索引，索引最多用于一个范围列，如果查询条件中有两个范围列则无法全用到索引。

假如有联合索引 (emp_no、title、from_date)，那么下面的 SQL 中 emp_no 可以用到索引，而 title 和 from_date 则使用不到索引。

```
select * from employees.titles where emp_no < 10010' and title='Senior Engineer'and from_date between '1986-01-01' and '1986-12-31';
```

5）强制类型转换会全表扫描

如果 phone 字段是 varchar 类型的，则下面的 SQL 不能命中索引。

```
select * from user where phone=13800001234;
```

其可以优化为：

```
select * from user where phone='13800001234';
```

6）更新十分频繁、数据区分度不高的字段上不宜建立索引

更新会变更 B+ 树，在更新频繁的字段上建立索引会大大降低数据库性能。

在"性别"这种区分度不高的属性上建立索引是没有什么意义的，不能有效过滤数据，性能与全表扫描类似。

一般区分度在 80% 以上的时候就可以建立索引，区分度可以使用 count(distinct(列名))/count(*) 来计算。

7）建立索引的列不允许为 null

单列索引不存储 null 值，复合索引不存储全部索引字段为 null 的值，如果列允许为 null，可能会得到"不符合预期"的结果集，所以请使用 not null 约束以及默认值。

8）在明确知道只有一条结果返回时 limit 1 能够提高效率

比如如下 SQL 语句：

```
select * from user where login_name=××;
```

其可以优化为：

```
select * from user where login_name=×× limit 1;
```

9）有 order by、group by 的场景应注意利用索引的有序性

order by 最后的字段是组合索引的一部分，并且放在索引组合顺序的最后，避免出现 file_sort 的情况，影响查询性能。

例如：对于语句 where a=×× and b=××× order by c，可以建立联合索引 (a,b,c)。

如果索引中有范围查找，那么索引有序性无法利用，如 WHERE a>10 ORDER BY b;，索

引 (a,b) 无法排序。

10）单索引字段数不允许超过 5 个

字段超过 5 个时，实际已经起不到有效过滤数据的作用了。

11）创建索引时避免以下错误观念

（1）索引越多越好，认为一个查询就需要建一个索引。

（2）宁缺勿滥，认为索引会消耗空间、严重拖慢更新和新增速度。

（3）抵制唯一索引，认为业务的唯一性一律需要在应用层通过"先查后插"的方式解决。

（4）过早优化，在不了解系统的情况下就开始优化。

5.7　章节练习

1. 选择题

（1）【单选题】下面关于视图的描述，正确的是（　　　）。

A. 视图是将基本表中的数据检索出来以后重新组成的一个新表

B. 视图的定义不能确定行和列的结果集

C. 视图是一种虚拟表，本身并不存储任何数据

D. 通过视图可以向多个基本表中插入数据

（2）【单选题】视图不能单独存在，它必须依赖于（　　　）。

A. 视图

B. 数据库

C. 表

D. 查询

（3）【单选题】删除视图时，出现"Table 'onlinedb.view_goods' doesn't exist"错误，对于该错误的描述，正确的是（　　　）。

A. 被删除的视图所对应的基本表不存在

B. 删除视图的语句存在语法错误

C. 被删除的视图不存在

D. 被删除的视图和表不存在

（4）【多选题】在视图上能完成的操作是（　　　）。

A. 更新视图数据

B. 在视图上定义新基本表

C. 在视图上定义新的视图

D. 查询

（5）【多选题】下面关于视图的优点描述正确的是（　　　）。

A. 屏蔽真实表结构变化带来的影响

B. 实现了逻辑数据独立性

C. 简化数据查询

D. 提高安全性

（6）【单选题】MySQL 中唯一索引的关键字是（　　　）。

A.FULLTEXT INDEX

B.ONLY INDEX

C.UNIQUE INDEX

D.INDEX

（7）【单选题】索引可以提高哪一操作的效率（　　　）。

A.INSERT

B.UPDATE

C.DELETE

D.SELECT

（8）【单选题】唯一索引的作用是（　　　）。

A. 保证各行在该索引上的值都不得重复

B. 保证各行在该索引上的值不得为 NULL

C. 保证参加唯一索引的各列，不得再参加其他的索引

D. 保证唯一索引不能被删除

（9）【单选题】可以在创建表时用（　　　）来创建唯一索引，也可以用（　　　）来创建唯一索引。

A.CREATE TABLE，CREATE INDEX

B. 设置主键约束，设置唯一约束

C. 设置主键约束，CREATE INDEX

D. 以上都可以

（10）【多选题】下面关于索引的描述中正确的是（　　　）。

A. 索引可以提高数据查询的速度

B. 索引可以降低数据的插入速度

C.InnoDB 存储引擎支持全文索引

D. 删除索引的命令是 DROP INDEX

2. 简答题

（1）简述视图的概念。

（2）简述视图的优点。

（3）简述视图与表的联系和区别。

（4）简述索引的定义及其分类。

（5）简述索引的特性。

第6章 数据库编程访问

> **本章学习目标**
>
> **知识目标**
> - 了解存储过程的概念和特点。
> - 掌握创建存储过程的语法。
>
> **技能目标**
> - 能够创建和调用存储过程。
> - 能够在存储过程中使用变量。
>
> **态度目标**
> - 培养学生的工匠精神、创新精神。

学习过编程语言的同学都了解,很多编程语言都是通过定义函数来实现某一特定功能的。在数据库管理系统中,为了提高用户对数据库中数据的管理和操作的效率,灵活地满足不同用户的业务需求,MySQL 为开发者提供了存储过程的功能,用于实现一些比较复杂的逻辑功能。

本章以企业新闻发布系统为例重点介绍存储过程的设计,主要内容包括存储过程的概念和特点、创建和调用存储过程、修改和删除存储过程以及存储过程的管理方法。

6.1 创建与使用存储过程

6.1.1 存储过程概述

1. 存储过程的概念

存储过程(Stored Procedure)是数据库中的一个重要对象,是存储在数据库中的一组特定的 SQL 语句集,其目的是实现特定业务功能,它经过第一次编译和优化后被存储在数据库服务器中,当再次调用它时不需要重复编译。用户通过指定存储过程的名字并给出参数(如果该存储过程带有参数)来执行它。

MySQL 中的一个存储过程可包含查询、插入、删除、更新等一系列 SQL 语句,当存储过程被调用执行时,这些操作也会同时执行。存储过程与其他编译语言中的过程类似,可接受输入参数并以输出参数的格式向调用过程或批处理返回多个值。

2. 存储过程的特点

1）模块化的程序设计

存储过程一旦创建，后期可在程序中调用多次，同时可以改进程序的可维护性，并允许应用程序访问数据库。存储过程支持嵌套使用，代码能够重复使用。存储过程一般由用户创建，并可独立于程序源代码而单独修改。

2）高效率的执行

存储过程只在创建时进行编译，以后每次执行存储过程都不需再重新编译，而一般 SQL 语句每执行一次就编译一次，所以使用存储过程可提高数据库的执行速度。当对数据库进行复杂操作时（如对多个表进行更新、插入、查询、删除操作时），可将此复杂操作用存储过程封装起来与数据库提供的事务处理结合使用。

3）减少网络流量

存储过程位于服务器上，调用的时候只需要传递存储过程的名称以及参数就可以了，因此减少了网络传输的数据量。例如，对数百行 T-SQL 代码的操作使用一条执行存储过程代码的语句就可以实现，而不需要在网络中发送数百行代码。

4）安全性高

参数化的存储过程可以防止 SQL 注入式攻击，而且可以将 Grant、Revoke 等权限应用于存储过程。对于没有直接执行存储过程权限的用户，也可授予他们执行存储过程的权限。这样用户可以执行存储过程，而不必拥有访问数据库的权限。

【思政小贴士】

案例：存储过程之华为自研数据库崛起之路

2019 年 5 月，美国下令封杀华为，不仅将华为列入"实体名单"，限制其在美贸易，还给华为的美国供应商下发禁令，要求其中断与华为的各项合作，这在全球范围内掀起了滔天巨浪。愤慨之余，我们不得不开始思考，当面临核心技术被卡脖子的时候，在中国成本优势逐渐消失的今天，我们应该如何突围？

2019 年 5 月 15 日，华为在数据库领域投下了一颗重磅炸弹，引发了高度关注。华为常务董事、ICT 战略与 Marketing 总裁汪涛在众多国内外媒体见证下，宣布正式面向全球推出 GaussDB 数据库。历时 9 年的研发和打磨，低调谨慎的华为终于掀开了 GaussDB 数据库的神秘面纱，让它走到了台前。

华为公司面向全球发布了人工智能原生（AI-Native）数据库 GaussDB 和业界性能的分布式存储 FusionStorage 8.0，将多年的 AI 技术和能力以及数据库经验融入新品中，实现了很多创新性突破。

6.1.2　创建存储过程

1. 创建存储过程的步骤

存储过程是由多条语句组成的语句块，每条语句都是一个复合语句定义规范的个体，需要有语句结束符——分号（;），而 MySQL 一旦遇到语句结束符就会自动开始执行。

但存储过程是一个整体，只有在被调用时才会被执行，那么在定义存储过程时就需要临时修改语句结束符。因此在创建存储过程时，首先需要通过 DELIMITER 关键字临时修改语句结束符；然后再利用 CREATE PROCEDURE 命令创建存储过程，当存储过程体内含有多条 SQL 语句时，必须使用复合语句语法 BEGIN...END 包裹存储过程语句块。当完成存储过程定义后，首先需要使用新结束符进行结束，再通过"DELIMITER ;"恢复使用分号作为结束标记。

2. 创建存储过程的语法

创建存储过程可以使用 CREATE PROCEDURE 语句，其基本语法格式如下：

```
DELIMITER 新结束符
CREATE PROCEDURE 存储过程名 ( IN|OUT|INOUT 参数名 1 类型 ,...)
BEGIN
    存储过程语句块 ;
END
新结束符
DELIMITER ;
```

相关参数说明如下。

（1）新结束符：在 MySQL 中通常使用 DELIMITER 命令将结束命令修改为其他字符。新结束符是用户定义的结束符，通常这个符号可以是一些特殊的符号，如两个"$"、两个"?"或两个"¥"等。当使用 DELIMITER 命令时，应该避免使用反斜杠"\"字符，因为它是 MySQL 的转义字符。

成功执行"DELIMITER 新结束的"语句后，后面的任何命令、语句或程序的结束标志就被换成这个新结束符。若希望再换回默认的分号";"作为结束标志，则在 MySQL 命令行客户端输入下列语句即可：

```
DELIMITER ;
```

【注意】DELIMITER 和分号";"之间一定要有空格。在创建存储过程时，用户必须具有 CREATE ROUTINE 权限。

（2）存储过程名：存储过程的名称，默认在当前数据库中创建存储过程。若需要在特定数据库中创建存储过程，则要在名称前面加上数据库的名称，即 db_name.sp_name。

（3）存储过程参数：存储过程参数主要包括参数来源、参数名、参数数据类型（可以是任何有效的 MySQL 数据类型）。当有多个参数时，在参数列表中用逗号分隔参数。存储过程可以没有参数（此时存储过程的名称后仍需加上一对括号），也可以有一个或多个参数。

MySQL 存储过程支持三种类型的参数来源，即输入参数、输出参数和输入 / 输出参数，分别用 IN、OUT 和 INOUT 三个关键字标识。其中，输入参数可以传递给一个存储过程，输出参数用于存储过程需要返回一个操作结果，而输入 / 输出参数既可以充当输入参数也可以充当输出参数。

【注意】参数名不要与数据表的列名相同，否则尽管不会返回出错信息，但是存储过程的 SQL 语句会将参数名看作列名，从而引发不可预知的结果。

（4）存储过程体：存储过程的主体部分，包含在过程调用的时候必须执行的 SQL 语句

中。这个部分以关键字 BEGIN 开始,以关键字 END 结束。若存储过程体中只有一条 SQL
语句,则可以省略 BEGIN...END。

6.1.3 调用存储过程

存储过程是存储在服务器端的 SQL 语句集合,要想使用这些已经定义好的存储过程就
必须要通过调用的方式来实现。需要注意的是,执行存储过程需要拥有 EXECUTE 权限
(EXECUTE 权限的信息存储在 information_schema 数据库下的 USER_PRIVILEGES 表中)。

MySQL 中使用 CALL 语句来调用存储过程。调用存储过程后,数据库系统将执行存
储过程中的 SQL 语句,然后将结果返回给输出值。

CALL 语句接收存储过程的名字以及需要传递给它的任意参数,其基本语法形式如下
所示:

```
CALL sp_name([parameter[,...]]);
```

在上述语句中,sp_name 表示存储过程的名称,parameter 表示存储过程的实参列表。其
中,实参列表传递的参数需要与创建存储过程的形参个数和参数类型相对应。当形参被指
定为 IN 时,则实参值可以为变量或是直接数据;当形参被指定为 OUT 或 INOUT 时,调用
存储过程传递的参数必须是一个变量,用于接收返回给调用者的数据。

【注意】因为存储过程实际上也是一种函数,所以存储过程名后需要有 ( ) 符号,即使不
传递参数也需要。

例 6.1:在企业新闻发布系统数据库中创建一个查看 tb_user 表的存储过程 sp_show_
user,该存储过程不带参数。当存储过程创建成功后,可以使用 CALL 语句调用该存储过
程,当每次调用这个存储过程的时候都会执行 SELECT 语句查看表中的数据。具体 SQL 语
句及其执行结果如下:

```
DELIMITER //
CREATE PROCEDURE sp_show_user()
BEGIN
select * from tb_user;
END //
DELIMITER ;


call sp_show_user();
```

例 6.2:再来看一个存储过程带参数的例子。首先定义存储过程 sp_del_news,该存储过
程用于实现删除指定编号的新闻信息,存储过程的定义如下所示。

```
DELIMITER //
CREATE PROCEDURE sp_del_news(IN newsid CHAR(10))
BEGIN
delete from tb_news where nid=newsid;
END //
DELIMITER ;


call sp_del_user(7);
```

在上述语句中，newsid 表示调用存储过程时传递的输入参数,根据此参数的值在存储过程体内从 tb_news 表中获取 nid 等于此值的数据,并执行删除操作。存储过程创建成功后,同样可以使用 CALL 语句调用该存储过程,并传递输入参数 newsid 的实参值(7),以此表示删除 tb_news 表中 nid 等于 7 的记录。

6.1.4　查看存储过程

创建好存储过程后,用户可以通过 SHOW STATUS 语句来查看存储过程的状态,也可以通过 SHOW CREATE PROCEDURE 语句来查看存储过程的定义。这里主要讲解查看存储过程的状态和定义的方法。

1. 查看存储过程的状态

在 MySQL 中可以通过 SHOW STATUS 语句来查看存储过程的状态,其基本语法格式如下所示:

SHOW PROCEDURE STATUS [LIKE 'pattern'];

以上语句中,LIKE 用来匹配存储过程的名称,如果语句中不指定 LIKE 子句,表示查看当前数据库中所有已创建存储过程的状态信息,查询结果显示了存储过程的创建时间、修改时间和字符集等信息。

2. 查看存储过程的定义

在 MySQL 中可以通过 SHOW CREATE PROCEDURE 语句查看存储过程的定义,其基本语法格式如下所示:

SHOW CREATE PROCEDURE 存储过程名 ;

查询结果会输出显示存储过程的定义和字符集信息等。

SHOW STATUS 语句只能查看存储过程是操作的哪一个数据库、存储过程的名称、类型、谁定义的、创建和修改时间、字符编码等信息。但是,这个语句不能查询存储过程的具体定义,如果需要查看具体定义,需要使用 SHOW CREATE PROCEDURE 语句。

【拓展阅读】

存储过程的信息都存储在 information_schema 数据库下的 Routines 表中,用户可以通过查询该表的记录来查询存储过程的信息,语法格式如下:

```
SELECT * FROM information_schema.Routines
WHERE routine_name= 存储过程名 ;
```

在 information_schema 数据库下的 Routines 表中,存储着所有存储过程的定义。所以,使用 SELECT 语句查询 Routines 表中的存储过程和函数的定义时,一定要使用 routine_name 字段指定存储过程的名称,否则,将查询出所有存储过程的定义。

6.1.5 修改存储过程

在实际开发过程中,需要修改存储过程的情况时有发生,所以修改 MySQL 中的存储过程是不可避免的。MySQL 中通过 ALTER PROCEDURE 语句来修改存储过程,其基本语法格式如下所示:

```
ALTER PROCEDURE proc_name [characteristic ...]
characteristic:
    COMMENT 'string'
  | LANGUAGE SQL
  | { CONTAINS SQL | NO SQL | READS SQL DATA | MODIFIES SQL DATA }
  | SQL SECURITY { DEFINER | INVOKER }
```

characteristic 指定了存储过程的特性,可能的取值包括以下几项。

(1) CONTAINS SQL,表示子程序包含 SQL 语句,但不包含读或写数据的语句。

(2) NO SQL,表示子程序中不包含 SQL 语句。

(3) READS SQL DATA,表示子程序中包含读数据的语句。

(4) MODIFIES SQL DATA,表示子程序中包含写数据的语句。

(5) SQL SECURITY { DEFINER |INVOKER },指明谁有权限来执行。

(6) DEFINER,表示只有定义者自己才能够执行。

(7) INVOKER,表示调用者可以执行。

(8) COMMENT 'string',表示注释信息。

提示:ALTER PROCEDURE 语句用于修改存储过程的某些特征。如果要修改存储过程的内容,可以先删除原存储过程,再以相同的名称创建新的存储过程;如果要修改存储过程的名称,可以先删除原存储过程,再以不同的名称创建新的存储过程。

6.1.6 删除存储过程

存储过程一旦被创建后,就会一直保存在数据库服务器上,直至被删除。当 MySQL 用户不再使用某个存储过程时,就需要将它从数据库中删除。

MySQL 中使用 DROP PROCEDURE 语句来删除数据库中已经存在的存储过程。其基本语法格式如下所示:

```
DROP PROCEDURE [IF EXISTS] sp_name;
```

相关参数说明如下。

（1）sp_name：指定要删除的存储过程的名称。

（2）IF EXISTS：指定这个关键字，用于防止因删除不存在的存储过程而引发错误。

【注意】存储过程名称后面没有参数列表，也没有括号，在删除之前，必须确认该存储过程没有任何依赖关系，否则会导致其他与之关联的存储过程无法运行。

6.2　MySQL 编程基础

由于存储过程通常用于实现一些比较复杂的逻辑功能，因此在存储过程定义中，经常包含一些用于实现复杂业务流程控制的常量、变量、表达式、系统函数和控制语句等。为此，MySQL 引入了表达式，其表达式与其他高级语言的表达式类似，由变量、运算符和流程控制等构成。其中，变量用于保存存储过程定义的中间数据；运算符用来执行算术运算、字符串连接、赋值以及在字段、常量和变量之间进行比较等操作；流程控制用于控制程序执行流程。

6.2.1　常量与变量

1. 常量

常量是在程序运行过程中其值不能改变的量，又称为标量值。常量的使用格式取决于值的数据类型，MySQL 常用的常量分为以下类型。

1）字符串常量

字符串此常量由单引号或双引号来定义，是包含在单引号或双引号内的字符序列。如：'CHINA' 或 "CHINA""" 中国 "。

2）数值常量

数值常量由整数类型或浮点数类型来定义，如：2007、-5.88。

3）日期时间常量

日期时间常量是用单引号或双引号括起来且具备特定格式的字符日期时间值。如：'2001-03-25'、"03:20:34"。

4）布尔值常量

布尔值常量存储的布尔值是 0 和 1。

5）空值

空值即为 NULL，它在 MySQL 中是一个特殊的值，它表示"一个未知的值"，与其他数据类型的值均不相同。

2. 变量

变量是指在内存中存储的可以变化的量，变量是表达式语句中最基本的元素，可以用来临时存储数据，在存储过程中可以定义和使用变量。MySQL 存储过程常用的变量分为局部变量、会话变量和系统变量。

1）局部变量

（1）定义局部变量。

在存储过程体中，可以声明局部变量，用来临时保存一些值。局部变量的作用范围仅在复合语句语法 BEGIN 和 END 语句之间。局部变量使用 DECLARE 语句定义，具体语法格式如下：

```
DECLARE var_name1[,var_name2...] type [DEFAULT value];
```

上述语句中，DECLARE 关键字用于声明局部变量，局部变量的名称 var_name1 和数据类型 type 是必选参数，var_name1 参数是变量的名称，这里可以同时定义多个变量。当同时定义多个局部变量时，它们只能共用同一种数据类型。type 参数用来指定变量的类型。DEFAULT 用于设置变量的默认值，省略时变量的初始值为 NULL。

例 6.3： 定义名称为 myparam 的变量，其数据类型为 INT，默认值为 100。

代码如下所示：

```
DECLARE myparam INT DEFAULT 100;
```

（2）为局部变量赋值

在存储过程中定义了局部变量后，可以通过 SET 关键字来为已定义的局部变量赋值。其基本语法格式如下：

```
SET var_name = expr [, var_name = expr] ...;
```

上述语法中，SET 关键字用于为变量赋值；var_name 参数是变量的名称；expr 参数是赋值表达式。

【注意】 一个 SET 语句可以同时为多个变量赋值，各个变量的赋值语句之间用逗号隔开。

例 6.4： 声明三个变量，分别为 var1、var2 和 var3，数据类型为 INT，使用 SET 为变量赋值，代码如下所示：

```
DECLARE var1, var2, var3 INT;
SET var1 = 10, var2 = 20;
SET var3 = var1 + var2;
```

在 MySQL 中除了使用 SET 为局部变量赋值，还可以使用 SELECT...INTO 语句为变量赋值，其基本语法如下：

```
SELECT col_name [...] INTO var_name[,...]
FROM table_name WEHRE condition;
```

上述语法中，col_name 参数表示查询的字段名称；var_name 参数指变量的名称；table_name 参数指表的名称；condition 参数指查询条件。

【注意】 当将查询结果赋值给变量时，该查询语句的返回结果只能是单行的。

例 6.5： 声明变量 var1 和 var2，通过 SELECT ... INTO 语句查询指定记录的数据并将其保存到变量 var1 和 var2 中。

代码如下所示:

```
DECLARE var1 CHAR(50);
DECLARE var2 DECIMAL(8,2);
SELECT f_name,f_price INTO var1, var2
FROM fruits WHERE f_id ='a1';
```

2）会话变量

在 MySQL 中除了局部变量，还包含会话变量，会话变量也可以称为用户变量，指的是用户自定义的变量，与 MySQL 当前客户端是绑定的，仅对当前用户使用的客户端生效。

会话变量是由"@"符号和变量名组成的，在定义会话变量时必须为该变量赋值。为会话变量赋值有以下三种方式：①利用 SET 语句；②在 SELECT 语句中利用赋值符号":="完成赋值；③利用 SELECT...INTO 语句进行赋值。在设置完会话变量以后，可以通过 SELECT 直接查询会话变量的值。

例 6.6：对以上三种赋值方法进行举例说明。声明四个会话变量，分别为 var1、var2、var3、var4，并通过三种方法为会话变量赋值，代码如下所示：

方式 1：

```
SET @var1= 'Name';
mysql> select @var1;
+-------+
| @var1 |
+-------+
| Name  |
+-------+
1    row in set (0.01 sec)
```

方式 2：

```
SELECT @var2 := title FROM tb_news LIMIT 1;
mysql> SELECT @var2 := title FROM tb_news LIMIT 1;
+------------------------+
| @var2 := title         |
+------------------------+
| 市领导莅临我公司参观指导              |
+------------------------+
1    row in set (0.01 sec)
```

方式 3：

```
SELECT f_name,f_price FROM fruits WHERE f_id = 'a1' INTO @var3, @var4;
```

3）系统变量

在 MySQL 启动的时候，服务器会自动将全局变量初始化为默认值。通过以下方法可以设置系统变量：

（1）修改 MySQL 源代码，然后对 MySQL 源代码进行重新编译（该方法适用于 MySQL 高级用户，这里不做阐述）。

（2）在 MySQL 配置文件（mysql.ini 或 mysql.cnf）中修改 MySQL 系统变量的值（需要重启 MySQL 服务器才会生效）。

（3）在 MySQL 服务器运行期间，使用 SET 命令重新设置系统变量的值。

服务器启动时会为所有的全局变量赋予默认值。这些默认值可以在选项文件中或在命令行中对执行的选项进行更改。

更改全局变量，必须具有 SUPER 权限。设置全局变量的值的方法如下：

```
SET @@global.innodb_file_per_table=default;
SET @@global.innodb_file_per_table=ON;
SET global innodb_file_per_table=ON;
```

需要注意的是，更改全局变量只影响更改后连接客户端的相应会话变量，而不会影响目前已经连接的客户端的会话变量（即使客户端执行 SET GLOBAL 语句也不影响）。也就是说，对于修改全局变量之前连接的客户端只有在客户端重新连接后，才会影响到客户端。

例 6.7：本例是一个在存储过程中使用会话变量的例子。创建存储过程，用于查询某条新闻的点击数 hits，并返回 hits 结果。

```
DELIMITER //
CREATE PROCEDURE sp_hits(IN id INT,OUT k1 INT)
BEGIN
    SELECT hits INTO k1 FROM tb_news WHERE nid=id;
END //
DELIMITER ;

调用：
call sp_hits(1,@k1);
select @k1;
```

在以上存储过程定义中，id 表示调用存储过程时输入的参数，k1 表示存储过程返回的输出参数，在存储过程的逻辑功能中，根据入参 id 获取 tb_news 表中 nid 等于此值的新闻的点击数 hits，并将其赋值给出参 k1。当通过 call 命令调用该存储过程时，入参值指定为 1，并通过会话变量 k1 保存出参值。当存储过程调用结束后，会话变量 k1 中即保存了返回的点击数结果,可以使用 select @k1 查看返回的点击数结果值。

6.2.2 流程控制语句

在 MySQL 中除了可以自定义存储过程、变量外,还可以使用流程控制根据特定的条件执行指定的 SQL 语句,或根据需要的循环条件执行某些 SQL 语句。在存储过程中可以使用流程控制语句来控制程序的流程。MySQL 中的流程控制语句主要包括条件语句和循环语句两大类。其中,条件语句包括 IF 语句和 CASE 语句,循环语句包括 LOOP 语句、REPEAT 语句和 WHILE 语句等。

1. 条件语句

条件语句用于根据一些条件做出判断,从而决定执行哪条 SQL 语句。MySQL 中常用的条件语句有 IF 语句和 CASE 语句两种。

1)IF 语句

IF 语句用来进行条件判断——根据是否满足条件(可包含多个条件)来执行不同的语句,是流程控制中最常用的判断语句。其基本语法格式如下:

> IF 条件表达式 1 THEN 语句列表
> [ELSEIF 条件表达式 2 THEN 语句列表] ... [ELSE 语句列表]
> END IF;

在上述语法中,当条件表达式 1 为真时,执行对应 THEN 子句后的语句列表;当条件表达式 1 为假时,继续判断条件表达式 2 是否为真,若为真,则执行其对应的 THEN 子句后的语句列表,以此类推。若所有条件表达式都为假,则执行 ELSE 子句后的语句列表。另外,每个语句列表必须由一个或多个 SQL 语句组成,且不允许为空。

例 6.8:创建 onlinedb 数据库的存储过程 sp_com_num,比较购物车表 scar 表中某条数据的购买数量 scNum,如果 scNum 大于 3 返回 1,如果 scNum 等于 3 返回 0,否则返回 -1。

具体 SQL 语句及执行结果如下所示:

```
存储过程定义:
DELIMITER //
CREATE PROCEDURE sp_com_num(IN id INT, OUT k1 INT)
BEGIN
    DECLARE num INT;
    SELECT scNum INTO num FROM scar WHERE sID=id;
    IF num>3 THEN SET k1=1;
    ELSEIF num=3 THEN SET k1=0;
    ELSE SET k1=-1;
    END IF;
END //
DELIMITER ;
```

```
存储过程调用：
mysql> call sp_com_num(1,@k1);
Query OK, 1 row affected (0.00 sec)

mysql> SELECT @k1;
+------+
| @k1  |
+------+
|  -1  |
+------+
1   row in set (0.00 sec)
```

2）CASE 语句

CASE 语句也是用来进行条件判断的，它提供了多个条件以供选择，可以实现比 IF 语句更复杂的条件判断。CASE 语句的基本格式如下：

```
CASE
WHEN 条件表达式 1 THEN 结果 1
[WHEN 条件表达式 2 THEN 结果 2] ...
[ELSE 结果 ]
END
```

在上述语法中，程序将判断 WHEN 后的条件表达式，直到其中一个判断结果为真时，输出对应的 THEN 子句后的结果；若 WHEN 子句后的条件表达式的判断结果都为假，则执行 ELSE 子句后的结果，当 CASE 语句中不含 ELSE 子句时，判断结果直接返回 NULL。

例 6.9：本例创建 onlinedb 数据库的存储过程，判断购物车表 scar 表中某个商品的购买数量 scNum，根据不同的购买数量 scNum 返回不同的结果。小于 5 为购买量较少，大于 5 为购买量较多，其余为购买量中等。

具体 SQL 语句及执行结果如下所示：

```
存储过程定义：
DELIMITER //
CREATE PROCEDURE sp_sum_num(IN id INT, OUT result VARCHAR(10))
BEGIN
  DECLARE num INT;
  SELECT SUM(scNum) INTO num FROM scar WHERE gdID=id ;
  CASE
    WHEN num<5 THEN SET result=' 购买量较少 ';
    WHEN num>5 THEN SET result=' 购买量较多 ';
```

```
        ELSE SET result=' 购买量中等 ';
    END CASE;
END //
DELIMITER ;


存储过程调用：
mysql> CALL sp_sum_num(9,@result);
Query OK, 1 row affected (0.00 sec)


mysql> select @result;
+-----------+
| @result   |
+-----------+
| 购买量中等             |
+-----------+
```

2. 循环语句

循环语句用于符合指定条件的情况下，重复执行一段代码。例如，计算给定区间内数据的累加和。MySQL 提供的循环语句有 LOOP 语句、REPEAT 语句和 WHILE 语句三种。

1）LOOP 语句

LOOP 语句可以使某些特定的语句重复执行。与 IF 语句和 CASE 语句相比，LOOP 语句只实现了一个简单的循环，并不进行条件判断。

LOOP 语句本身没有停止循环的语句，必须使用 LEAVE 语句等才能停止循环，从而跳出循环过程。其基本语法格式如下所示：

```
[ 标签 :] LOOP
    语句列表
END LOOP [ 标签 ];
```

在上述语法中，LOOP 语句用于重复执行语句列表，在语句列表中需要给出结束循环的条件，否则会出现死循环。通常情况下，使用判断语句进行条件判断，需使用"LEAVE 标签"语句跳出循环控制。其语法格式如下：

```
LEAVE label
```

其中，label 参数表示循环的标志，LEAVE 语句必须在循环标志前面。

例 6.10：计算 1~9 之间数字的累加和。

SQL 语句如下所示：

```
mysql> DELIMITER $$
mysql> CREATE PROCEDURE proc_loop()
    -> BEGIN
    ->     DECLARE i, sum INT DEFAULT 0;
    ->     sign: LOOP
    ->         IF i >= 10 THEN
    ->             SELECT i, sum;
    ->             LEAVE sign;
    ->         ELSE
    ->             SET sum = sum + i;
    ->             SET i = i + 1;
    ->         END IF;
    ->     END LOOP sign;
    -> END
    -> $$
Query OK, 0 rows affected (0.00 sec)
mysql> DELIMITER ;
```

在上述程序中，局部变量 i 和 sum 的初始值都为 0，然后在 LOOP 循环中判断 i 的值是否大于等于 10，若是则输出当前 i 和 sum 的值，并退出循环；若不是则将 i 的值累加到 sum 变量中，并对 i 进行加 1，再次执行 LOOP 中的语句。

测试前面创建的存储过程，查看 LOOP 循环后 i 和 sum 的值，具体 SQL 语句及执行结果如下。

```
mysql> call proc_loop();
+------+------+
| i    | sum  |
+------+------+
|   10 |   45 |
+------+------+
1  row in set (0.00 sec)
Query OK, 0 rows affected (0.01 sec)
```

2）REPEAT 语句

REPEAT 语句是有条件控制的循环语句，每次语句执行完毕后，会对条件表达式进行判断，如果条件表达式返回值为 TRUE，则循环结束，否则重复执行循环中的语句。其基本语法格式如下：

```
[ 标签 :] REPEAT
    语句列表
UNTIL 条件表达式
END REPEAT [ 标签 ];
```

在上述语法中,程序会无条件执行 REPEAT 的语句列表,然后再判断 UNTIL 后的条件表达式是否为真,若为真,则结束循环;否则,继续循环 REPEAT 的语句列表。

其中,标签为 REPEAT 语句的标注名称,该参数可以省略;REPEAT 语句内的语句被重复执行,直至条件表达式返回值为 TRUE。语句列表参数表示循环的执行语句;条件表达式参数表示结束循环的条件,满足该条件时循环结束。REPEAT 语句的循环用 END REPEAT 结束。

例 6.11: 使用 REPEAT 语句计算 1~9 之间数字的累加和。

SQL 语句如下所示:

```
mysql> DELIMITER $$
mysql> CREATE PROCEDURE proc_repeat()
    -> BEGIN
    ->    DECLARE i, sum INT DEFAULT 0;
    ->    REPEAT
    ->      SET sum = sum + i;
    ->      SET i = i + 1;
    ->    UNTIL i >= 10 END REPEAT;
    ->    SELECT i, sum;
    -> END
    -> $$
Query OK, 0 rows affected (0.00 sec)
mysql> DELIMITER ;
```

在上述程序中,局部变量 i 和 sum 的初始值都为 0,利用 REPEAT 循环语句,将 i 的值累加到 sum 变量中,并对 i 进行加 1。判断 i 的值是否大于等于 10,当其大于等于 10 时,退出循环遍历。

下面调用存储过程并查看 i 和 sum 的值,具体 SQL 语句及执行结果如下。

```
mysql> call proc_repeat();
+------+------+
| i    | sum  |
+------+------+
|   10 |   45 |
+------+------+
```

1　row in set (0.00 sec)

Query OK, 0 rows affected (0.01 sec)

3）WHILE 语句

WHILE 语句也是有条件控制的循环语句。WHILE 语句和 REPEAT 语句的不同点是，WHILE 语句是当满足条件时执行循环内的语句，否则退出循环。其基本语法格式如下：

```
[ 标签 :] WHILE 条件表达式 DO
    语句列表
END WHILE [ 标签 ];
```

在上述语法中，只要 WHILE 的条件表达式为真，就会重复执行 DO 后的语句列表。因此，若无特殊需求，一定要在 WHILE 的语句列表中设置循环出口，避免出现死循环。

例 6.12：使用 WHILE 语句计算 1~9 之间数字的累加和。

SQL 语句如下所示：

```
mysql> delimiter $$
mysql> CREATE PROCEDURE proc_while()
    -> BEGIN
    ->    DECLARE i, sum INT DEFAULT 0;
    ->    WHILE i < 10 DO
    ->      SET sum = sum + i;
    ->      SET i = i + 1;
    ->    END WHILE;
    ->    SELECT i, sum;
    -> END
    -> $$
Query OK, 0 rows affected (0.00 sec)
mysql> delimiter ;
```

在上述程序中，局部变量 i 和 sum 的初始值都为 0，只要局部变量 i 的值小于 10，就执行 DO 后的语句列表，将 i 的值累加到 sum 变量中，否则不进行累加。然后改变 i 的值加 1，再次判断其值是否小于 10，若还满足条件，则继续重复以上的步骤，否则退出循环。

下面调用存储过程并查看 i 和 sum 的值，具体 SQL 语句及执行结果如下：

```
mysql> call proc_while();
+------+------+
| i    | sum  |
+------+------+
|   10 |   45 |
```

```
+------+------+
1   row in set (0.00 sec)
```

6.2.3 常用的内置函数

MySQL 常用的函数可以简单分为以下几类:数值型函数、字符串型函数、日期时间函数、聚合函数、流程控制函数等。

1. 数值型函数

数值型函数如表 6-1 所示。

表 6-1　数值型函数

函数名称	功能描述
ABS	求绝对值
SQRT	求二次方根
MOD	求余数
CEIL 和 CEILING	两个函数功能相同,都是返回不小于参数的最小整数,即向上取整
FLOOR	向下取整,将返回值转化为一个 BIGINT
RAND	生成一个 0~1 之间的随机数,传入整数参数是,用来产生重复序列
ROUND	对所传参数进行四舍五入
SIGN	返回参数的符号
POW 和 POWER	两个函数的功能相同,都是所传参数的次方的结果值
SIN	求正弦值
ASIN	求反正弦值,与函数 SIN 互为反函数
COS	求余弦值
ACOS	求反余弦值,与函数 COS 互为反函数
TAN	求正切值
ATAN	求反正切值,与函数 TAN 互为反函数
COT	求余切值

2. 字符串型函数

字符串型函数如表 6-2 所示。

表 6-2　字符串型函数

函数名称	功能描述
LENGTH	计算字符串长度函数,返回字符串的字节长度

续表

函数名称	功能描述
CONCAT	合并字符串函数,返回结果为连接参数产生的字符串,参数可以是一个或多个
INSERT	替换字符串函数
LOWER	将字符串中的字母转换为小写
UPPER	将字符串中的字母转换为大写
LEFT	从左侧截取字符串,返回字符串左边的若干个字符
RIGHT	从右侧截取字符串,返回字符串右边的若干个字符
TRIM	删除字符串左右两侧的空格
REPLACE	字符串替换函数,返回替换后的新字符串
SUBSTRING	截取字符串,返回从指定位置开始的指定长度的字符串
REVERSE	字符串反转(逆序)函数,返回与原始字符串顺序相反的字符串

3. 日期时间函数

日期时间函数如表 6-3 所示。

表 6-3　日期时间函数

函数名称	功能描述
CURDATE 和 CURRENT_DATE	两个函数作用相同,返回当前系统的日期值
CURTIME 和 CURRENT_TIME	两个函数作用相同,返回当前系统的时间值
NOW 和 SYSDATE	两个函数作用相同,返回当前系统的日期和时间值
UNIX_TIMESTAMP	获取 UNIX 时间戳函数,返回一个以 UNIX 时间戳为基础的无符号整数
FROM_UNIXTIME	将 UNIX 时间戳转换为时间格式,与 UNIX_TIMESTAMP 互为反函数
MONTH	获取指定日期中的月份
MONTHNAME	获取指定日期中的月份的英文名称
DAYNAME	获取指定日期对应的星期几的英文名称
DAYOFWEEK	获取指定日期对应的一周的索引位置值
WEEK	获取指定日期是一年中的第几周,返回值的范围为 0~52 或 1~53
DAYOFYEAR	获取指定日期是一年中的第几天,返回值范围是 1~366
DAYOFMONTH	获取指定日期是一个月中是第几天,返回值范围是 1~31
YEAR	获取年份,返回值范围是 1970~2069
TIME_TO_SEC	将时间参数转换为秒数

函数名称	功能描述
SEC_TO_TIME	将秒数转换为时间,与 TIME_TO_SEC 互为反函数
DATE_ADD 和 ADDDATE	两个函数功能相同,都是向日期添加指定的时间间隔
DATE_SUB 和 SUBDATE	两个函数功能相同,都是将日期减去指定的时间间隔
ADDTIME	时间加法运算,在原始时间上加上指定的时间
SUBTIME	时间减法运算,在原始时间上减去指定的时间
DATEDIFF	获取两个日期之间的间隔,返回参数 1 减去参数 2 的值
DATE_FORMAT	格式化指定的日期,根据参数返回指定格式的值
WEEKDAY	获取指定日期在一周内的对应的工作日索引

4. 聚合函数

聚合函数如表 6-4 所示。

表 6-4　聚合函数

函数名称	功能描述
MAX	查询指定列数据的最大值
MIN	查询指定列数据的最小值
COUNT	统计查询结果的行数
SUM	求和,返回指定列数据的总和
AVG	求平均值,返回指定列数据的平均值

5. 流程控制函数

流程控制函数如表 6-5 所示。

表 6-5　流程控制函数

函数名称	功能描述
IF	判断,流程控制
IFNULL	判断是否为空
CASE	搜索语句

6.3 项目—案例分析——企业新闻发布系统

6.3.1 情景引入

随着互联网技术的不断发展,很多企业都开发了自己的企业新闻发布系统,用于实时发布企业内部和外部的重要新闻信息,以便企业员工能实时掌握企业内部和外部的行业动态信息。

6.3.2 任务目标

根据业务需求,为企业新闻发布系统数据库创建不同的存储过程,并对存储过程对象进行管理和维护,具体任务目标如下:

(1)创建一个查看 tb_user 表的存储过程 sp_show_user,每次调用这个存储过程的时候都会执行 SELECT 语句查看表的内容;

(2)创建存储过程 sp_del_news,根据新闻编号(nid)删除指定的新闻条目;

(3)创建一个存储过程 sp_user,在 tb_user 表中根据输入的 lever 值,查询指定 lever 值(普通用户、普通管理员或超级管理员)的用户信息;

(4)创建一个存储过程 sp_news_count,输入用户的姓名,输出该用户发布的新闻的条数;

(5)创建存储过程 sp_hits,查询某条新闻的点击次数 hits,并返回新闻点击次数的值;

(6)删除存储过程 sp_hits。

6.3.3 任务实施

(1)创建一个查看 tb_user 表的存储过程 sp_show_user,每次调用这个存储过程的时候都会执行 SELECT 语句查看表的内容,具体 SQL 语句如下所示。

```
DELIMITER //
CREATE PROCEDURE sp_show_user()
BEGIN
    select * from tb_user;
END //
DELIMITER ;
```

当存储过程创建成功后,可以查看存储过程的状态和定义,查询结果如下所示:

```
mysql> show procedure status like 'sp_show_user' \G;
*********************** 1. row ***********************
            Db: cms
          Name: sp_show_user
          Type: PROCEDURE
```

```
                Definer: root@%
                Modified: 2022-05-19 20:17:25
                Created: 2022-05-19 20:17:25
           Security_type: DEFINER
                 Comment:
     character_set_client: utf8
   collation_connection: utf8_general_ci
       Database Collation: utf8_general_ci
1     row in set (0.01 sec)

mysql> show create procedure sp_show_user \G;
*************************** 1. row ***************************
               Procedure: sp_show_user
               sql_mode: STRICT_TRANS_TABLES,NO_AUTO_CREATE_USER,NO_
ENGINE_SUBSTITUTION
       Create Procedure: CREATE DEFINER='root'@'%' PROCEDURE 'sp_show_user'()
BEGIN
   select * from tb_user;
END
     character_set_client: utf8
   collation_connection: utf8_general_ci
       Database Collation: utf8_general_ci
1     row in set (0.00 sec)
```

通过 call 命令调用存储过程,其执行结果如图 6.1 所示。

图 6.1　call 命令执行结果

（2）创建存储过程 sp_del_news,根据新闻编号（.nid）删除指定的新闻条目,具体 SQL
语句如下所示。

```
DELIMITER //
CREATE PROCEDURE sp_del_news (IN newsid char(10))
```

170

```
BEGIN
    DELETE FROM tb_news WHERE nid=newsid;
END //
DELIMITER ;
```

执行存储过程前,先查看新闻表 tb_news 中已有的新闻信息列表,其执行结果如图 6.2 所示。

图 6.2 查看新闻信息列表

通过 call 命令调用存储过程,删除新闻编号为 8 的新闻条目,删除成功后,再次查看新闻表 tb_news 中已有的新闻信息列表,确认新闻编号为 8 的新闻条目已被成功删除,SQL 命令执行结果如图 6.3 所示。

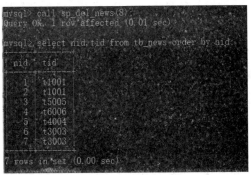

图 6.3 执行结果

(3)创建一个存储过程 sp_user,在 tb_user 表中根据输入的 lever 值,查询指定 lever 值(普通用户,普通管理员或超级管理员)的用户信息,具体 SQL 语句如下所示。

```
DELIMITER //
create procedure sp_user(in usertype varchar(20))
begin
select * from tb_user where lever=usertype;
end //
DELIMITER ;
```

通过 call 命令调用存储过程 sp_user,查看 lever 值为"超级管理员"的用户信息,查询结果如图 6.4 所示:

图 6.4 查询结果——任务(3)

(4)创建一个存储过程 sp_news_count,输入用户的姓名,输出该用户发布的新闻的条数,具体 SQL 语句如下所示。

```
DELIMITER //
CREATE PROCEDURE sp_news_count(IN u_name VARCHAR(10), OUT u_count INT)
BEGIN
SELECT COUNT(1) INTO u_count
FROM tb_user a,tb_news b
WHERE a.uid=b.inputer AND username=u_name;
END //
DELIMITER ;
```

通过 call 命令调用存储过程 sp_news_count,使用会话变量 news_counts 保存并查看输出结果,查询结果如图 6.5 所示。

图 6.5 查询结果——任务(4)

(5)创建存储过程 sp_hits,查询某条新闻的点击次数 hits,并返回新闻点击次数的值,具体 SQL 语句如下所示。

```
DELIMITER //
CREATE PROCEDURE sp_hits(IN id INT,OUT k1 INT)
BEGIN
   SELECT hits INTO k1 FROM tb_news WHERE nid=id;
END //
DELIMITER ;
```

通过 call 命令调用存储过程 sp_hits,使用会话变量 hits 保存并查看输出结果,查询结果如图 6.6 所示。

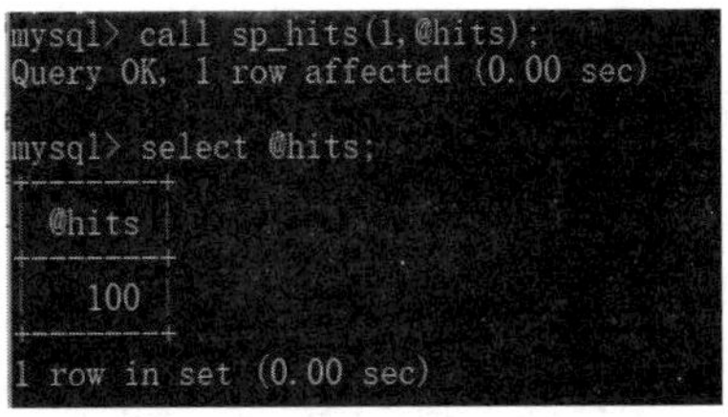

```
mysql> call sp_hits(1,@hits);
Query OK, 1 row affected (0.00 sec)

mysql> select @hits;
+-------+
| @hits |
+-------+
|   100 |
+-------+
1 row in set (0.00 sec)
```

图 6.6　查询结果——任务(5)

（6）删除存储过程 sp_hits，具体 SQL 语句及其执行结果如下所示。

```
mysql> show procedure status like 'sp_hits' \G;
*************************** 1. row ***************************
                  Db: cms
                Name: sp_hits
                Type: PROCEDURE
             Definer: root@%
            Modified: 2022-05-19 21:05:41
             Created: 2022-05-19 21:05:41
       Security_type: DEFINER
             Comment:
character_set_client: gbk
collation_connection: gbk_chinese_ci
  Database Collation: utf8_general_ci
1 row in set (0.01 sec)

mysql> drop procedure sp_hits;
Query OK, 0 rows affected (0.00 sec)

mysql> show procedure status like 'sp_hits' \G;
Empty set (0.01 sec)
```

6.4　项目二案例分析——网上商城系统

6.4.1　情景引入

B2C 是电子商务的典型模式，是企业通过网络开展的在线销售活动，它直接面向消费者销售产品和服务。消费者通过网络选购商品和服务、发表相关评论及进行电子支付等。本节，我们以网上商城系统为项目案例，重点介绍复杂存储过程的设计过程。

6.4.2 任务目标

根据业务需求,为网上商城系统数据库创建复杂的存储过程,并对存储过程对象进行管理和维护,具体任务目标如下:

(1)创建存储过程 sp_goods_hot,查询某个商品的销售量。如果销售量大于等于 100,则该商品是热门商品,将 gdHot 设为 1,否则不是热门商品,将 gdHot 设为 0;

(2)创建存储过程 get_goods_by_gdName,使用 IF...ELSE... 语句,查询指定名称的商品的信息,如果该商品存在,则输出商品的价格、库存数量、销售量,否则输出查无此商品;

(3)创建存储过程 get_goods_pricelevel,使用 CASE 语句查询指定名称的商品的价格,如果价格小于 60 元,则输出"价格便宜",如果价格在 60~150 元之间,则输出"价格中等",否则输出"价格较贵"。

6.4.3 任务实施

(1)创建存储过程 sp_goods_hot,查询某个商品的销售量。如果销售量大于等于 100,则该商品是热门商品,将 gdHot 设为 1,否则不是热门商品,将 gdHot 设为 0,具体 SQL 语句如下所示。

```
DELIMITER //
CREATE PROCEDURE sp_goods_hot(IN NAME VARCHAR(100))
BEGIN
DECLARE id INT;
DECLARE num INT;
SELECT gdID, gdSaleQty INTO id,num FROM goods WHERE gdName=NAME;
IF num >=100 THEN
UPDATE goods SET gdHot=1 WHERE gdID=id;
ELSE
UPDATE goods SET gdHot=0 WHERE gdID=id;
END IF;
END //

DELIMITER ;
```

在上述程序中,首先定义局部变量 id 和 num,接着查询商品表中 gdName 等于入参 NAME 值的商品的 gdID(商品 ID)和 gdSaleQty(销售量),当销售量大于等于 100 时,将该商品条目的热门程度 gdHot 更新为 1,否则将该商品条目的热门程度 gdHot 更新为 0。

创建存储过程成功后,首先查询商品表 goods 表中所有商品的初始热门程度 gdhot 的值,查询结果如下所示。

```
mysql> select gdid, gdName, gdSaleQty, gdhot from goods;
+------+-------------+-----------+-------+
| gdid | gdName      | gdSaleQty | gdhot |
+------+-------------+-----------+-------+
|    1 | 迷彩帽       |        29 | NULL  |
|    3 | 牛肉干       |        61 | NULL  |
|    4 | 零食礼包     |       234 | NULL  |
|    5 | 运动鞋       |       200 | NULL  |
|    6 | 咖啡壶       |        45 | NULL  |
|    8 | A 字裙       |       200 | NULL  |
|    9 | LED 小台灯   |        31 | NULL  |
|   10 | 华为 P9_PLUS |         7 | NULL  |
+------+-------------+-----------+-------+
8   rows in set (0.00 sec)
```

通过 call 命令调用存储过程 sp_goods_hot，然后再次查看商品表 goods 表中所有商品的最新热门程度 gdhot 的值，查询结果如下所示。

```
mysql> call sp_goods_hot('迷彩帽');
Query OK, 1 row affected (0.01 sec)

mysql> call sp_goods_hot('运动鞋');
Query OK, 1 row affected (0.01 sec)

mysql> select gdid, gdName, gdSaleQty, gdhot from goods;
+------+-------------+-----------+-------+
| gdid | gdName      | gdSaleQty | gdhot |
+------+-------------+-----------+-------+
|    1 | 迷彩帽       |        29 |     0 |
|    3 | 牛肉干       |        61 | NULL  |
|    4 | 零食礼包     |       234 | NULL  |
|    5 | 运动鞋       |       200 |     1 |
|    6 | 咖啡壶       |        45 | NULL  |
|    8 | A 字裙       |       200 | NULL  |
|    9 | LED 小台灯   |        31 | NULL  |
|   10 | 华为 P9_PLUS |         7 | NULL  |
+------+-------------+-----------+-------+
8   rows in set (0.00 sec)
```

（2）创建存储过程 get_goods_by_gdName，使用 IF...ELSE... 语句，查询指定名称的商品的信息，如果该商品存在，则输出商品的价格、库存数量、销售量，否则输出查无此商品，具体 SQL 语句如下所示。

```
delimiter $$
create procedure get_goods_by_gdName (in ingdName varchar(20))
begin
    declare num int default 0;
    select count(*) into num from goods where gdName= ingdName;
    if num = 0 then
        select '查无此商品' as result;
    else
        select gdName,gdPrice, gdQuantity, gdSaleQty
            from goods where gdName= ingdName;
end if;
end $$
delimiter ;
```

通过 call 命令调用存储过程 get_goods_by_gdName，当输入商品的名称"牛奶"时，由于该商品在 goods 表中不存在，因此输出"查无此商品"。当输入商品的名称"牛肉干"时，该商品在 goods 表中存在，则输出该商品的条目信息，查询结果如下所示。

```
mysql> call get_goods_by_gdName(' 牛奶 ');
+------------+
| result     |
+------------+
| 查无此商品 |
+------------+
1    row in set (0.00 sec)

mysql> call get_goods_by_gdName(' 牛肉干 ');
+--------+---------+------------+-----------+
| gdName | gdPrice | gdQuantity | gdSaleQty |
+--------+---------+------------+-----------+
| 牛肉干 |      94 |        200 |        61 |
+--------+---------+------------+-----------+
1    row in set (0.00 sec)
```

（3）创建存储过程 get_goods_pricelevel，使用 CASE 语句查询指定名称的商品的价格，如果价格小于 60 元，则输出"价格便宜"，如果价格在 60~150 元之间，则输出"价格中等"，否则输出"价格较贵",具体 SQL 语句如下所示。

```
delimiter $$
create procedure get_goods_pricelevel (in ingdName varchar(20), out level varchar(20))
begin
    declare price int default 0;
    select gdPrice into price from goods where gdName= ingdName;
    case
        when price <60 then set level=' 价格便宜 ';
        when price > 150 then set level=' 价格较贵 ';
    else
        set level=' 价格中等 ';
    end case;
end $$
delimiter ;
```

通过 call 命令调用存储过程 get_goods_pricelevel,当输入商品的名称"迷彩帽"时,由于该商品的价格为 63,则存储过程输出结果为"价格中等",查询结果如下所示。

```
mysql> select gdName,gdPrice from goods where gdName=' 迷彩帽 ';
+--------+---------+
| gdName | gdPrice |
+--------+---------+
| 迷彩帽 |      63 |
+--------+---------+
1   row in set (0.00 sec)

mysql> call get_goods_pricelevel(' 迷彩帽 ',@level);
Query OK, 1 row affected (0.00 sec)

mysql> select @level;
+----------+
| @level   |
+----------+
| 价格中等 |
+----------+
1   row in set (0.00 sec)
```

6.5　本章小结

　　本章重点讲解了存储过程的概念、存储过程的创建和调用、存储过程中变量的使用、存储过程中的流程控制等内容。

　　本章的关键知识点主要包括：①存储过程的概念和特点；②存储过程的创建、调用、查看、修改、删除等的语法；③存储过程中的流程控制。

　　学习的关键技能点主要包括：①创建和调用存储过程；②存储过程使用变量保存中间结果；③使用流程控制创建复杂的存储过程。

6.6　知识拓展

　　程序在运行过程中可能会遇到问题，此时我们可以通过定义条件和处理程序来事先定义这些问题。

　　定义条件是指事先定义程序执行过程中遇到的问题，处理程序定义了在遇到这些问题时应当采取的处理方式和解决办法，保证存储过程和函数在遇到警告或错误时能继续执行，从而增强程序处理问题的能力，避免程序出现异常被停止执行。下面将详细讲解如何定义条件和处理程序。

　　1）定义条件

　　在 MySQL 中可以使用 DECLARE 关键字来定义条件。其基本语法格式如下：

```
DECLARE condition_name CONDITION FOR condition_value;
condition value:
SQLSTATE [VALUE] sqlstate_value | mysql_error_code;
```

　　其中：

condition_name 参数表示条件的名称；

condition_value 参数表示条件的类型；

sqlstate_value 参数和 mysql_error_code 参数都可以表示 MySQL 的错误。sqlstate_value 表示长度为 5 的字符串类型的错误代码，mysql_error_code 表示数值类型的错误代码。例如 ERROR 1146(42S02) 中，sqlstate_value 值是 42S02，mysql_error_code 值是 1146。

　　下面定义"ERROR 1146 (42S02)"这个错误，名称为 can_not_find，可以用两种不同的方法来定义，代码如下：

```
// 方法一：使用 sqlstate_value
DECLARE can_not_find CONDITION FOR SQLSTATE '42S02';
// 方法二：使用 mysql_error_code
DECLARE can_not_find CONDITION FOR 1146;
```

2）定义处理程序

在 MySQL 中可以使用 DECLARE 关键字来定义处理程序。其基本语法格式如下：

```
DECLARE handler_type HANDLER FOR condition_value[...] sp_statement
handler_type:
CONTINUE | EXIT | UNDO
condition_value:
SQLSTATE [VALUE] sqlstate_value | condition_name | SQLWARNING | NOT FOUND |
SQLEXCEPTION | mysql_error_code
```

其中，handler_type 参数指明错误的处理方式，该参数有三个取值，分别是 CONTINUE、EXIT 和 UNDO。

（1）CONTINUE 表示遇到错误不进行处理，继续向下执行。

（2）EXIT 表示遇到错误后马上退出。

（3）UNDO 表示遇到错误后撤回之前的操作，MySQL 暂时还不支持这种处理方式。

【注意】通常情况下，执行过程中遇到错误应该立刻停止执行下面的语句，并且撤回前面的操作。但是，MySQL 现在还不能支持 UNDO 操作。因此，遇到错误时最好执行 EXIT 操作。如果事先能够预测错误类型，并且进行相应的处理，那么可以执行 CONTINUE 操作。

condition-value 参数指明错误类型，该参数有以下六个取值。

（1）sqlstate_value：包含 5 个字符的字符串错误值。

（2）condition_name：表示 DECLARE 定义的错误条件名称。

（3）SQLWARNING：匹配所有以 01 开头的 sqlstate_value 值。

（4）NOT FOUND：匹配所有以 02 开头的 sqlstate_value 值。

（5）SQLEXCEPTION：匹配所有没有被 SQLWARNING 或 NOT FOUND 捕获的 sqlstate_value 值。

（6）mysql_error_code：匹配数值类型错误代码。

sp_statement 参数为程序语句段，表示在遇到定义的错误时，需要执行的一些存储过程或函数。

6.7　章节练习

1. 选择题

（1）【单选题】对同一存储过程连续两次执行命令 DROP PROCEDURE IF EXISTS，将会（　　）。

A. 第一次执行删除存储过程，第二次产生一个错误

B. 第一次执行删除存储过程，第二次无提示

C. 存储过程不能被删除

D. 最终删除存储过程

（2）【单选题】一个存储过程，名称为 proc_grade。有一个入参，名称为 km，类型varchar(50)。如何调用这个存储过程？（　　）

A.CALL proc_grade();

B.CALL proc_grade('PHP',varchar(50));

C.CALL proc_grade('PHP');

D.CALL proc_grade(@km);

（3）【单选题】用于创建存储过程的 SQL 语句为（　　）。

A.CREATE DATABASE

B.CREATE TRIGGER

C.CREATE PROCEDURE

D.CREATE TABLE

（4）【单选题】有关存储过程说法不正确的是（　　）。

A. 存储过程是用 T-SQL 语言编写的

B. 存储过程在客户端执行

C. 存储过程可以反复多次执行

D. 存储过程可以提高数据库的安全性

（5）【单选题】在 MySQL 中，存储过程可以使用（　　）。

A. 局部变量

B. 用户变量

C. 系统变量

D. 以上皆可以使用

（6）【单选题】在 MySQL 中编写函数、存储过程时，合法的流程控制语句不包括（　　）。

A.FOR(...;...;...) 循环语句

B.IF...ELSE（包括 ELSEIF）条件语句

C.WHILE...END WHILE 循环语句

D.CASE...WHEN...ELSE 分支语句

（7）【判断题】编写一个返回表 products 中 prod_price 字段平均值的存储过程，名称为productpricing，语句如下（　　）。

A.DELIMITER //

B.CREATE PROCEDURE productpricing

C.BEGIN

D.Select avg(prod_price) from products;

E.End //

2. 简答题

（1）请解释什么是存储过程。

（2）请列举使用存储过程的好处。

第7章 权限与安全

本章学习目标

知识目标

● 理解数据库的安全性，了解 MySQL 用户的作用。

● 了解 MySQL 权限的概念、作用和类型。

● 掌握创建、修改、删除用户的语法。

● 掌握查看权限、分配权限和回收权限的语法。

● 理解事务的概念、基本特性，掌握事务处理的实现方法和步骤。

技能目标

● 能够创建、修改、删除 MySQL 用户。

● 能够查看、分配和回收 MySQL 用户权限。

● 通过模拟网上支付，掌握事务的操作方法。

态度目标

● 培养学生的数据保密和安全防范意识。

● 培养学生尊重事务的发展规律的规范意识。

　　MySQL 是一个多用户数据库，具有功能强大的访问控制系统，可以创建不同的用户，并为不同用户指定不同权限。前面的章节中介绍的通过数据库管理工具连接数据库服务器，都是通过 root 用户登录数据库进行相关的操作，该用户是超级管理员，拥有所有权限，包括创建用户、删除用户和修改用户密码等。但在正常的工作环境中，为了保证数据库的安全，数据库管理员会为需要操作数据库的人员分配用户名、密码以及权限范围，让其仅能在分配的权限范围内进行相关操作。

　　本章将针对 MySQL 中的用户与权限管理进行详细讲解。通过对本章内容的学习，读者可以了解到 MySQL 中的各种权限表、登录数据库的详细内容、用户管理和密码管理等。本章内容涉及数据库的安全，是数据库管理中非常重要的内容。了解本章内容，将有助于理解有效保证 MySQL 数据库安全的重要性。

7.1 用户和权限概述

数据库的安全性是指只允许合法用户对数据库进行其权限范围内的相关操作,保护数据库,以防止任何不合法的使用造成的数据泄露、更改或破坏。保证数据库的安全性主要涉及两个方面的问题:用户认证问题和访问权限问题。

7.1.1 用户表

用户是数据库的使用者和管理者。MySQL 通过用户设置来控制数据库操作人员的访问与操作范围。MySQL 用户分为 root 用户和普通用户,其中,root 用户是超级管理员,拥有操作 MySQL 数据库的所有权限,包括创建用户、删除用户和修改普通用户的密码等。普通用户只拥有创建该用户时赋予它的权限。

MySQL 在安装时会自动创建一个名为 mysql 的数据库,该数据库主要用于数据库用户的维护以及权限的控制和管理。其中,MySQL 中的所有用户信息都保存在 mysql.user 数据表中。mysql.user 表(简称 user 表)是 mysql 数据库中最重要的一个权限表,用来记录允许连接到服务器的用户的信息及一些全局级的权限信息。用户登录 MySQL 以后,MySQL 会根据这些权限表的内容为每个用户赋予相应的权限。需要注意的是,user 表里启用的所有权限都是全局级的,适用于所有数据库。

user 表中的字段大致可以分为四类,分别是用户列、权限列、安全列和资源控制列。user 表中的所有字段信息如表 7-1 所示。

表 7-1　user 表常用字段信息

属性类别	属性名	数据类型	是否主键	默认值	说明
用户列	Host	char(60)	是		主机名
	User	char(16)	是		用户名
	Password	char(41)			密码
权限列	Select_priv	enum('N','Y')		N	查询记录权限
	Insert_priv	enum('N','Y')		N	插入记录权限
	Update_priv	enum('N','Y')		N	更新记录权限
	Delete_priv	enum('N','Y')		N	删除记录权限
	Drop_priv	enum('N','Y')		N	删除数据库中对象的权限
	Create_priv	enum('N','Y')		N	创建数据库中对象的权限
	Reload_priv	enum('N','Y')		N	重载 MySQL 服务器权限
	Shutdown_priv	enum('N','Y')		N	终止 MySQL 服务器的权
	Alter_priv	enum('N','Y')		N	重命名和修改表结构权限

续表

属性 类别	属性名	数据类型	是否 主键	默认值	说明
权限列	Super_priv	enum('N','Y')		N	是否可以执行某些强大的管理功能，例如通过 KILL 命令删除用户进程；使用 SET GLOBAL 命令修改全局 MySQL 变量，执行关于复制和日志的各种命令。（超级权限）
	Index_priv	enum('N','Y')		N	对索引进行增删查权限
	References_priv	enum('N','Y')		N	创建外键约束权限
	Grant_priv	enum('N','Y')		N	终止 MySQL 服务器的权限
	Show_view_priv	enum('N','Y')		N	查看视图权限
	Create_routine_ priv	enum('N','Y')		N	更改或放弃存储过程和函数权限
	Alter_routine_ priv	enum('N','Y')		N	修改或删除存储函数及函数权限
	Create_tmp_ table_priv	enum('N','Y')		N	创建临时表权限
	Create_view_priv	enum('N','Y')		N	创建视图权限
	Execute_priv	enum('N','Y')		N	执行存储过程权限
	Lock_tables_priv	enum('N','Y')		N	使用 LOCK TABLES 命令阻止对表的访问 / 修改权限
安全列	ssl_type	enum('','ANY','X509', 'SPECIFIED')		''	用于加密
	ssl_cipher	blob			用于加密
	x509_issuer	blob			标识用户
	x509_subject	blob			标识用户
资源 控制列	max_questions	int(11) unsigned		0	每小时允许用户执行查询操作的次数
	max_updates	int(11) unsigned		0	每小时允许用户执行更新操作的次数
	max_user_ connecitons	int(11) unsigned		0	允许单个用户同时建立连接的次数
	max_connections	int(11) unsigned		0	每小时允许用户建立连接的次数

1. 用户列

用户列存储了用户连接 MySQL 数据库时需要输入的信息。需要注意的是，MySQL

5.7 版本不再使用 Password 来作为密码的字段,而改成了 authentication_string。

用户登录 MySQL 数据库系统时,如果用户列的三个字段同时匹配,系统才会允许其登录。创建新用户时,也是设置这三个字段的值。修改用户密码,实际就是修改 user 表的 authentication_string 字段的值。因此,这三个字段决定了用户能否登录系统。

2. 权限列

权限列的字段决定了用户的权限,用来描述在全局范围内允许用户对数据和数据库进行的操作。权限大致分为两大类,分别是高级管理权限和普通权限:

(1)高级管理权限主要是对数据库进行管理的权限,例如关闭服务的权限、超级权限和加载用户的权限等;

(2)普通权限主要是操作数据库的权限,例如查询权限、修改权限等。

user 表的权限列包括 Select_priv、Insert_priv 等以 priv 结尾的字段,这些字段值的数据类型为 enum,可取的值只有 Y 和 N,其中 Y 表示该用户有对应的权限,N 表示该用户没有对应的权限。从安全角度考虑,这些字段的默认值都为 N。

如果要修改权限,可以使用 GRANT 语句为用户赋予一些权限,也可以使用 UPDATE 语句更新 user 表来设置权限。

3. 安全列

安全列主要用来判断用户是否能够登录成功,通常标准的发行版 MySQL 不支持 ssl 功能,读者可以使用 SHOW VARIABLES LIKE "have_openssl" 语句来查看是否具有 ssl 功能。如果 have_openssl 的值为 DISABLED,那么系统不支持 ssl 加密功能。

4. 资源控制列

资源控制列的字段用来限制用户使用的资源,其默认值为 0,表示没有限制。如果一个小时内用户的查询或者连接数量超过了资源控制限制,那么用户将被锁定,直到下一个小时才可以再次执行对应的操作。更新这些字段的值可以使用 GRANT 语句。

7.1.2 权限表

权限是登录到 MySQL 服务器的用户能够对数据库对象执行何种操作的规则集合。所有的用户权限都存储在 MySQL 数据库的六张权限表中,在 MySQL 启动时,服务器会将数据库中的各种权限信息读入内存,确定用户可进行的操作。

在 MySQL 数据库中,权限表除了 user 表外,还有 db 表、tables_priv 表、columns_priv 表、procs_priv 表和 proxies-priv 表。MySQL 数据库的六张权限表及功能描述如表 7-2 所示。

表 7-2　MySQL 数据库的六张权限表及功能描述

权限表	描述
user	保存用户被授予的全局权限
db	保存用户被授予的数据库权限
tables_priv	保存用户被授予的表权限
columns_priv	保存用户被授予的列权限

权限表	描述
procs_priv	保存用户被授予的存储过程权限
proxies_priv	保存用户被授予的代理权限

1. db 表

db 表比较常用,是 MySQL 数据库中非常重要的权限表,表中存储了用户对某个数据库的操作权限。表中的字段大致可以分为两类,分别是用户列和权限列。

1)用户列

db 表用户列有三个字段,分别是 Host、Db、User,表示从某个主机连接某个用户对某个数据库的操作权限,这三个字段的组合构成了 db 表的主键,db 表的用户列如表 7-3 所示。

表 7-3　db 表用户列

字段名	字段类型	是否为空	默认值	说明
Host	char(60)	NO	无	主机名
Db	char(64)	NO	无	数据库名
User	char(32)	NO	无	用户名

2)权限列

db 表中的权限列和 user 表中的权限列大致相同,只是 user 表中的权限是针对所有数据库的,而 db 表中的权限只针对指定的数据库。如果希望用户只对某个数据库有操作权限,可以先将 user 表中对应的权限设置为 N,然后再在 db 表中设置对应数据库的操作权限。

2. tables_priv 表和 columns_priv 表

tables_priv 表用于对行进行权限设置,columns_priv 表用于对单个数据列进行权限设置。tables_priv 表结构如表 7-4 所示。

表 7-4　tables_priv 表结构

字段名	字段类型	是否为空	默认值	说明
Host	char(60)	NO	无	主机
Db	char(64)	NO	无	数据库名
User	char(32)	NO	无	用户名
Table_name	char(64)	NO	无	表名
Grantor	char(93)	NO	无	修改该记录的用户
Timestamp	timestamp	NO	CURRENT_TIMESTAMP	修改该记录的时间

续表

字段名	字段类型	是否为空	默认值	说明
Table_priv	set('Select','Insert','Up-date','Delete','Create','Drop','Grant','References','Index','Alter','Create View','Show iew','Trigger')	NO	无	表示对表的操作权限,包括 Select、Insert、Update、Delete、Create、Drop、Grant、References、Index 和 Alter 等
Column_priv	set('Select','Insert','Update','References')	NO	无	表示对表中的列的操作权限,包括 Select、Insert、Update 和 References

columns_priv 表结构如表 7-5 所示。

表 7-5 columns_priv 表结构

字段名	字段类型	是否为空	默认值	说明
Host	char(60)	NO	无	主机
Db	char(64)	NO	无	数据库名
User	char(32)	NO	无	用户名
Table_name	char(64)	NO	无	表名
Column_name	char(64)	NO	无	数据列名称,用来指定对哪些数据列具有操作权限
Timestamp	timestamp	NO	CURRENT_TIMESTAMP	修改该记录的时间
Column_priv	set('Select','Insert','Update','References')	NO	无	表示对表中的列的操作权限,包括 Select、Insert、Update 和 References

3. procs_priv 表

procs_priv 表可以对存储过程和存储函数进行权限设置,procs_priv 表结构如表 7-6 所示。

表 7-6 procs_priv 表结构

字段名	字段类型	是否为空	默认值	说明
Host	char(60)	NO	无	主机名

续表

字段名	字段类型	是否为空	默认值	说明
Db	char(64)	NO	无	数据库名
User	char(32)	NO	无	用户名
Routine_name	char(64)	NO	无	表示存储过程或存储函数的名称
Routine_type	enum('FUNC-TION','PROCE-DURE')	NO	无	表示存储过程或存储函数的类型,Routine_type 字段有两个值,分别是 FUNCTION 和 PROCE-DURE。FUNCTION 表示这是一个存储函数;PROCEDURE 表示这是一个存储过程
Grantor	char(93)	NO	无	插入或修改该记录的用户
Proc_priv	set('Execute','Alter Routine','Grant')	NO	无	表示拥有的权限,包括 Execute、Alter Routine、Grant 三种
Timestamp	timestamp	NO	CURRENT_TIMESTAMP	表示记录的更新时间

7.2 用户管理

MySQL 在安装时,会默认创建一个名为 root 的用户,该用户拥有超级权限。使用该用户登录 MySQL 可以进行创建用户、查看用户、修改用户密码和删除用户等用户管理操作。

7.2.1 创建用户

在对 MySQL 的日常管理和操作中,为了避免有人恶意使用 root 用户控制数据库,通常需要创建一些具有适当权限的用户,以尽可能地不用或少用 root 用户登录系统,从而确保数据库的安全访问。MySQL 提供了以下三种方法创建用户。

1. 使用 CREATE USER 语句创建用户

在 MySQL 中可以使用 CREATE USER 语句创建一个新用户并设置相应的密码,其基本语法格式如下所示:

```
CREATE USER [IF NOT EXISTS]
用户 1 [IDENTIFIED BY [ PASSWORD ] 'password'] [, 用户 2 [ IDENTIFIED BY [ PASSWORD ] 'password' ]]…
```

上述语法中的参数说明如下。

1)用户

用户参数用于指定创建的用户的账号,格式为 user_name'@'host_name。这里的 user_

name 是用户名，host_name 为主机名或主机 IP 地址，即用户连接 MySQL 时所用主机的名字。如果在创建的过程中，只给出了用户名，而没指定主机名，那么主机名默认为"%"，表示一组主机，即对所有主机开放权限。

2）IDENTIFIED BY 子句

IDENTIFIED BY 子句用于指定用户密码，新用户可以没有初始密码，若不设密码，可省略此子句。

3）PASSWORD 'password'

PASSWORD 表示使用 HASH 值设置密码，该参数可选。如果密码是一个普通的字符串，则不需要使用 PASSWORD 关键字。'password' 表示用户登录时使用的密码，需要用单引号括起来。

使用 CREATE USER 语句时应注意以下几点。

（1）CREATE USER 语句可以不指定初始密码。但是从安全的角度来说，不推荐这种做法。

（2）使用 CREATE USER 语句必须拥有 MySQL 数据库的 INSERT 权限或全局 CREATE USER 权限。

（3）使用 CREATE USER 语句创建一个用户后，MySQL 会在 user 表中添加一条新记录。

（4）CREATE USER 语句可以同时创建多个用户，用逗号隔开。

（5）用户名不能超过 32 个字符，且区分大小写，但是主机 IP 地址不区分大小写。

新创建的用户拥有的权限很少，它们只能执行不需要权限的操作。如登录 MySQL、使用 SHOW 语句查询所有存储引擎和字符集的列表等。如果两个用户的用户名相同，但主机名不同，MySQL 会将它们视为两个不同的用户，并允许为这两个用户分配不同的权限集合。

2. 在 mysql.user 表中添加用户

将用户的信息添加到 mysql.user 表中可以使用 INSERT 语句，但必须拥有对 mysql.user 表的 INSERT 权限。通常 INSERT 语句只添加 Host、User 和 authentication_string 这三个字段的值。

MySQL 5.7 版本中的 user 表中的密码字段从 Password 变成了 authentication_string，如果使用的是 MySQL 5.7 之前的版本，将 authentication_string 字段替换成 Password 即可。

使用 INSERT 语句创建用户的代码如下：

```
INSERT INTO mysql.user(Host, User, authentication_string, ssl_cipher, x509_issuer, x509_subject) VALUES ('hostname', 'username', PASSWORD('password'), '', '', '');
```

由于 MySQL 数据库的 user 表中，ssl_cipher、x509_issuer 和 x509_subject 这三个字段没有默认值，所以向 user 表插入新记录时，一定要设置这三个字段的值，否则 INSERT 语句将不能执行。

使用 INSERT 语句创建新用户并不能立即使用该用户的账号和密码登录，需要使用 FLUSH PRIVILEGES 命令使新添加的用户生效。使用该命令可以让 MySQL 刷新系统权限相关表，但执行 FLUSH PRIVILEGES 命令需要 RELOAD 权限。

【注意】

（1）user 表中的 User 和 Host 字段区分大小写，创建用户时要指定正确的用户名或主机名；

（2）由于使用 INSERT 语句将用户的信息添加到 mysql.user 表的方法会直接操作 MySQL 数据库的系统表 user 表，在实际开发中为保证系统表的数据安全，并不推荐使用此方式创建用户。

3. 使用 GRANT 语句创建新用户

虽然 CREATE USER 和 INSERT INTO 语句都可以创建普通用户，但是这两种方式不便于授予用户权限。于是 MySQL 提供了 GRANT 语句。使用 GRANT 语句创建用户的基本语法格式如下所示：

> GRANT priv_type ON database.table TO user [IDENTIFIED BY [PASSWORD] 'password'];

上述语法中的参数说明如下：

（1）priv_type 参数表示新用户的权限；

（2）database.table 参数表示新用户的权限范围，即只拥有对指定的数据库和表的权限；

（3）user 参数指定新用户的账号，由用户名和主机名构成；

（4）IDENTIFIED BY 子句用来设置密码；

（5）password 参数表示新用户的密码。

7.2.2　查看用户

在 MySQL 中，可以通过查看 user 表中的数据记录来查看相应的用户的权限，也可以使用 SHOW GRANTS 语句查询用户的权限。

MySQL 数据库下的 user 表中存储着用户的基本权限，可以使用 SELECT 语句来查看，其基本语法格式如下：

> SELECT * FROM mysql.user;

【注意】要执行该语句，必须拥有对 user 表的查询权限。新创建的用户只有登录 MySQL 服务器的权限，没有任何其他权限，不能查询 user 表。

除了使用 SELECT 语句之外，还可以使用 SHOW GRANTS FOR 语句查看权限，其基本语法格式如下：

> SHOW GRANTS FOR 'username'@'hostname';

其中，username 表示用户名，hostname 表示主机名或主机 IP 地址。

7.2.3　修改用户

在 MySQL 中，修改用户的操作主要包括修改用户名和修改用户密码。

1. 修改用户名

在 MySQL 中提供 RENAME USER 语句用于修改用户名,其基本语法格式如下:

> **RENAME USER**
> 旧用户名 1 TO 新用户名 1 [, 旧用户名 2 TO 新用户名 2]...

在上述语法中,使用 RENAME USER 为用户重命名时,旧用户名与新用户名之间使用 TO 关键字连接,同时为多个用户重命名时使用逗号进行分隔。

使用 RENAME USER 语句时应注意以下几点:

(1)RENAME USER 语句用于对原有的 MySQL 用户进行重命名;

(2)若系统中旧账户不存在或者新账户已存在,该语句执行时会出现错误;

(3)使用 RENAME USER 语句,必须拥有 MySQL 数据库的 UPDATE 权限或全局 CREATE USER 权限。

2. 修改用户密码

在使用数据库时也许会遇到 MySQL 需要修改密码的情况,比如密码太简单需要修改等。当用户创建完成后,管理员可以通过三种方式修改密码。

1)使用 SET PASSWORD 命令

在 MySQL 5.5 及以前版本中,使用 SET PASSWORD 命令修改用户密码的具体语法如下:

> SET PASSWORD FOR username@localhost = PASSWORD(newpwd);

其中 username 为要修改密码的用户名,newpwd 为要修改的新密码。

2)使用 ALTER USER 命令

在 MySQL5.6 及以上版本中,推荐使用 ALTER USER 命令修改用户密码,具体语法如下:

> ALTER USER 账户名 IDENTIFIED BY '明文密码';

3)使用 mysqladmin 修改密码

在 MySQL 的安装目录 bin 下提供了 mysqladmin.exe 应用程序,通常情况下也可以使用 mysqladmin 命令修改 MySQL 用户的密码,具体命令如下:

> mysqladmin -u 用户名 -p 旧密码 password 新密码

在上述命令中,-u 用于指定要修改的用户名,通常情况下指的是 root 用户; -p 用于指定 root 用户的旧密码;password 用于指定 root 用户修改密码后的新密码。

4)使用 UPDATE 命令直接编辑 user 表

在 MySQL5.6 及以上版本中,也可以通过 UPDATE 命令直接修改 MySQL 数据库中 user 表属性 authentication_string 的值来达到修改用户密码的目的。不过,执行完 UPDATE 命令后,需要执行 FLUSH PRIVILEGES 命令,才能保证在不重启 MySQL 的情况下使当前的修改操作生效,具体语法如下:

```
mysql> update mysql.user set authentication_string=password(' 新密码 ') where user=' 用
户名 ' and Host ='localhost';
mysql> flush privileges;
```

7.2.4　删除用户

在 MySQL 中经常会创建多个普通用户管理数据库,但如果发现某些用户是没有必要的,就可以将其删除,通常删除用户可以使用 MySQL 提供的专门的 SQL 语句,其基本语法格式如下:

DROP USER [IF EXISTS] 账户名 1 [, 账户名 2]...;

在上述语句中,DROP USER 语句可以同时删除一个或多个 MySQL 中的指定用户,并会同时从授权表中删除账户对应的权限行。其中,账户名与创建用户时的用户参数的格式相同,由用户名 @ 主机名或主机 IP 地址组成。不添加"IF EXISTS"关键字时,若删除了一个不存在的用户,则该语句的执行会发生错误;添加"IF EXISTS"时,会在删除不存在的用户时生成一个警告作为提示。其中,在删除账户时,如果省略主机名或主机 IP 地址,则默认其为"%"。

【思政小贴士】

案例:数据库安全警示。2018 年 11 月 30 日,万豪国际集团发布声明称,公司旗下喜达屋酒店的一个客房预订数据库被黑客入侵,在 2018 年 9 月 10 日或之前曾在该酒店预定的最多约 5 亿名客人的信息或被泄露。从该事件披露的公告中我们可以看出,这是一起数据库安全事件。

数据是信息系统的核心资产,而数据库是数据资产的载体。数据库安全理应作为一门独立的课程,引起重视。数据库安全是数据安全的底线。如果数据库被突破,数据安全便无从谈起。

7.3　权限管理

在实际项目开发中,为了保证数据的安全,数据库管理员需要为不同层级的操作人员分配不同的权限,使登录 MySQL 服务器的用户只能在其权限范围内进行操作。同时,管理员还可以根据不同的情况为用户增加权限和收回其权限,从而控制操作人员的权限。

当用户进行数据库访问操作时,MySQL 会根据权限表中的内容对用户做相应的权限控制。为用户分配合理的权限可以有效保证数据库的安全性,不合理的授权会使数据库存在安全隐患。

用户权限管理主要包括:查看权限、授予权限、收回权限等。

7.3.1　查看权限

在 MySQL 中,可以通过查看 mysql.user 表中的数据记录来查看相应用户的权限,也可以使用 SHOW GRANTS FOR 语句查询用户的权限。

1. 通过 mysql.user 表查看用户权限

MySQL 数据库下的 mysql.user 表中存储着用户的基本权限，可以使用 SELECT 语句对其进行查看。其 SQL 命令如下：

> SELECT * FROM mysql.user;

【注意】

（1）要执行该语句，当前执行用户必须拥有对 mysql.user 表的查询权限；

（2）新创建的用户只有登录 MySQL 服务器的权限，没有任何其他权限，不能查询 mysql.user 表。

2. 通过 SHOW GRANTS FOR 语句查看用户权限

除了使用 SELECT 语句之外，还可以使用 SHOW GRANTS FOR 语句查看用户权限，其语法格式如下：

> SHOW GRANTS FOR 'username'@'hostname';

在上述语法中，username 表示用户名，hostname 表示主机名或主机 IP 地址。

7.3.2 授予权限

授权权限是指为数据库中指定用户赋予对某些对象的访问权限。例如：可以为新建的用户赋予查询所有数据库和表的权限。MySQL 提供了 GRANT 语句用于为用户授予权限，其基本语法格式如下：

> GRANT priv_type [(column_list)] [, priv_type [(column_list)]] ...
> ON [TABLE | FUNCTION | PROCEDURE] priv_level
> TO user [IDENTIFIED BY [PASSWORD] 'password']
> [, user [IDENTIFIED BY [PASSWORD] 'password']] ...
> [WITH with_option [with_option]...]

上述语法中的相关参数说明如下。

（1）priv_type：该参数表示权限类型，MySQL 中可以授予的权限有如下几组。

①列权限，和表中的一个具体列相关。授予列权限时，priv_type 的值只能指定为 SELECT、INSERT 和 UPDATE，同时权限的后面需要加上列名列表 column-list。

②表权限，和一个具体表中的所有数据相关。授予表权限时，priv_type 可以指定为如表 7-7 所示的值。

表 7-7　表权限列表

权限名称	对应 user 表中的字段	说明
SELECT	Select_priv	授予用户可以使用 SELECT 语句进行访问特定表的权限

续表

权限名称	对应 user 表中的字段	说明
INSERT	Insert_priv	授予用户可以使用 INSERT 语句向一个特定表中添加数据行的权限
DELETE	Delete_priv	授予用户可以使用 DELETE 语句从一个特定表中删除数据行的权限
DROP	Drop_priv	授予用户可以删除数据表的权限
UPDATE	Update_priv	授予用户可以使用 UPDATE 语句更新特定数据表的权限
ALTER	Alter_priv	授予用户可以使用 ALTER TABLE 语句修改数据表的权限
REFERENCES	References_priv	授予用户可以创建一个外键来参照特定数据表的权限
CREATE	Create_priv	授予用户可以使用特定的名字创建一个数据表的权限
INDEX	Index_priv	授予用户可以在表上定义索引的权限
ALL 或 ALL PRIVILEGES 或 SUPER	Super_priv	授予用户以上所有的权限

③数据库权限,和一个具体的数据库中的所有表相关。授予数据库权限时,priv_type 可以指定为如表 7-8 所示的值。

表 7-8　数据库权限列表

权限名称	对应 user 表中的字段	说明
SELECT	Select_priv	授予用户可以使用 SELECT 语句访问特定数据库中所有表和视图的权限
INSERT	Insert_priv	授予用户可以使用 INSERT 语句向特定数据库中所有表添加数据行的权限
DELETE	Delete_priv	授予用户可以使用 DELETE 语句删除特定数据库中所有表的数据行的权限
UPDATE	Update_priv	授予用户可以使用 UPDATE 语句更新特定数据库中所有数据表的值的权限
REFERENCES	References_priv	授予用户可以创建指向特定的数据库中的表的外键的权限
CREATE	Create_priv	授权用户可以使用 CREATE TABLE 语句在特定数据库中创建新表的权限

权限名称	对应 user 表中的字段	说明
ALTER	Alter_priv	授予用户可以使用 ALTER TABLE 语句修改特定数据库中所有数据表的权限
SHOW VIEW	Show_view_priv	授予用户可以查看特定数据库中已有视图的视图定义的权限
CREATE ROUTINE	Create_routine_priv	授予用户可以为特定的数据库创建存储过程和存储函数的权限
ALTER ROUTINE	Alter_routine_priv	授予用户可以更新和删除数据库中已有的存储过程和存储函数的权限
INDEX	Index_priv	授予用户可以在特定数据库中的所有数据表上定义和删除索引的权限
DROP	Drop_priv	授予用户可以删除特定数据库中所有表和视图的权限
CREATE TEMPORARY TABLES	Create_tmp_table_priv	授予用户可以在特定数据库中创建临时表的权限
CREATE VIEW	Create_view_priv	授予用户可以在特定数据库中创建新的视图的权限
EXECUTE ROUTINE	Execute_priv	授予用户可以调用特定数据库的存储过程和存储函数的权限
LOCK TABLES	Lock_tables_priv	授予用户可以锁定特定数据库的已有数据表的权限
ALL 或 ALL PRIVILEGES 或 SUPER	Super_priv	授予用户以上所有权限 / 超级权限

④用户权限，与 MySQL 中所有数据库相关。授予用户权限时，priv_type 除了可以指定为授予数据库权限时指定的所有值之外，还可以是以下值。

● CREATE USER：表示授予用户可以创建和删除新用户的权限。

● SHOW DATABASES：表示授予用户可以使用 SHOW DATABASES 语句查看所有已有的数据库的定义的权限。

（2）columns_list：该参数表示权限作用于哪些列上，省略该参数时，表示作用于整个表。

（3）ON 后的目标类型默认为 TABLE，表示将全局、数据库、表、列、存储函数或存储过程中的某些权限授予给指定的用户。

（4）priv_level：用于指定权限的级别，在 GRANT 语句中可用于指定的权限级别的值有以下几类，具体的实现在于 ON 子句以及权限列表的不同，如表 7-9 所示。

表 7-9　不同权限级别用户授权语法

权限级别	实现语法
全局权限	GRANT 权限列表 ON *.* TO 账户名 [WITH GRANT OPTION];
数据库级权限	GRANT 权限列表 ON 数据库名 .*TO 账户名 [WITH GRANT OPTION];
表级权限	GRANT 权限列表 ON 数据库名 . 表名 TO 账户名 [WITH GRANT OPTION];
列级权限	GRANT 权限类型（字段列表）[,...]ON 数据库名 . 表名 TO 账户名 [WITH GRANT OPTION];
存储过程权限	GRANT EXECUTE|ALTER ROUTINE|CREATE ROUTINE ON {[*.*| 数据库名 .*]|PROCEDURE 数据库名 . 存储过程 } TO 账户名 [WITH GRANT OPTION];
代理权限	GRANT PROXY ON 账户名 TO 账户名 1 [, 账户名 2] ...[WITH GRANT OPTION]

（5）user：表示用户账户，由用户名和主机名或主机 IP 地址构成，格式是 username'@'hostname。

（6）IDENTIFIED BY：用于为用户设置密码。

（7）password：表示用户的新密码。

（8）WITH 关键字后面带有一个或多个 with_option 参数，这个参数有五个选项，详细介绍如下。

① GRANT OPTION：被授权的用户可以将这些权限赋予给别的用户。

② MAX_QUERIES_PER_HOUR count：设置每个小时可以允许执行 count 次查询。

③ MAX_UPDATES_PER_HOUR count：设置每个小时可以允许执行 count 次更新。

④ MAX_CONNECTIONS_PER_HOUR count：设置每个小时可以建立 count 个连接。

⑤ MAX_USER_CONNECTIONS count：设置单个用户可以同时具有的 count 个连接。

（9）TO 子句：如果权限被授予给一个不存在的用户，MySQL 会自动执行一条 CREATE USER 语句来创建这个用户，但同时必须为该用户设置密码。

7.3.3　收回权限

在 MySQL 中，为了保证数据库的安全，需要将用户不必要的权限收回。为此，MySQL 专门提供了 REVOKE 语句用于收回指定用户的权限。

使用 REVOKE 语句收回权限的语法格式有以下两种。

1. 收回用户某些特定的权限

语法格式如下：

```
REVOKE priv_type [(column_list)]...
ON database.table
FROM user [, user]...
```

在上述语句中，REVOKE 语句中的参数与 GRANT 语句中的参数的意思相同。其中：

（1）priv_type 参数表示权限的类型；

（2）column_list 参数表示权限作用于哪些列上，没有该参数时作用于整个表；

（3）user 参数由用户名和主机名或主机 IP 地址构成，格式为"'username'@'hostname'"。

2. 收回特定用户的所有权限

语法格式如下：

```
REVOKE ALL PRIVILEGES, GRANT OPTION FROM user [, user] ...
```

收回用户权限需要注意以下几点：

（1）REVOKE 语句的语法和 GRANT 语句的语法格式相似，但具有相反的效果；

（2）要使用 REVOKE 语句，必须拥有 MySQL 数据库的全局 CREATE USER 权限或 UPDATE 权限。

7.4 事务

7.4.1 事务的概念

在数据库管理系统中会频繁执行业务查询操作，通常情况下，每个查询的执行都是相互独立的，不必考虑哪个查询在前，哪个查询在后。但在比较复杂的情况下，通过一组 SQL 语句执行的操作，或者全部成功或者全部撤销，这就需要使用 MySQL 中提供的事务处理机制。事务处理在数据库开发过程中有着非常重要的作用，它可以保证在同一个事务中的操作具有同步性。

数据库的事务（Transaction）是一种机制、一个操作序列，包含了一组数据库操作命令。事务把所有的命令作为一个整体向系统提交或撤销操作请求，即这一组数据库命令要么都执行，要么都不执行，因此事务是一个不可分割的工作逻辑单元。

在数据库管理系统中执行并发操作时，事务是作为最小的控制单元来使用的，尤其适用于多用户同时操作的数据库管理系统。例如，航空公司的订票系统、银行系统、保险公司系统以及证券交易系统等。

在现实生活中，人们经常会进行转账操作，转账分为转入和转出，只有这两个操作都完成才认为转账成功。在数据库中，这个过程是使用两条 SQL 语句来实现的，如：更新 A 账户金额减少 100 元，更新 B 账户金额增加 100 元。如果其中任意一条语句出现异常没有执行，则会导致两个账户的金额不同步，造成错误。为了防止上述情况的发生，就需要使用 MySQL 中的事务，上述举例的语法格式如下：

```
#A 账户减少 100 元
mysql> UPDATE account SET money = money - 100 WHERE name = 'A';
# B 账户增加 100 元
mysql> UPDATE account SET money = money + 100 WHERE name = 'B';
```

事务具有四个特性，即原子性（Atomicity）、一致性（Consistency）、隔离性（Isolation）和持久性（Durability），这四个特性通常简称为 ACID。

1. 原子性

事务是一个完整的操作。事务的各元素是不可分的(原子的)。事务中的所有元素必须作为一个整体提交或回滚。如果事务中的任何元素失败,则整个事务将失败。

以银行转账事务为例。如果该事务提交了,则这两个账户的数据将会更新。如果由于某种原因,事务在成功更新这两个账户之前终止了,则不会更新这两个账户的余额,并且会撤销对任何账户余额的修改。事务不能部分提交。

2. 一致性

在事务开始之前,数据库中存储的数据要处于一致状态。在正在进行的事务中,数据可能处于不一致的状态,如数据可能有部分被修改。当事务成功完成时,数据必须再次回到一致状态。通过事务对数据所做的修改不能损坏数据,或者说事务不能使数据存储处于不稳定的状态。

以银行转账事务为例。在事务开始之前,所有账户余额处于一致状态。在事务进行的过程中,一个账户余额减少了,而另一个账户余额尚未修改。因此,所有账户的余额总额处于不一致状态。事务完成以后,账户余额的总额再次恢复到一致状态。

3. 隔离性

对数据进行修改的所有并发事务是彼此隔离的,这表明事务必须是独立的,它不应以任何方式依赖于或影响其他事务。修改数据的事务可以在另一个使用相同数据的事务开始之前访问这些数据,或者在另一个使用相同数据的事务结束之后访问这些数据。

另外,当事务修改数据时,如果任何其他进程正在同时使用相同的数据,则直到该事务成功提交之后,对数据的修改才能生效。例如,张三和李四之间的转账与王五和赵二之间的转账,永远是相互独立的。

4. 持久性

事务的持久性指不管系统是否发生了故障,事务处理的结果都是永久的。一个事务成功完成之后,它对数据库所做的改变是永久性的,即使系统出现故障也是如此。也就是说,一旦事务被提交,事务对数据所做的任何变动都会被永久地保留在数据库中。

事务的 ACID 原则保证了一个事务或者成功提交,或者失败回滚,二者必居其一。因此,事务对数据的修改具有可恢复性。即当事务失败时,它对数据的所有修改都会恢复到该事务执行前的状态。

7.4.2　事务控制语句

在默认情况下,用户执行的每一条 SQL 语句都会被当成单独的事务自动提交。为了达到将几个操作作为一个整体的目的,需要使用 BEGIN 或 START TRANSACTION 开启一个事务,或者可以使用 SET AUTOCOMMIT 语句来改变自动提交模式。用户还可以通过更改 AUTOCOMMIT 变量来改变事务的自动提交方式,将其值设为 1 表示开启自动提交,设为 0 表示关闭自动提交。

如果要将一组 SQL 语句作为一个事务,则需要先执行 START TRANSACTION 语句用于显式地开启一个事务。当事务执行的一组 SQL 语句全部正常执行完成后,可以通过 COMMIT 语句手动提交事务,只有事务提交后,其中的操作才会生效。

如果不想提交当前事务,可以使用 ROLLBACK 语句取消事务(即回滚)。需要注意的是, ROLLBACK 语句只能针对未提交的事务,已提交的事务无法回滚。当执行 COMMIT 或 ROLLBACK 后,当前事务就会自动结束。执行事务的语法和流程如图 7.1 所示。

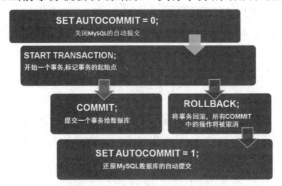

图 7.1　执行事务的语法和流程

(1)通过 SET 语句设置 AUTOCOMMIT 的值为 0。

SET AUTOCOMMIT

使用 SET 语句来改变自动提交模式

SET AUTOCOMMIT = 0;　　# 关闭自动提交模式

SET AUTOCOMMIT = 1;　　# 开启自动提交模式

【注意】MySQL 中默认事务是自动提交的,使用事务时应先关闭自动提交模式。

(2)开始事务,标记事务的起始点。

BEGIN;

或

START TRANSACTION;

(3)提交事务。

当事务执行完成,MySQL 通过 COMMIT 语句手动提交事务。

COMMIT;

COMMIT 表示提交事务,即提交事务的所有操作,具体地说,就是将事务中所有对数据库的更新都写到磁盘上的物理数据库中,事务正常结束。

提交事务,意味着将事务开始以来所执行的所有数据都修改成为数据库的永久部分,因此也标志着一个事务的结束。一旦执行了该命令,将不能回滚事务。只有在所有修改都准备好提交给数据库时,才执行这一操作。

(4)回滚(撤销)事务。

如果不想提交当前事务,MySQL 可以使用 ROLLBACK 语句回滚事务:

ROLLBACK;

ROLLBACK 表示撤销事务,即在事务运行的过程中发生了某种故障,事务不能继续执行,系统将事务中对数据库的所有已完成的操作全部撤销,回滚到事务开始前的状态。这里的操作指对数据库的更新操作。

当事务执行过程中发生错误时,可以使用 ROLLBACK 语句使事务回滚到起点或指定的保存点处。同时,系统将清除自事务起点或某个保存点起所做的所有数据修改,并且释放由事务控制的资源。因此,ROLLBACK 语句也标志着事务的结束。

BEGIN 或 START TRANSACTION 语句后面的 SQL 语句对数据库数据的更新操作都将记录在事务日志中,直至遇到 ROLLBACK 语句或 COMMIT 语句。如果事务中某一操作失败且执行了 ROLLBACK 语句,那么在开启事务语句之后所有更新的数据都能回滚到事务开始前的状态。如果事务中的所有操作都全部正确完成,并且使用了 COMMIT 语句向数据库提交了更新数据,则此时的数据又处在新的一致状态。

【思政小贴士】
案例:不以规矩,不能成方圆

事务也是做事的规则和原则,要尊重事务的发展规律。同样,每个学生都是一个个体,作为一名人民教师,对于学生,我们不能任由其野蛮成长,学生的发展需要正确的引导,学生的学习与生活也需要遵守学校的各项规章制度。

7.5 项目一案例分析——企业新闻发布系统

7.5.1 情景引入

企业新闻发布系统是企业内部不同部门员工用于发布新闻、审核新闻、评论新闻、管理新闻和对新闻进行分类的数据库管理系统。系统中不同部门的员工的类型和级别不同,这就需要为员工创建不同的数据库用户和访问权限。例如:管理员用户可以访问用户表、新闻表和新闻类别表;各部门的信息员可以发布新闻(即添加新闻);普通员工仅能评论新闻(即更新新闻评论表中的评论信息)。

7.5.2 任务目标

根据企业新闻发布系统的数据库需求,创建不同的用户,并为新用户授予不同的权限,具体任务目标如下。

(1)创建名为 user1 的用户,密码为 user1,其主机名为 localhost。

(2)创建名为 user2 和 user3 的用户,密码分别为 user2 和 user3,其中用户 user2 可以从本地主机登录系统,用户 user3 可以从任意主机登录系统。

(3)创建名为 user4 的用户,主机名为 localhost,密码为 user4。设置该用户对服务器中所有数据库的所有表都有 SELECT 权限。

(4)修改用户 user1 和 user2 的名称分别为 lily 和 Jack,且 lily 可以从任意主机登录系统。

(5)修改用户 lily 的密码为 queen。

(6)删除用户 user3 和 user4。

（7）授予用户 lily@% 对企业新闻发布系统数据库 cms 所有表有 SELECT、INSERT、UPDATE 和 DELETE 的权限。

（8）授予用户 Jack@localhost 对企业新闻发布系统数据库 cms 的 tb_news 表中 title、time、content 三列数据有 UPDATE 的权限。

（9）收回用户 Jack@localhost 对企业新闻发布系统数据库 cms 的 tb_news 表中 title、time 两列数据的 UPDATE 权限。

7.5.3　任务实施

（1）创建名为 user1 的用户，密码为 user1，其主机名为 localhost，相关 SQL 语句及执行结果如下：

```
mysql> CREATE USER 'user1'@'localhost' IDENTIFIED BY 'user1';
Query OK, 0 rows affected (0.00 sec)
```

创建用户 user1 成功后，查看 mysql.user 表中是否已存在 user1 用户，查询结果如下所示：

```
mysql> select host,user from mysql.user;
+-----------------+-----------+
| host            | user      |
+-----------------+-----------+
| %               | root      |
| 192.168.121.127 | root      |
| 192.168.128.129 | MySlave   |
| localhost       | grantuser |
| localhost       | user1     |
+-----------------+-----------+
5   rows in set (0.00 sec)
```

（2）创建名为 user2 和 user3 的用户，密码分别为 user2 和 user3，其中用户 user2 可以从本地主机登录系统，用户 user3 可以从任意主机登录系统，相关 SQL 语句如下：

```
mysql> CREATE USER 'user2'@'localhost' IDENTIFIED BY 'user2', 'user3'@'%' IDEN-
TIFIED BY 'user3';
Query OK, 0 rows affected (0.00 sec)
```

在上述 SQL 语句中，同时创建了两个用户，主机名为"%"时表示当前用户可以在任何主机上连接 MySQL 服务器；当主机名为"localhost"时，表示当前的用户只能从本地主机上连接 MySQL 服务器。另外，主机名为空字符串（''），同样也可以表示匹配所有客户端。若要在创建用户的同时完成用户密码的设置，则可以使用设置用户身份验证选项的 IDENTI-FIED BY 子句。IDENTIFIED BY 后指定的是字符串形式的明文密码。

使用 SELECT 查看 MySQL 数据库下的 mysql.user 表中创建的用户是否已经添加到

mysql.user 表中。具体 SQL 语句及执行结果如下：

```
mysql> select host,user from mysql.user where user in ('user2','user3');
+-----------+-------+
| host      | user  |
+-----------+-------+
| %         | user3 |
| localhost | user2 |
+-----------+-------+
```

从上述运行结果可知，创建用户时设置的明文密码"user2"和"user3"，在 mysql.user 表中默认的 HASH 加密字符串将转换为密文。

（3）创建名为 user4 的用户，主机名为 localhost，密码为 user4。设置该用户对服务器中所有数据库的所有表都有 SELECT 权限，相关 SQL 语句如下：

```
mysql> GRANT SELECT ON *.* TO 'user4'@'localhost' IDENTIFIED BY 'user4';
Query OK, 0 rows affected (0.00 sec)
```

查看 mysql.user 表中 user4 用户及其 SELECT 权限，查询结果如下所示：

```
mysql> select user,host,Select_priv from mysql.user where user='user4';
+-------+-----------+-------------+
| user  | host      | Select_priv |
+-------+-----------+-------------+
| user4 | localhost | Y           |
+-------+-----------+-------------+
```

（4）修改用户 user1 和 user2 的名称分别为 lily 和 Jack，且 lily 可以从任意主机登录系统，具体 SQL 语句如下所示：

```
mysql> RENAME USER 'user1'@'localhost' TO 'lily'@'%','user2'@'localhost' TO 'Jack'@'localhost';
Query OK, 0 rows affected (0.00 sec)
mysql> select host,user from mysql.user where user in ('lily','Jack');
+-----------+------+
| host      | user |
+-----------+------+
| %         | lily |
| localhost | Jack |
+-----------+------+
```

需要注意的是，被重命名的旧用户不存在或新用户已存在时，系统会报错。

（5）修改用户 lily 的密码为 queen，具体 SQL 语句如下：

```
mysql> ALTER USER 'lily'@'%' IDENTIFIED BY 'queen';
Query OK, 0 rows affected (0.00 sec)
```

（6）删除用户 user3 和 user4，并查看 mysql.user 表中的用户列表，具体 SQL 语句如下：

```
mysql> drop user 'user3'@'%', 'user4'@'localhost';
Query OK, 0 rows affected (0.01 sec)

mysql> select user,host,Select_priv from mysql.user where user in ('user3','user4') ;
Empty set (0.00 sec)
```

（7）授予用户 lily@% 对企业新闻发布系统数据库 cms 所有表有 SELECT、INSERT、UPDATE 和 DELETE 的权限，并查看用户的权限信息，具体 SQL 语句如下所示：

```
mysql> GRANT SELECT,INSERT,UPDATE,DELETE ON cms.* TO 'lily'@'%';
Query OK, 0 rows affected (0.00 sec)

mysql> FLUSH PRIVILEGES;
Query OK, 0 rows affected (0.00 sec)

mysql> SHOW GRANTS FOR 'lily'@'%' \G;
*************************** 1. row ***************************
Grants for lily@%: GRANT USAGE ON *.* TO 'lily'@'%' IDENTIFIED BY PASS-
WORD '*34D3B87A652E7F0D1D371C3DBF28E291705468C4'
*************************** 2. row ***************************
Grants for lily@%: GRANT SELECT, INSERT, UPDATE, DELETE ON 'cms'.* TO
'lily'@'%'
2   rows in set (0.00 sec)
```

需要注意的是，在使用 GRANT 授予权限后，需要使用 FLUSH PRIVILEGES 命令重新加载权限表，否则授予的权限无法立即生效。

（8）授予用户 Jack@localhost 对企业新闻发布系统数据库 cms 的 tb_news 表中 title、time、content 三列数据有 UPDATE 的权限，并查看用户的权限信息，具体 SQL 语句如下所示：

```
mysql> GRANT UPDATE(title,time,content) ON cms.tb_news TO 'Jack'@'localhost';
Query OK, 0 rows affected (0.01 sec)

mysql> FLUSH PRIVILEGES;
Query OK, 0 rows affected (0.00 sec)
```

```
mysql> SHOW GRANTS FOR 'Jack'@'localhost' \G;
*************************** 1. row ***************************
Grants for Jack@localhost: GRANT USAGE ON *.* TO 'Jack'@'localhost' IDENTIFIED
BY PASSWORD '*12A20BE57AF67CBF230D55FD33FBAF5230CFDBC4'
*************************** 2. row ***************************
Grants for Jack@localhost: GRANT UPDATE (content, title, time) ON 'cms'.'tb_news' TO
'Jack'@'localhost'
2   rows in set (0.00 sec)
```

（9）收回用户 Jack@localhost 对企业新闻发布系统数据库 cms 的 tb_news 表中 title、time 两列数据的 UPDATE 权限，并查看用户的权限信息，具体 SQL 语句如下所示：

```
mysql> REVOKE UPDATE(title,time) ON cms.tb_news FROM 'Jack'@'localhost';
Query OK, 0 rows affected (0.00 sec)

mysql> FLUSH PRIVILEGES;
Query OK, 0 rows affected (0.00 sec)

mysql> SHOW GRANTS FOR 'Jack'@'localhost' \G;
*************************** 1. row ***************************
Grants for Jack@localhost: GRANT USAGE ON *.* TO 'Jack'@'localhost' IDENTIFIED
BY PASSWORD '*12A20BE57AF67CBF230D55FD33FBAF5230CFDBC4'
*************************** 2. row ***************************
Grants for Jack@localhost: GRANT UPDATE (content) ON 'cms'.'tb_news' TO 'Jack'@'local-
host'
2   rows in set (0.00 sec)
```

需要注意的是，在使用 REVOKE 收回权限后，需要使用 FLUSH PRIVILEGES 命令重新加载权限表，否则回收的权限无法立即生效。

7.6　项目二案例分析——网上商城系统

7.6.1　情景引入

在网上商城系统中，消费者通过网络选购商品并进行电子支付，这就是一个典型的事务应用场景。当消费者完成电子支付时，数据库系统会同时完成从消费者的账户中扣钱，并向卖家的账户打钱两个操作过程。例如：顾客 A 在线购买一款商品，价格为 500 元，采用网上银行转账的方式支付。事务执行是一个整体,在正常业务流程中,如果顾客 A 银行卡的余额为 1000 元,那么当支付完成后,向卖家 B 支付购买商品费用 500 元后,顾客 A 银行卡剩余 500 元,卖家 B 的账户余额会增加 500 元。在异常业务流程中,如果顾客 A 银行卡的余额为 300 元,那么当支付完成后,会出现余额为负数的情况,因此不能执行转出操作,需要回滚才能回到原始状态。

7.6.2 任务目标

本节以网上商城系统中电子支付功能的案例来演示正常和异常执行情况下事务的处理流程,具体任务目标如下。

(1)任务一:顾客 A 在线购买一款商品,价格为 500 元,采用网上银行转账的方式支付。假如顾客 A 银行卡的余额为 2000 元,且向卖家 B 支付购买商品费用 500 元,卖家 B 的账户初始金额为 10000 元。通过事务实现顾客 A 的账户减少 500 元后,卖家 B 的账户增加 500 元的场景。

(2)任务二:顾客 A 银行卡的余额为 1500 元,如果他又买了一件 2000 元的商品,这时会出现余额为负数的情况,因此不能执行转出操作。通过事务实现顾客 A 的账户减少 2000 元后,事务回滚到原始状态的场景。

7.6.3 任务实施

(1)任务一实施过程如下。

①在网上商城系统数据库 onlinedb 中创建账户表 account,并将顾客 A 和卖家 B 各自账户初始金额数据插入账户表中,具体表结构和插入语句如下所示。

```
/* 创建账户表 account */
CREATE TABLE IF NOT EXISTS account(
    'id' int(11) not null auto_increment,
    'name' varchar(32) not null,
    'cash' decimal(9,2) not null,
    PRIMARY KEY ('id')
) ENGINE=InnoDB;
INSERT INTO account ('name','cash') VALUES ('A',2000.00);
INSERT INTO account ('name','cash') VALUES ('B',10000.00);
```

②开启一个事务,通过 UPDATE 语句将顾客 A 银行卡的 500 元钱转给卖家 B 账户,最后提交事务,具体操作如下:

```
/* 关闭事务自动提交 */
SET autocommit= 0;
/* 事务开始 */
START TRANSACTION;
```

```
UPDATE account SET cash = cash - 500    WHERE NAME = 'A';
UPDATE account SET cash = cash + 500    WHERE NAME = 'B';
/* 事务提交 */
COMMIT;
/* 恢复自动提交 */
SET autocommit= 1;
```

上述操作正常结束后,使用 SELECT 语句查询顾客 A 银行卡和卖家 B 账户的余额。从查询结果可以看出,通过事务成功完成了转账功能。

```
mysql> select * from account;
+----+------+----------+
| id | name | cash     |
+----+------+----------+
|  1 | A    |  1500.00 |
|  2 | B    | 10500.00 |
+----+------+----------+
2   rows in set (0.00 sec)
```

(2)任务二实施过程如下。

开启一个事务,将顾客 A 银行卡余额减 2000 元,然后将整个事务回滚。具体 SQL 语句如下:

```
/* 关闭事务自动提交 */
SET autocommit= 0;
/* 事务开始 */
START TRANSACTION;
UPDATE account SET cash = cash - 2000    WHERE NAME = 'A';
/* 事务回滚 */
ROLLBACK;
/* 恢复自动提交 */
SET autocommit= 1;
```

从查询结果可以看出,B 账户的金额又恢复成 10000 元。

```
mysql> select * from account;
+----+------+----------+
| id | name | cash     |
+----+------+----------+
|  1 | A    |  2000.00 |
```

```
|  2 | B      | 10 000.00 |
+----+------+----------+
2   rows in set (0.00 sec)
```

7.7　本章小结

本章重点介绍了 MySQL 数据库中的用户管理、权限管理、事务的概念和使用等相关知识。其中,关键知识点主要包括以下内容。

1. 用户管理

(1)数据库安全性的概念以及保证数据库安全性的方法。

(2)MySQL 数据库用户的作用。

(3)创建、修改、删除 MySQL 数据库用户的语法。

2. 权限管理

(1)MySQL 权限的概念和作用。

(2)MySQL 权限的类型。

(3)查看权限、授予权限和收回权限的语法。

3. 事务处理

(1)事务的概念和四个基本特性。

(2)事务开启、提交、回滚操作的语法。

(3)事务处理的实现方法和步骤。

学习的关键技能点主要包括以下几个。

(1)创建、修改、删除 MySQL 数据库用户。

(2)查看、授予和收回 MySQL 权限。

(3)事务的开启、提交、回滚等基本操作。

7.8　知识拓展

在忘记 MySQL 密码的情况下,通过 skip-grant-tables 可以关闭服务器的认证,然后重置 root 的密码,具体操作步骤如下。

(1)关闭 MySQL 服务方法:以管理员身份运行 cmd 命令行窗口,输入 Net Stop MySQL。打开 cmd 进入 MySQL 的 bin 目录。

(2)输入 mysqld --console --skip-grant-tables --shared-memory 命令。skip-grant-tables 会让 MySQL 服务器跳过验证步骤,允许所有用户以匿名的方式,无须密码验证直接登录 MySQL 服务器,并且拥有所有的操作权限。

(3)上一个 DOS 窗口不要关闭,打开一个新的 DOS 窗口,此时仅输入 Mysql 命令,不需要用户名和密码,即可连接到 MySQL。

（4）输入命令"update mysql.user set authentication_string=password('root') where user='root' and Host ='localhost';"设置新密码。

【注意】MySQL 5.7 版本中的 user 表里已经去掉了 password 字段，改为了 authentication_string。

（5）刷新权限（必需步骤），输入"flush privileges;"命令。

（6）因为之前使用 -skip-grant-tables 启动，所以需要重启 MySQL 服务器去掉 -skip-grant-tables。输入无误后输入"quit;"命令退出 MySQL 服务。

（7）重启 MySQL 服务，使用用户名 root 和刚才设置的新密码登录就可以了。

7.9 章节练习

1. 选择题

（1）【单选题】以下哪个语句用于收回权限（　　　）。

A.DELETE

B.DROP

C.REVOKE

D.UPDATE

（2）【单选题】MySQL 中存储用户全局权限的表是（　　　）。

A.table_priv

B.procs_priv

C.columns_priv

D.user

（3）【单选题】MySQL 中，使用（　　　）语句来为指定的数据库添加用户。

A.CREATE USER

B.GRANT

C.INSERT

D.UPDATE

（4）【单选题】删除用户账号的命令是（　　　）。

A.DROP USER

B.DROP TABLE USER

C.DELETE USER

D.DELETE FROM USER

（5）【单选题】在 MySQL 中，预设的、拥有最高权限超级用户的用户名为（　　　）。

A.test

B.Administrator

C.DA

D.root

（6）【单选题】下面使用 SET 语句将 root 用户的密码修改为 admin 的描述中，正确的是（　　）。

A. 直接在命令行中执行：SET PASSWORD=password('admin');

B. 直接在命令行中执行：SET PASSWORD='admin';

C.root 登录到 MySQL，再执行：SET PASSWORD=password('admin');

D.root 登录到 MySQL，再执行：SET PASSWORD=password(admin);

（7）【单选题】创建用户，当主机名被赋值为（　　）时，表示允许该用户从任意主机登陆。

A."@"

B."%"

C."*"

D."#"

（8）【单选题】查看本地服务器上的用户 use1 的权限，正确的 SQL 语句是（　　）。

A.show grant for use1@localhost;

B.show grants for 'use1'@'localhost';

C.show grants for 'use1'%'localhost';

D.show grant for use1%localhost

（9）【单选题】创建一个在本地服务器上的用户，用户名为 user1，密码为 888888。正确的 SQL 语句是（　　）。

A.create user user1%localhost identified by '888888';

B.create user 'user1'%'localhost' identified by '888888';

C.create user user1@localhost identified by '888888';

D.create user 'user1'@'localhost' identified by '888888';

（10）（　　）表示一个新的事务处理块的开始。

A. START TRANSACTION

B. BEGIN TRANSACTION

C. BEGIN COMMIT

D. START COMMIT

（11）用于将事务处理写到数据库的命令是（　　）。

A. INSERT

B. ROLLBACK

C. COMMIT

D. SAVEPOINT

2. 简答题

（1）试述用户、角色、权限三者之间的关联关系。

（2）数据库中的事务是否可以并发？并发事务会存在哪些问题？

应用篇

第 8 章　数据库应用开发（Java）

> **本章学习目标**
>
> **知识目标**
> - 了解 JDBC API 中主要的类和接口，理解 JDBC 驱动程序的作用。
> - 掌握 JDBC 连接数据库的主要步骤，以及 JDBC API 中主要的类和接口的用法。
>
> **技能目标**
> - 掌握使用 IntelliJ IDEA 创建 Java 项目和加载驱动程序的方法。
> - 掌握使用 JDBC 连接数据库并实现数据库表的增、删、改及多表关联查询等基本操作的方法。
>
> **态度目标**
> - 让学生重视应用程序中的安全问题，增强应用程序开发的安全意识。
> - 培养学生与他人和谐相处的能力，培养学生团队协作的精神。

本章重点介绍基于 IntelliJ IDEA 进行 Java 开发的环境搭建的过程及 JDBC API 中主要的类与接口，详细介绍了 Java 程序连接和访问数据库的五个基本步骤，并通过两个项目案例来演示如何利用 Java 程序的 JDBC 接口实现数据库表的增、删、改及多表关联查询等基本操作。

8.1　JDBC 基础

8.1.1　JDBC 简介

JDBC 的全称是 Java Database Connectivity，即 Java 数据库连接，它提供了访问数据库的 API，其由一些 Java 类和接口组成，通常也称为 JDBC API。这些 API 主要位于 JDK 的

java.sql 和 javax.sql 中,是 Java 运行平台的核心类库中的一部分。应用程序可以通过 JDBC API 连接到关系型数据库,并使用结构化查询语言(SQL,数据库标准的查询语言)来完成对数据库的增加、删除、修改、查询等操作。

JDBC 连接如图 8.1 所示。

图 8.1 JDBC 连接示意

8.1.2 JDBC 驱动程序类型

JDBC 驱动的概念和我们熟知的计算机硬件中的驱动的概念是一样的,比如购买的声卡、网卡直接插到计算机上面是不能用的,必须要安装相应的驱动程序之后才能使用。同样的道理,安装好数据库之后,应用程序也是不能直接使用数据库的,必须要通过相应的数据库驱动程序去使用数据库。

数据库驱动程序是 JDBC 驱动程序和数据库之间的转换层,数据库驱动程序负责将 JDBC 调用映射成特定的数据库调用。在大部分数据库系统中,都有对应的 JDBC 驱动程序,当需要连接某个特定的数据库时,必须有对应的数据库驱动程序才能正常连接和访问数据库中的数据。

JDBC 是一种规范,它提供的接口是一套完整的、可移植的访问底层数据库的程序。图 8.2 为 JDBC 驱动程序框架图。JDBC 驱动程序是 JDBC API 在各个数据库上的具体实现,通常包含如下四个类型。

(1)JDBC-ODBC 桥驱动程序。这种驱动程序是最早实现的 JDBC 驱动程序,主要为了快速推广 JDBC,目前已废除。

(2)部分 Java 本地 JDBC API 驱动程序。这种驱动程序包含特定数据库的本地代码,用于访问特定数据库的客户端。

(3)纯 Java 的数据库中间件驱动程序。这种驱动程序主要用于 Applet 阶段,即通过 Applet 访问数据库。

(4)纯 Java 的 JDBC 驱动程序。这种驱动程序是智能的,它知道数据库的底层协议,是目前最流行的 JDBC 驱动程序。这种类型的驱动程序根据数据库厂商的不同而各不相同,本书中使用的是 MySQL 5.x,因此需要在 MySQL 官网下载 MySQL 厂商提供的 JDBC 驱动程序,MySQL 官网下载地址为 https://dev.mysql.com/downloads/connector/j/。

图 8.2 JDBC 驱动程序框架图

8.2 JDBC 核心 API

JDBC 常用 API 有 DriverManager、Connection、Statement、PreparedStatement、ResultSet 几种,主要负责实现对数据库的操作,本节重点介绍几种常用的 JDBC 核心 API。

8.2.1 驱动管理器 DriverManager 类

1. 作用

JDBC 驱动程序中的 DriverManager 用于加载驱动,并创建与数据库的连接。驱动程序接口 Driver 通过 java.lang.Class 类的静态方法 forName(String className)加载要连接数据库的 Driver 类,该方法的入口参数为要加载 Driver 类的完整包名。

java.sql.DriverManager 类负责管理 JDBC 驱动程序的基本服务,是 JDBC 的管理层,作用于用户和驱动程序的连接,负责跟踪可用的驱动程序,并在数据库和驱动程序之间建立联系。

2. DriverManager 接口的常用方法

Driver Manager 接口常用语法格式如下。

> DriverManager.registerDriver(new Driver())
> DriverManager.getConnection(url, user, password)

【注意】在实际开发中并不推荐采用 registerDriver 方法注册驱动。主要原因有以下两点。

(1)查看 Driver 的源代码可以看出,如果采用此种方法,会导致驱动程序注册两次,也就是在内存中会有两个 Driver 对象。

(2)程序依赖 MySQL 的 API,一旦脱离 MySQL 的 jar 包,程序将无法编译,将来若程序需要切换底层数据库将会非常麻烦。

推荐使用的 Driver Manager 接口的语法格式如下:

```
Class.forName("com.mysql.jdbc.Driver");
```

采用此种方法不会导致驱动对象在内存中重复出现,且只需要一个字符串,不需要依赖具体的驱动,程序的灵活性更高。

例 8.1:创建 MySQL 数据库新闻发布系统(cms)的连接。

系列代码如下:

```
String user = "root";
    String password = "123456";
    String url = "jdbc:mysql://localhost:3306/cms";
    Class.forName("com.mysql.jdbc.Driver");
    Connection conn = DriverManager.getConnection(url, user, password);
```

8.2.2 数据库连接的 Connection 接口

1. 作用

JDBC 驱动程序中的 Connection 接口负责与特定数据源的连接,形成连接对象,由该对象完成相关的操作。Connection 是数据库编程中最重要的一个对象,客户端与数据库的所有交互都是通过 Connection 对象完成的。

2. Connection 接口的常用方法

1)返回一个 Statement 对象

通过调用 createStatement() 方法创建向数据库发送 sql 的 Statement 对象。

```
Statement createStatement() throws SQLException
```

2)返回预编译的 Statement 对象

通过调用 prepareStatement(sql) 方法创建向数据库发送预编译 sql 的 PrepareSatement 对象。

```
PrepareSatement prepareStatement(String sql) throws SQLException
```

3)返回 CallableStatement 对象

通过调用 prepareCall(sql) 方法创建执行存储过程的 CallableStatement 对象。

```
CallableStatement prepareCall(String sql) throws SQLException
```

说明:上面的三个方法都是返回执行 SQL 语句的 Statement 对象,PrepareSatement 和 CallableStatement 的对象是 Statement 对象的子类,只有获得 Statement 之后才可以执行 SQL 语句。

4)事务相关 API 接口

(1)setAutoCommit(boolean autoCommit):设置事务是否自动提交。

(2)commit():在连接上提交事务。

(3)rollback():在此连接上回滚事务。

8.2.3 执行 SQL 语句的 Statement 接口

1. 作用

JDBC 驱动程序中的 Statement 对象用于向数据库发送 SQL 语句,执行静态的 SQL 语句,并返回执行结果。实际上有三种 Statement 对象,它们都作为在给定连接上执行 SQL 语句的包容器,分别为 Statement、PreparedStatement(它从 Statement 继承而来)和 CallableStatement(它从 PreparedStatement 继承而来)。

2. Statement 接口的常用方法

(1)执行查询语句,并返回查询结果对应的 ResultSet 对象。

通过调用 executeQuery(String sql) 接口向数据发送查询语句,该方法只适用于查询语句。

> ResultSet executeQuery(String sql) throws SQLException

例 8.2:执行 SQL 查询语句,查询企业新闻发布系统中所有用户的信息。
代码如下:

```
String sql = "select * from tb_user";
ResultSet rs = stmt.executeQuery(sql);
```

(2)执行 DML(数据库操纵语言)语句,并返回受影响的行数。

通过调用 executeUpdate(String sql) 接口向数据库发送 insert、update 或 delete 语句。该方法也可以执行 DDL(数据定义语言)语句,执行 DDL 语句返回 0。

> int executeUpdate(String sql) throws SQLException

(3)执行任何 SQL 语句。

通过调用 execute(String sql) 接口向数据库发送并执行任意 SQL 语句。

> boolean execute(String sql) throws SQLException

(4)执行多条 SQL 语句。

addBatch(String sql):把多条 SQL 语句放到一个批处理中。

executeBatch():向数据库发送一批 SQL 语句并执行。

8.2.4 预编译执行 SQL 语句的 PreparedStatement 接口

1. 作用

PreparedStatement 接口用于执行动态 SQL 语句。java.sql.PreparedStatement 接口继承自 Statement,是 Statement 接口的扩展,用来执行动态的 SQL 语句,即包含参数的 SQL 语句。

预编译的 statement 对象 PreparedStatement 是 Statement 的子接口,它允许数据库预编译 SQL(通常指带参数的 SQL)语句,以后每次只改变 SQL 命令参数,避免数据库每次都编译 SQL 语句,以提高其性能。

2. PreparedStatement 接口的常用方法

相对于 Statement 而言,使用 PreparedStatement 执行 SQL 语句时,无须重新传入 SQL 语句,因为它已经预编译了 SQL 语句。但是 PreparedStatement 需要为编译的 SQL 语句传入参数值,所以它设置了如下方法:

```
void setXxx(int index, value)
```

根据该方法传入的参数值的类型的不同,需要使用不同的方法。传入的参数值的类型根据传入的 SQL 语句参数而定。

3. Statement 和 PreparedStatement 的区别

Statement 和 PreparedStatement 的区别主要有以下几点。

(1)PreperedStatement 是 Statement 的子类,它的实例对象可以通过调用 Connection. preparedStatement() 方法获得,相对于 Statement 对象而言,PreperedStatement 可以避免 SQL 注入的问题。

(2)创建的对象不同,Statement 接口使用的是 Statement 类,PreparedStatement 接口使用的是 PreparedStatement 类。

(3)Statement 对象在创建时不需要指定 SQL,而 PreparedStatement 对象则要预指定 SQL。PreperedStatement 对于 SQL 中的参数,允许使用占位符的形式进行替换,以简化 SQL 语句的编写。

(4)Statement 的 SQL 为直接的字符串拼接而成;而 PreparedStatement 指定的 SQL 如果有接收到的输入参数,则用"?"表示,后续再使用 setXxx() 方法来替换"?"。

(5)执行时,Statement 对象要指定要执行的 SQL 语句,而 PreparedStatement 此时不需要指定 SQL 语句。

(6)Statement 会使数据库频繁编译 SQL,可能造成数据库缓冲区溢出。PreparedStatement 可对 SQL 进行预编译,从而提高数据库的执行效率。

【思政小贴士】

案例:什么是 SQL 注入?

一些初级开发者通过调用 JDBC API 执行 SQL 语句时,往往会将函数的参数作为 SQL 查询条件的值,代码如下所示。

```
String sql = "select * from tb_user where username= ' "+username+ " ' and password=' "+password+"'";
stmt = conn.createStatement();
rs = stmt.executeQuery(sql);
```

其中,以上代码中的 username 和 password 是登录用户输入的用户名和密码。以上代码实现的程序有没有安全隐患呢? 答案是存在安全隐患。假如有一位黑客并没有这个系统的用户名和密码,他能否顺利登录系统呢?

基于上面的代码,他是完全可以做到的。假如他在用户名输入框中输入字符 aaa,在密码输入框中输入 111 'or '1' = '1 这样的字符串,那么 Java 程序在得到用户输入的数据之后,会把 SQL 语句拼接如下：

select * from tb_user where username='aaa' and password='111' or '1'='1';

　　而在这一条 SQL 语句中，or '1'='1' 这个条件恒成立，因此上述语句能够查询到所有的用户信息。而根据上述代码的逻辑，只要能查询到的结果不为空，即认为是合法登录。因此该黑客能够顺利进入系统执行各种操作，这种行为即是 SQL 注入。

　　SQL 注入严格的定义是指应用程序对用户输入数据的合法性没有判断或过滤不严，攻击者可以在应用程序中事先定义好的查询语句结尾添加额外的 SQL 语句，在管理员不知情的情况下实现非法操作，以此来欺骗数据库服务器执行非授权的任意查询，从而得到进一步的数据信息。

SQL 注入的危害？

　　SQL 注入的危害是巨大的，OWASP（开放式 Web 应用程序安全项目）在 2013 年和 2017 年的报告中都将 SQL 注入风险等级设置为最高，SQL 注入引发的损失往往难以恢复。

　　当代大学生作为国家之栋梁，一定要树立正确的技能观，遵守基本的职业道德规范，努力提高自己的职业技能，为社会和人类造福，绝不能利用自己的技能去做违法犯罪的事。

如何避免 SQL 注入？

　　使用 JDBC 提供的 PreparedStatement 来替换 Statement，可以预防 SQL 注入。PreparedStatement 接口继承自 Statement 接口。PreparedStatement 对象在创建时需要指定 SQL 语句，并对 SQL 语句进行预编译，这时指定的 SQL 语句可以有 1 个或多个参数，参数用 "?" 表示。这些参数会在 SQL 真正被执行时再替换成具体的值。PreparedStatement 比 Statement 使用起来更灵活，效率更高。

8.2.5　结果集 ResultSet 接口

1. 作用

　　JDBC 驱动程序中的 ResultSet 类似于一个数据表，通过 ResultSet 接口的实例可以获得检索结果集，以及对应数据表的相关信息。

　　Resultset 封装执行结果时，采用类似于表格的方式。ResultSet 对象维护了一个指向表格数据行的游标，初始设置的时候，游标在第一行之前，调用 ResultSet.next() 方法，可以使游标指向具体的数据行，以获取该行的数据。

2. ResultSet 接口的常用方法

　　ResultSet 接口主要提供了获取结果集数据的方法、对结果集进行滚动的方法和释放结果集对象资源的方法等。

　　1）获取结果集数据的方法

　　ResultSet 是用于封装执行结果的，所以其主要提供的是用于获取数据的 get 方法。

　　（1）获取任意类型的数据的 getObject 方法。

getObject(int index)
getObject(string columnName)

　　（2）获取指定类型的数据的 getString 方法。

```
getString(int index)
getString(String columnName)
```

2）对结果集进行滚动的方法

（1）将结果集移动到第几行，如果 row 是负数，则移动到倒数第几行，示例代码如下：

```
boolean absolute(int row) throws SQLException
```

说明：如果移动到的记录指针指向一条有效记录，则返回 true。

（2）将 ResultSet 的记录指针定位到首行之前，示例代码如下：

```
void beforeFirst()throws SQLException
```

说明：初始状态记录指针的起始位置位于第一行之前。

（3）将 ResultSet 的记录指针定位到首行，示例代码如下：

```
boolean first() throws SQLException
```

说明：移动指针到第一行，如果结果集为空则返回 false，否则返回 true。

（4）将 ResultSet 的记录指针定位到上一行，示例代码如下：

```
boolean previous() throws SQLException
```

说明：移动指针到上一行，如果存在上一行则返回 true，否则返回 false；如果结果集类型为 TYPE_FORWARD_ONLY 将抛出异常。

（5）将 ResultSet 的记录指针定位到下一行，示例代码如下：

```
boolean next() throws SQLException
```

说明：指针向后移动一行，如果移动后的记录指针指向一条有效记录，则返回 true，否则返回 false。

（6）将 ResultSet 的记录指针定位到最后一行，示例代码如下：

```
boolean last() throws SQLException
```

说明：如果移动后的记录指针指向一条有效记录，则返回 true。

（7）将 ResultSet 的记录指针定位到最后一行之后，示例代码如下：

```
boolean afterLast() throws SQLException
```

说明：移动指针到最后一行；如果结果集为空则返回 false，否则返回 true；如果结果集类型为 TYPE_FORWARD_ONLY 将抛出异常。

3）释放结果集对象资源的方法

释放、关闭 ResultSet 对象，示例代码如下：

```
void close throws SQLException
```

8.3　通过 JDBC 操作数据库

8.3.1　JDBC 基本开发过程

使用 JDBC 驱动连接数据库并通过编程实现数据库访问操作的主要步骤如下。

（1）加载数据库驱动程序。

示例代码如下：

```
Class.forName(driverClass);
```

上面的 driverClass 就是数据库驱动类所对应的类路径字符串，不同厂商提供的驱动类名也不一样。例如 MySQL 5.x 版本的驱动类名为"com.mysql.jdbc.Driver"，而 MySQL8.0 版本的驱动类名则为"com.mysql.cj.jdbc.Driver"。

（2）根据数据库连接地址以及登录数据库的用户名和密码，通过 DriverManager 获取 Java 程序与数据库之间的连接。

示例代码如下：

```
String user = "root";
String password = "123456";
String url = "jdbc:mysql://localhost:3306/cms";
Connection conn = DriverManager.getConnection(url, user, password);
```

其中，url 用于标识数据库的位置，即通过 url 地址告诉 JDBC 驱动程序连接哪个数据库。url 的语法格式如图 8.3 所示。

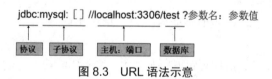

图 8.3　URL 语法示意

常用的数据库 url 地址的写法如下。

① Oracle url 地址的写法如下：

```
jdbc:oracle:thin:@localhost:1521:sid
```

② SQLServer url 地址的写法如下：

```
jdbc:microsoft:sqlserver://localhost:1433; DatabaseName=sid
```

③ MySQL url 地址的写法如下：

```
jdbc:mysql://localhost:3306/sid
```

如果连接的是本地的 MySQL 数据库，并且连接使用的端口是 3306，那么 url 地址可以简写为 jdbc:mysql:/// 数据库。

（3）通过 Connection 对象创建 Statement 对象的方法的示例代码如下。

① Statement stmt = createStatement()

② PreparedStatement ps = prepareStatement(String sql)

③ prepareCall(String sql)

（4）Statement 执行 SQL 语句的方法有如下三种。

① execute 可以执行任何 SQL 语句，但比较麻烦。

② executeUpdate 可以执行 DML 语句、DDL 语句，执行 DML 语句返回受影响的 SQL 语句行数，执行 DDL 语句返回 0，示例代码如下：

int updateRows = ps.executeUpdate();

③ executeQuery 只能执行查询语句，执行后返回代表查询结果的 ResultSet 对象，示例代码如下：

ResultSet rs = stmt.executeQuery(sql);

（5）操作结果集（ResultSet），从 ResultSet 对象中读取数据，打印输出，具体步骤如下。
①移动指针。
②获得值。

使用 getXxx() 方法获取结果集中指针指向行、特定列的索引值。具体示例代码如下所示：

```
rs = stmt.executeQuery(sql);
while (rs.next()) {
        User user = new User();
        user.setUid(rs.getString(1));
        user.setUsername(rs.getString(2));
        user.setPassword(rs.getString(3));
        user.setEmail(rs.getString(4));
        user.setLevel(rs.getString(5));
        user.setDeptcode(rs.getString(6));

        users.add(user);
}
```

（6）关闭连接，释放资源。

使用 Connection、Statement 和 ResultSet 实例的 close() 方法关闭连接，并在关闭时按照

以下顺序释放资源：

```
rs.close();
ps.close();
stmt.close();
conn.close();
```

【注意】JDBC 驱动程序运行完毕后，切记要释放程序在运行过程中创建的那些与数据库进行交互的对象，这些对象通常是 ResultSet、Statement、PreparedStatement 或 Connection 等，特别是 Connection 对象，它是非常稀有的资源，用完后必须马上释放，如果 Connection 不能及时、正确关闭，极易导致系统宕机。Connection 的使用原则是尽量晚创建，尽量早释放。为确保资源释放代码的运行，应将其放在 FINALLY 语句中。

完整的 JDBC 基本开发流程源代码如下所示：

```
public class GaussDBJDBC {
    public static void main(String[] args) throws ClassNotFoundException, SQLException {
        // 配置信息
        //useUnicode=true&characterEncoding=utf-8 解决中文乱码
        String url = "jdbc:mysql:// 数据库 ip 地址 :3306/school?useUnicode=true&characterEncoding=utf-8";
        String username =" 数据库用户名 ";
        String password =" 数据库密码 ";
        // ① 加载驱动
        Class.forName("com.mysql.cj.jdbc.Driver");
        // ② 连接数据库
        Connection connection = DriverManager.getConnection(url, username, password);
        // ③ 向数据库发送 SQL 语句的对象 Statement,PreparedStatement : CRUD
        Statement statement = connection.createStatement();
        // ④ 编写查询 SQL 语句
        String sql = "select * from student";
        // ⑤ 执行查询 SQL 语句,返回一个 ResultSet：结果集
        ResultSet rs = statement.executeQuery(sql);
        while (rs.next()) {
            //student 表
            System.out.print("id:" + rs.getObject("std_id"));
            System.out.print("name:" + rs.getObject("std_name"));
            System.out.print("sex:" + rs.getObject("std_sex"));
            System.out.print("birth:" + rs.getObject("std_birth"));
```

```
                System.out.print(" in:" + rs.getObject("std_in"));
                System.out.println(" address:" + rs.getObject("std_address"));
            }
            //⑥ 关闭连接,释放资源,将以上申请的资源都释放掉
            rs.close();
            statement.close();
            connection.close();
        }
    }
```

使用代码时,需要将数据库配置信息 (IP、用户名、密码) 修改成用户自己的数据库的信息息,导入相关依赖,结果如图 8.4 所示。

```
id:28 name:钱一 sex:男 birth:1993-01-28 00:00:00.0 in:2011-09-01 00:00:00.0 address:江苏省南京市雨花台区
id:29 name:钱二 sex:男 birth:1993-01-29 00:00:00.0 in:2011-09-01 00:00:00.0 address:江苏省南京市雨花台区
id:30 name:钱三 sex:男 birth:1993-01-30 00:00:00.0 in:2011-09-01 00:00:00.0 address:江苏省南京市雨花台区
id:31 name:钱四 sex:男 birth:1993-02-01 00:00:00.0 in:2011-09-01 00:00:00.0 address:江苏省南京市雨花台区
id:32 name:钱五 sex:男 birth:1993-02-02 00:00:00.0 in:2011-09-01 00:00:00.0 address:江苏省南京市雨花台区
id:33 name:钱六 sex:男 birth:1993-02-03 00:00:00.0 in:2011-09-01 00:00:00.0 address:江苏省南京市雨花台区
id:34 name:钱七 sex:男 birth:1993-02-04 00:00:00.0 in:2011-09-01 00:00:00.0 address:江苏省南京市雨花台区
id:35 name:钱八 sex:男 birth:1993-02-05 00:00:00.0 in:2011-09-01 00:00:00.0 address:江苏省南京市雨花台区
id:36 name:钱九 sex:男 birth:1993-02-06 00:00:00.0 in:2011-09-01 00:00:00.0 address:江苏省南京市雨花台区
id:37 name:吴一 sex:男 birth:1993-02-07 00:00:00.0 in:2011-09-01 00:00:00.0 address:江苏省南京市雨花台区
id:38 name:吴二 sex:男 birth:1993-02-08 00:00:00.0 in:2011-09-01 00:00:00.0 address:江苏省南京市雨花台区
id:39 name:吴三 sex:男 birth:1993-02-09 00:00:00.0 in:2011-09-01 00:00:00.0 address:江苏省南京市雨花台区
id:40 name:吴四 sex:男 birth:1993-02-10 00:00:00.0 in:2011-09-01 00:00:00.0 address:江苏省南京市雨花台区
id:41 name:吴五 sex:男 birth:1993-02-11 00:00:00.0 in:2011-09-01 00:00:00.0 address:江苏省南京市雨花台区
id:42 name:吴六 sex:男 birth:1993-02-12 00:00:00.0 in:2011-09-01 00:00:00.0 address:江苏省南京市雨花台区
id:43 name:吴七 sex:男 birth:1993-02-13 00:00:00.0 in:2011-09-01 00:00:00.0 address:江苏省南京市雨花台区
id:44 name:吴八 sex:男 birth:1993-02-14 00:00:00.0 in:2011-09-01 00:00:00.0 address:江苏省南京市雨花台区
id:45 name:吴九 sex:男 birth:1993-02-15 00:00:00.0 in:2011-09-01 00:00:00.0 address:江苏省南京市雨花台区
id:46 name:柳一 sex:男 birth:1993-02-16 00:00:00.0 in:2011-09-01 00:00:00.0 address:江苏省南京市雨花台区
id:47 name:柳二 sex:男 birth:1993-02-17 00:00:00.0 in:2011-09-01 00:00:00.0 address:江苏省南京市雨花台区
id:48 name:柳三 sex:男 birth:1993-02-18 00:00:00.0 in:2011-09-01 00:00:00.0 address:江苏省南京市雨花台区
id:49 name:柳四 sex:男 birth:1993-02-19 00:00:00.0 in:2011-09-01 00:00:00.0 address:江苏省南京市雨花台区
id:50 name:柳五 sex:男 birth:1993-02-20 00:00:00.0 in:2011-09-01 00:00:00.0 address:江苏省南京市雨花台区

Process finished with exit code 0
```

图 8.4　JDBC 驱动程序运行结果

8.3.2　利用 JDBC 操作数据库

JDBC 中的 Statement 对象用于向数据库发送 SQL 语句,要实现对数据库的增、删、改、查,只需要通过这个对象向数据库发送进行增、删、改、查操作的 SQL 语句即可。

Statement 对象和 PreparedStatement 对象的 executeUpdate 方法用于向数据库发送进行增、删、改操作的 SQL 语句,executeUpdate 执行完后,将会返回一个整数(表示执行增、删、

改操作的语句导致了数据库中几行数据发生了变化）。Statement 对象和 PreparedStatement 对象的 executeQuery 方法用于向数据库发送查询语句，executeQuery 方法返回代表查询结果的 ResultSet 对象。以下具体介绍通过 JDBC 的 Statement 对象和 PreparedStatement 对象完成对数据库的增、删、改、查操作（简称 CRUD 操作）。

1. 使用 Statement 对象完成对数据库的 CRUD 操作

1）CRUD 操作 -create

使用 executeUpdate(String sql) 完成数据添加操作，具体示例代码如下：

```
// 从 JDBC 连接中创建执行数据库 SQL 语句的 Statement 对象
Statement st = conn.createStatement();
String sql = "insert into user(...) values(...) ";
// 执行数据添加操作并判断操作是否成功
int num = st.executeUpdate(sql);
if(num>0){
    System.out.println(" 插入成功!! ");
}
```

2）CRUD 操作 -update

使用 executeUpdate(String sql) 完成数据修改操作，具体示例代码如下：

```
// 从 JDBC 连接中创建执行数据库 SQL 语句的 Statement 对象
Statement st = conn.createStatement();
String sql = "update user set name=" where name="";
// 执行数据修改操作并判断操作是否成功
int num = st.executeUpdate(sql);
if(num>0){
    System.out.println(" 修改成功!! ");
}
```

3）CRUD 操作 -delete

使用 executeUpdate(String sql) 完成数据删除操作，具体示例代码如下：

```
// 从 JDBC 连接中创建执行数据库 SQL 语句的 Statement 对象
Statement st = conn.createStatement();
String sql = "delete from user where id=1";
// 执行数据删除操作并判断操作是否成功
int num = st.executeUpdate(sql);
if(num>0){
    System.out.println(" 删除成功!!! ");
}
```

4）CRUD 操作 -read

使用 executeQuery(String sql) 完成数据查询操作，具体示例代码如下：

```
// 从 JDBC 连接中创建执行数据库 SQL 语句的 Statement 对象
Statement st = conn.createStatement();
String sql = "select * from user where id=1";
ResultSet rs = st.executeUpdate(sql);

while(rs.next()){
    // 根据获取列的数据类型，分别调用 rs 的相应方法映射到 Java 对象中
}
```

2. 使用 PreparedStatement 对象完成对数据库的 CRUD 操作

PreparedStatement是Statement的子类，它的实例对象可以通过调用 Connection.prepared-Statement() 方法获得，相对于 Statement 对象而言，PreparedStatement 可以避免 SQL 注入的问题。

由于 Statement 会使数据库频繁编译 SQL 语句，进而可能造成数据库缓冲区溢出，而PreparedStatement 可对 SQL 语句进行预编译，从而提高数据库的执行效率。同时，Prepared-Statement 对于 SQL 语句中的参数，允许使用占位符的形式进行替换，从而简化 SQL 语句的编写。

1）CRUD 操作 -create

使用 PreparedStatement 完成数据添加操作，具体示例代码如下：

```
// 要执行的 SQL 命令，SQL 语句中的参数使用？作为占位符
String sql = "insert into users(id,name,password,email) values(?,?,?,?)";
// 通过 conn 对象获取负责执行 SQL 命令的 PreparedStatement 对象
PreparedStatement st = conn.prepareStatement(sql);
// 为 SQL 语句参数赋值，注意：索引是根据以上 SQL 语句中?的先后顺序从 1 开始
的，且不同类型参数调用不同的赋值方法
st.setInt(1, 1);//id 是 int 类型的
st.setString(2, "张三");//name 是 varchar（字符串类型）
st.setString(3, "123");//password 是 varchar（字符串类型）
st.setString(4, "12345@qq.com");//email 是 varchar（字符串类型）
// 执行数据添加操作并判断操作是否成功
int num = st.executeUpdate();
if(num>0){
    System.out.println(" 插入成功!!! ");
}
```

2）CRUD 操作 -update

使用 PreparedStatement 完成数据修改操作，具体示例代码如下：

```
// 要执行的 SQL 命令，SQL 语句中的参数使用？作为占位符
String sql = "update users set name=?,email=? where id=?";
// 通过 conn 对象获取负责执行 SQL 命令的 PreparedStatement 对象
PreparedStatement st = conn.prepareStatement(sql);
// 为 SQL 语句参数赋值，注意：索引是根据以上 SQL 语句中？的先后顺序从 1 开始
的，且不同类型参数调用不同的赋值方法
st.setString(1, " 李四 ");
st.setString(2, "54321@qq.com");
st.setInt(3, 2);
// 执行数据更新操作并判断操作是否成功
int num = st.executeUpdate();
if(num>0){
System.out.println(" 更新成功！！ ");
}
```

3）CRUD 操作 -delete

使用 PreparedStatement 完成数据删除操作，具体示例代码如下：

```
// 要执行的 SQL 命令，SQL 语句中的参数使用？作为占位符
String sql = "delete from users where id=?";
// 通过 conn 对象获取负责执行 SQL 命令的 PreparedStatement 对象
PreparedStatement st = conn.prepareStatement(sql);
// 为 SQL 语句参数赋值
st.setInt(1, 1);
// 执行数据删除操作并判断操作是否成功
int num = st.executeUpdate();
if(num>0){
System.out.println(" 删除成功！！ ");
}
```

（4）CRUD 操作 -read

使用 PreparedStatement 完成数据查询操作，具体示例代码如下：

```
// 要执行的 SQL 命令，SQL 语句中的参数使用？作为占位符
String sql = "select * from users where id=?";
// 通过 conn 对象获取负责执行 SQL 命令的 PreparedStatement 对象
PreparedStatement st = conn.prepareStatement(sql);
// 为 SQL 语句参数赋值
st.setInt(1, 1);
```

```
// 执行数据查询操作,遍历查询结果集
rs = st.executeQuery();
while(rs.next()){
// 根据获取列的数据类型,分别调用 rs 的相应方法映射到 Java 对象中
}
```

8.4 项目一案例分析——企业新闻发布系统

8.4.1 情景引入

在企业新闻发布系统应用程序中,如果想要访问并接入该系统,首先需要注册新用户,然后通过已注册的用户信息正常登录系统。在本项目中,主要以用户注册和用户登录功能为例讲解 JDBC 的实现过程。

8.4.2 任务目标

(1)通过 JDBC 接口实现企业新闻发布系统应用程序的用户注册功能。
(2)通过 JDBC 接口实现企业新闻发布系统应用程序的用户登录功能。

8.4.3 任务实施

任务具体实施过程如下。

1. 搭建实验环境

准备工作包括:Java 语言开发的集成环境(推荐使用 IntelliJ IDEA)、MySQL 连接驱动程序相关 jar 包 (mysql-connector-java-5.1.48.jar 或 mysql-connector-java-8.0.14.jar)。

(1)在 IntelliJ IDEA 中创建 Java 项目,如图 8.5 所示。

图 8.5　在 IntelliJ IDEA 中创建新项目

（2）选择 Java 项目，单击"Next"按钮，如图 8.6 所示。

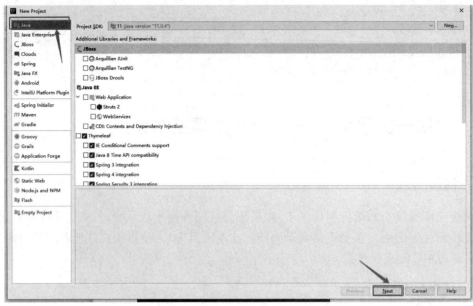

图 8.6　在 IntelliJ IDEA 中选择 Java 项目

（3）进入定义工程名称页面，定义完成后单击"Finish"按钮，如图 8.7 所示。

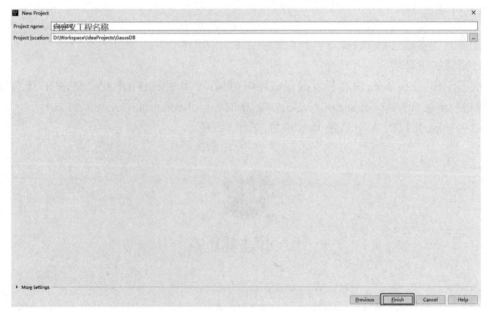

图 8.7　在 IntelliJ IDEA 中定义工程名称

2. 导入 jar 包

（1）导入 jar 包，如图 8.8 所示。

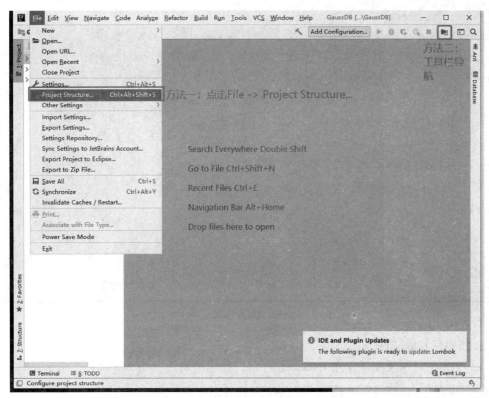

图 8.8　在 IntelliJ IDEA 中导入 jar 包

（2）选择下载的 jar 包（通过 maven 仓库官网下载对应 jar 包，参考网址 https://mvnre-pository.com/artifact/mysql/mysql-connector-java），如图 8.9 所示。

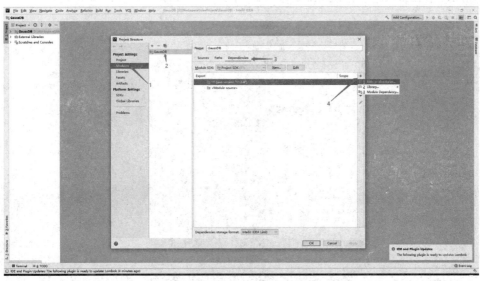

图 8.9　在 IntelliJ IDEA 中选择 jar 包

成功导入 jar 包，如图 8.10 所示。

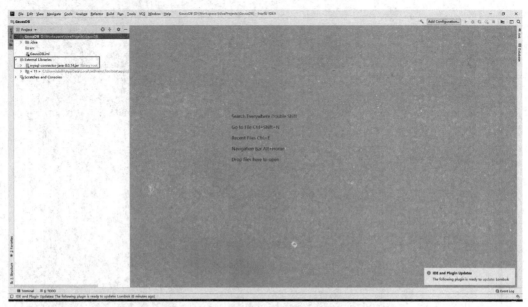

图 8.10　IntelliJ IDEA 中成功导入 jar 包

3. 创建包和源文件

（1）在 src 目录下创建三个 Package，将它们分别命名为 com.news.dao、com.news.entity 和 com.news.util。其中，com.news.dao 包主要包含用于创建和操作 user 表数据的增、删、改、查访问接口的 Java 类；com.news.entity 包主要包含用于封装 user 表数据实体的 Java 类；com.news.util 包主要包含用于获取 JDBC 连接，封装数据库增、删、改、查操作的通用方法，释放资源等的通用方法的 Java 类。

在项目中创建包的示意如图 8.11 所示。

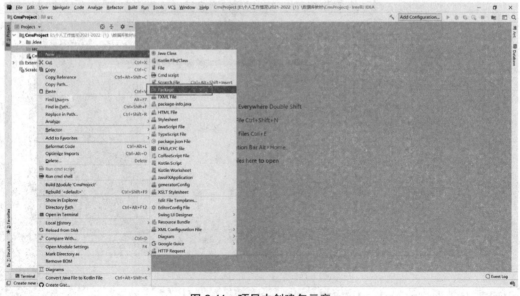

图 8.11　项目中创建包示意

（2）在 com.news.entity 包节点上单击鼠标右键，选择新建 Java 类，类名为 User。在项目中创建类的示意如图 8.12 所示。

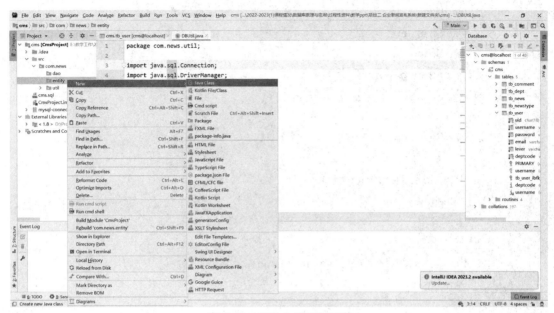

图 8.12　项目中创建类示意

（3）在 User 类中对 tb_user 表中的字段进行封装，称其为 JavaBean。JavaBean 中的属性要与数据表中的字段一一对应，如图 8.13 所示。为了方便对 JavaBean 中的属性进行操作，分别设置了 setXxx() 方法和 getXxx() 方法来实现对属性的赋值与读取。

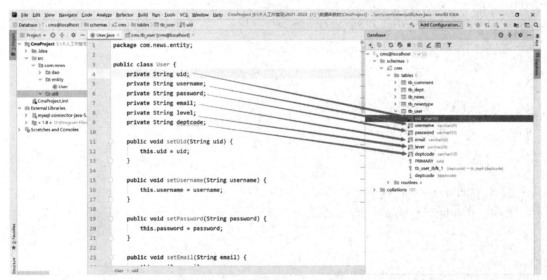

图 8.13　项目中创建 User 类示意

User 类的源代码如下：

```java
package com.news.entity;

public class User {
    private String uid;
    private String username;
    private String password;
    private String email;
    private String level;
    private String deptcode;

    public void setUid(String uid) {
        this.uid = uid;
    }

    public void setUsername(String username) {
        this.username = username;
    }

    public void setPassword(String password) {
        this.password = password;
    }

    public void setEmail(String email) {
        this.email = email;
    }

    public void setLevel(String level) {
        this.level = level;
    }

    public void setDeptcode(String deptcode) {
        this.deptcode = deptcode;
    }

    public String getUid() {
        return uid;
    }
```

```java
public String getUsername() {
    return username;
}

public String getPassword() {
    return password;
}

public String getEmail() {
    return email;
}

public String getLevel() {
    return level;
}

public String getDeptcode() {
    return deptcode;
}

@Override
public String toString() {
    return "User{" +
            "uid='" + uid + '\'' +
            ", username='" + username + '\'' +
            ", password='" + password + '\'' +
            ", email='" + email + '\'' +
            ", level='" + level + '\'' +
            ", deptcode='" + deptcode + '\'' +
            '}';
}
}
```

（4）在 com.news.util 包节点上单击鼠标右键，选择新建 Java 类，类名为 DBUtil。
DBUtil 类主要实现以下功能。

① 获取数据库的连接：通过自定义方法 getConnection() 实现。

② 执行数据库的增、删、改、查操作等通用方法：通过自定义方法 executeUpdate(String

sql, Object[] params) 实现通用增、删、改功能; 通过自定义方法 executeSQL(String sql, Object[] params) 实现通用查询功能。

③执行每次访问结束后的资源释放工作: 通过自定义方法 closeResource() 实现。

DBUtil 类实现源代码如下:

```java
package com.news.util;

import java.sql.Connection;
import java.sql.DriverManager;
import java.sql.PreparedStatement;
import java.sql.ResultSet;
import java.sql.SQLException;
import java.sql.Statement;

public class DBUtil {
    protected Connection conn;
    protected PreparedStatement ps;
    protected Statement stmt;
    protected ResultSet rs;

    // 获取数据库的连接
    public boolean getConnection(){
        String user = "root";
        String password = "123456";
        String url = "jdbc:mysql://localhost:3306/cms";

        try {
            Class.forName("com.mysql.jdbc.Driver");
            conn = DriverManager.getConnection(url, user, password);
            if (null != conn) {
                return true;
            }
        } catch (Exception e){
            e.printStackTrace();
        }
        return false;
    }
```

```
// 释放 JDBC 连接资源
public boolean closeResource() {
    if(rs!=null){
        try {
            rs.close();
        } catch (SQLException e) {
            // TODO Auto-generated catch block
            e.printStackTrace();
            return false;
        }
    }
    if(ps!=null){
        try {
            ps.close();
        } catch (SQLException e) {
            // TODO Auto-generated catch block
            e.printStackTrace();
            return false;
        }
    }
    if(stmt!=null){
        try {
            stmt.close();
        } catch (SQLException e) {
            // TODO Auto-generated catch block
            e.printStackTrace();
            return false;
        }
    }
    if(conn!=null){
        try {
            conn.close();
        } catch (SQLException e) {
            // TODO Auto-generated catch block
            e.printStackTrace();
            return false;
        }
```

```
        }
        return true;
    }


// 通用预编译执行增、删、改 SQL 命令方法
public int executeUpdate(String sql, Object[] params) {
    int updateRows = 0;
    getConnection();
    try {
        ps = conn.prepareStatement(sql);
        // 填充占位符
        for (int i = 0; i < params.length; i++) {
            ps.setObject(i + 1, params[i]);
        }
        updateRows = ps.executeUpdate();
    } catch (SQLException e) {
        e.printStackTrace();
    }
    return updateRows;
}
// 通用预编译执行查询 SQL 命令方法
public ResultSet executeSQL(String sql, Object[] params) {
    getConnection();
    try {
        ps = conn.prepareStatement(sql);
        // 填充占位符
        for (int i = 0; i < params.length; i++) {
            ps.setObject(i + 1, params[i]);
        }
        rs = ps.executeQuery();
    } catch (SQLException e) {
        e.printStackTrace();
    }
    return rs;
    }
}
```

（5）在 com.news.dao 包节点上单击鼠标右键，新建 Java 类，类名为 UserDao。UserDao

类主要可以实现以下功能。

①通过 JDBC 接口实现企业新闻发布系统应用程序的用户注册功能。

用户注册功能实质上就是用户通过视图页面填写注册的用户信息,提交后应用程序会将已填写的用户信息插入企业新闻发布系统数据库 cms 的 tb_user 表中。因此,需要在 UserDao 中创建自定义的 registerUser(User user) 方法,该方法具体实现的源代码如下:

```
public boolean registerUser(User user) {
        boolean flag=false;
        try {
            String  sql="insert into tb_user(uid,username,password,email,lever,dept-
code) values(?,?,?,?,?,?)";
            Object[]  params={user.getUid(), user.getUsername(), user.getPassword(),
user.getEmail(), user.getLevel(), user.getDeptcode()};
            int i=this.executeUpdate(sql, params);
            // 处理执行结果
            if(i>0){
                System.out.println(" 用户注册成功! ");
            }
            flag=true;
        }finally{
            // 释放资源
            this.closeResource();
        }
        return flag;
    }
```

该方法中主要构造预编译的 SQL 命令,然后调用 DBUtil 类中已封装好的执行增、删、改操作的方法 executeUpdate,将新注册的用户信息插入 tb_user 表中,tb_user 表记录查询结果如图 8.14 所示。

②通过 JDBC 接口实现企业新闻发布系统应用程序的用户登录功能。

用户登录功能实质上是在系统登录页面输入登录用户的用户名和密码信息,应用程序调用 Java 侧自定义的登录接口,接口接收用户名和密码信息后,通过 JDBC 接口执行 SQL 查询命令,并判断查询是否能正常返回结果集。如果返回结果集,则登录成功;否则,登录失败。因此,需要在 UserDao 中创建自定义的 loginUser(String name, String passwd) 方法,该方法具体实现的源代码如下:

```
public boolean loginUser(String name, String passwd) {
        boolean flag = false;
        ResultSet rs = null;
```

```
        String sql = "select * from tb_user where username=? and password=?";
        Object[] params={name, passwd};

        try {
            rs = this.executeSQL(sql, params);
            if (rs.next()){
                flag = true;
            }

        } catch (Exception e) {
            // TODO: handle exception
            e.printStackTrace();
        } finally {
            this.closeResource();
        }

        return flag;
    }
```

通过编写 main 方法对用户登录方法进行测试，测试代码如下：

```
package com.news.main;
import dao.UserDao;
import entity.User;
import util.DBUtil;

public class Main {
    public static void main(String[] args) {
        UserDao userdao = new UserDao();
        System.out.println(" 请输入用户名和密码 ( 用逗号分割 ):");
        Scanner sc = new Scanner(System.in);
        String input = sc.next();
        String s[] = input.split(",");
        boolean flag = userdao.loginUser(s[0], s[1]);
        if (flag){
            System.out.println(" 登录成功 !");
        } else {
            System.out.println(" 登录失败 !");
```

```
                }
        }
    }
```

　　运行 Main 类，当输入的用户名和密码的关键字组合在 tb_user 表中不存在时，输出"登录失败"，运行结果如图 8.15 所示；当输入的用户名和密码的关键字组合在 tb_user 表中存在时，输出"登录成功"，运行结果如图 8.16 所示。

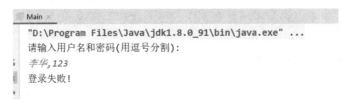

	uid	username	password	email	lever	deptcode
1	u1001	张小明	c333677015	xiaoming@163.com	超级管理员	d1001
2	u1002	李华	5bd2026f12	lihua@163.com	普通管理员	d1001
3	u1003	李小红	508df4cb2f	xiaohong@163.com	普通管理员	d1001
4	u1004	张天浩	41efd6b4f8	tianhao@126.com	普通用户	d3001
5	u1005	李洁	4e11a005f7	lijie@163.com	普通用户	d3001
6	u1006	黄维	a027c77005	huangwei@163.com	普通用户	d5008
7	u1007	余明杰	8044657128	mingjie@126.com	普通用户	d4013

图 8.14　tb_user 表记录查询结果

```
Main ×
"D:\Program Files\Java\jdk1.8.0_91\bin\java.exe" ...
请输入用户名和密码(用逗号分割)：
李华,123
登录失败！
```

图 8.15　输出"登录失败"

```
Main ×
"D:\Program Files\Java\jdk1.8.0_91\bin\java.exe" ...
请输入用户名和密码(用逗号分割)：
李华,5bd2026f12
登录成功！
```

图 8.16　输出"登录成功"

8.5　项目二案例分析——网上商城系统

8.5.1　情景引入

　　上节的项目案例分析以企业新闻发布系统为例，讲解了如何通过 Java 程序来访问数据库。本节将通过网上商城系统项目案例讲解使用 Java 程序对商品信息进行增、删、改、查等操作的过程。

237

8.5.2　任务目标

（1）在网上商城系统数据库的 goods 表中添加指定商品的信息，如果成功，返回 true，如果失败，返回 false。

（2）在网上商城系统数据库的 goods 表中根据商品 ID 删除某条商品的信息，如果成功，返回 true，如果失败，返回 false。

（3）在网上商城系统数据库的 goods 表中根据商品 ID 修改某个商品的名称，如果成功，返回 true，如果失败，返回 false。

（4）在网上商城系统数据库的 goods 表中根据商品 ID 查询商品的名称、库存数量、所在城市。

（5）对网上商城系统数据库的 orders 表和 ordersDetail 表进行关联查询，打印输出指定订单的详细信息，包括订单 ID、下单时间、订单金额、商品 ID、购买数量、商品评价和评价时间。

8.5.3　任务实施

在任务实施前，首先是搭建实验环境和导入 JDBC 驱动 jar 包，具体操作过程与 8.4.3 介绍的方法类似。这里重点讲解本项目案例中的包创建和类实现的过程。

创建包和源文件

创建 Goods 类的示意如图 8.17 所示。

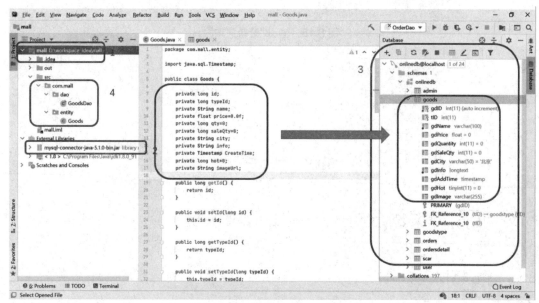

图 8.17　项目中创建 Goods 类示意

（1）在 src 目录下创建三个 Package，将它们分别命名为 com.mall.dao、com. mall.entity 和 com.mall.util。其中，com.mall.dao 包主要包含用于创建和操作 goods 表数据的增、删、改、查等接口的 Java 类；访问接口的 Java 类；com.mall.entity 包主要包含用于封装 goods 表数据实体的 Java 类；com.mall.util 包主要包含用于获取 JDBC 连接，封装数据库增、删、改、查操作的通用方法，释放资源等的通用方法的 Java 类。由于 com.mall.util 包中定义的通用 Java 类可以使用 8.4.3 中的 com.news.util 包中的 DBUtil 类，这里不再赘述。

（2）在 com.mall.entity 包节点上单击鼠标右键，新建 Java 类，类名为 Goods。

（3）在 Goods 类中将 goods 表中的字段封装为 JavaBean，Goods 类中包含有 11 个私有属性，分别与 goods 表中的字段一一对应。为了方便对 JavaBean 中的属性进行操作，分别设置了 setXxx() 方法和 getXxx() 方法来实现对属性的赋值与读取。

从 goods 表中可以看到，字段类型多种多样，有 int、varchar、float、timestamp 等。这些数据库数据类型如何与 Java 的数据类型相对应呢？图 8.18 给出了它们之间的映射关系，从图 8.18 中可以看出，数据库中 varchar 类型映射成 Java 中的 String 类型，int 类型映射成 Java 中的 Long 类型，float 类型映射成 Java 中的 Float 类型，timestamp 类型映射成 Java 中的 TimeStamp 类型。

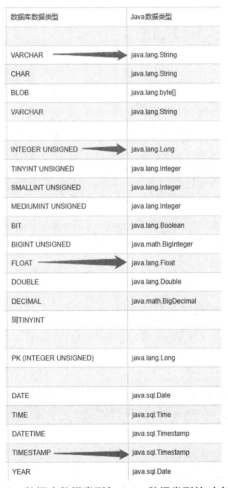

数据库数据类型	Java数据类型
VARCHAR	java.lang.String
CHAR	java.lang.String
BLOB	java.lang.byte[]
VARCHAR	java.lang.String
INTEGER UNSIGNED	java.lang.Long
TINYINT UNSIGNED	java.lang.Integer
SMALLINT UNSIGNED	java.lang.Integer
MEDIUMINT UNSIGNED	java.lang.Integer
BIT	java.lang.Boolean
BIGINT UNSIGNED	java.math.BigInteger
FLOAT	java.lang.Float
DOUBLE	java.lang.Double
DECIMAL	java.math.BigDecimal
同TINYINT	
PK (INTEGER UNSIGNED)	java.lang.Long
DATE	java.sql.Date
TIME	java.sql.Time
DATETIME	java.sql.Timestamp
TIMESTAMP	java.sql.Timestamp
YEAR	java.sql.Date

图 8.18　数据库数据类型与 Java 数据类型的对应关系

在编写 JavaBean 时，要特别注意数据库数据类型要与对应的 Java 数据类型一致。

Goods 类的源代码如下：

```java
package com.mall.entity;
import java.sql.Timestamp;

public class Goods {
    private long id;
    private long typeId;
    private String name;
    private float price=0.0f;
    private long qty=0;
    private long saleQty=0;
    private String city;
    private String info;
    private Timestamp CreateTime;
    private long hot=0;
    private String imageUrl;

    public long getId() {
        return id;
    }
    public void setId(long id) {
        this.id = id;
    }
    public long getTypeId() {
        return typeId;
    }
    public void setTypeId(long typeId) {
        this.typeId = typeId;
    }
    public String getName() {
        return name;
    }
    public void setName(String name) {
        this.name = name;
    }
    public float getPrice() {
        return price;
```

```
        }
        public void setPrice(float price) {
            this.price = price;
        }
        public long getQty() {
            return qty;
        }
        public void setQty(long qty) {
            this.qty = qty;
        }
        public long getSaleQty() {
            return saleQty;
        }
        public void setSaleQty(long saleQty) {
            this.saleQty = saleQty;
        }
        public String getCity() {
            return city;
        }
        public void setCity(String city) {
            this.city = city;
        }
        public String getInfo() {
            return info;
        }
        public void setInfo(String info) {
            this.info = info;
        }
        public Timestamp getCreateTime() {
            return CreateTime;
        }
        public void setCreateTime(Timestamp createTime) {
            CreateTime = createTime;
        }
        public long getHot() {
            return hot;
```

```
        }
        public void setHot(long hot) {
            this.hot = hot;
        }
        public String getImageUrl() {
            return imageUrl;
        }
        public void setImageUrl(String imageUrl) {
            this.imageUrl = imageUrl;
        }
        @Override
        public String toString() {
            return "Goods{" +
                    "id=" + id +
                    ", typeId=" + typeId +
                    ", name='" + name + '\'' +
                    ", price=" + price +
                    ", qty=" + qty +
                    ", saleQty=" + saleQty +
                    ", city='" + city + '\'' +
                    ", info='" + info + '\'' +
                    ", CreateTime=" + CreateTime +
                    ", hot=" + hot +
                    ", imageUrl='" + imageUrl + '\'' +
                    '}';
        }
    }
```

（4）在 com.mall.dao 包节点上单击鼠标右键，新建 Java 类，类名为 GoodsDao。Goods-Dao 类主要实现以下功能。

①在网上商城系统数据库的 goods 表中增加一条商品信息，如果成功，返回 true，如果失败，返回 false。

在 addGoods 方法中，首先构造执行插入命令的 SQL 语句，在 SQL 语句中所有需要传递的参数用占位符"？"来表示，通过调用 DBUtil 类中已封装的通用执行更新方法将入参 Goods 对象的属性依次为每个占位符赋值，并执行 SQL 命令。SQL 命令执行完成后返回该 SQL 命令影响的行数，如果行数大于 0，则该方法返回 true，否则该方法返回 false。具体实现的源代码如下：

```
public boolean addGoods (Goods goods) {
        try {
                String sql = "insert into goods(tID,gdName,gdPrice,gdQuantity,gdIn-
fo,gdAddTime) values(?,?,?,?,?,?)";
                Object[] params= {goods.getTypeId(),goods.getName(),goods.get-
Price(),goods.getQty(), goods.getInfo(),goods.getCreateTime()};
                int rows=executeUpdate(sql, params);
                if(rows>0) {
                        System.out.println(" 添加成功 !!");
                        return true;
                }
        } finally {
                closeResource();
        }
        return false;
}
```

对 addGoods 方法进行测试, 在 main 方法中创建 Goods 类的对象 goods, 为 goods 的各个属性赋值, 最后调用 addGoods 方法, 测试代码如下所示:

```
public static void main(String[] args) {
        GoodsDao dao = new GoodsDao();
        // 新增
        Goods goods = new Goods();
        goods.setTypeId(1);
        goods.setName(" 包包 ");
        goods.setPrice(100.00f);
        goods.setQty(10);
        goods.setSaleQty(0);
        goods.setCity(" 西安市 ");
        goods.setInfo("");
        goods.setCreateTime( new Timestamp( System.currentTimeMillis() ) );
        goods.setHot(1);
        goods.setImageUrl("");
        dao.addGoods(goods);
}
```

执行 main 方法后, 测试结果如图 8.19 所示。刷新 goods 表中记录可以看到表中已显示新增商品信息。

GoodsDao ×

```
"D:\Program Files\Java\jdk1.8.0_91\bin\java.exe" ...
添加成功!!|
```

	gdID	tID	gdName	gdPrice	gdQuantity	gdSaleQty	gdCity	gdInfo
1	1	1	迷彩帽	63	1500	29	长沙	透气夏天棒
2	3	2	牛肉干	94	200	61	重庆	牛肉干一般
3	4	2	零食礼包	145	17900	234	济南	养生零食
4	5	1	运动鞋	400	1078	200	上海	运动，健原
5	6	5	咖啡壶	50	245	45	北京	一种冲煮咖
6	8	1	A字裙	128	400	200	长沙	2016秋季新
7	9	5	LED小台灯	29	100	31	长沙	皮克斯LED
8	10	3	华为P9_PLUS	3980	20	7	深圳	【华为官方
9	12	1	包包	100	10	0	西安	

图 8.19　测试结果 1

②在网上商城系统数据库的 goods 表中根据商品 ID 删除某条商品的信息,如果成功,返回 true,如果失败,返回 false。

在 deleteGoods 方法中,首先构造执行删除命令的 SQL 语句,在 SQL 语句中所有需要传递 gdID 的参数值用占位符"?"来表示,通过调用 DBUtil 类中已封装的通用执行更新方法用入参 id 为占位符赋值,并执行 SQL 命令。SQL 命令执行完成后返回该 SQL 命令影响的行数,如果行数大于 0,则该方法返回 true,否则该方法返回 false。具体实现的源代码如下:

```java
public boolean deleteGoods(long id) {
    try {
        String sql = "delete from goods where gdID=?";
        Object[] params = {id};
        int i=executeUpdate(sql, params);
        if(i>0)          {
            System.out.println(" 删除成功 !!");
            return true;
        }
    } finally {
        closeResource();
    }
    return false;
}
```

对 deleteGoods 方法进行测试,在 main 方法中调用 deleteGoods 方法,将待删除的商品 ID 值作为方法入参,测试代码如下所示:

```
public static void main(String[] args) {
        GoodsDao    dao = new GoodsDao();
        // 删除 gdID=12 的记录
        dao.deleteGoods(12);
}
```

执行 main 方法后,测试结果如图 8.20 所示。刷新 goods 表中记录可以看到表中商品 ID 为 12 的商品记录已被成功删除。

	gdID	tID	gdName	gdPrice	gdQuantity	gdSaleQty	gdCity	gdInfo
1	1	1	迷彩帽	63	1500	29	长沙	透气夏天帽
2	3	2	牛肉干	94	200	61	重庆	牛肉干一般
3	4	2	零食礼包	145	17900	234	济南	养生零食
4	5	1	运动鞋	400	1078	200	上海	运动、健身
5	6	5	咖啡壶	50	245	45	北京	一种冲煮咖
6	8	1	A字裙	128	400	200	长沙	2016秋季新
7	9	5	LED小台灯	29	100	31	长沙	皮克斯LED
8	10	3	华为P9_PLUS	3980	20	7	深圳	【华为官方

图 8.20 测试结果 2

③在网上商城系统数据库的 goods 表中根据商品 ID 修改某个商品的名称,如果成功,返回 true,如果失败,返回 false。

在 updateGoods 方法中首先构造执行更新命令的 SQL 语句,在 SQL 语句中所有需要传递的参数用占位符"?"来表示,通过调用 DBUtil 类中已封装的通用更新方法,使用入参 Goods 对象的属性值顺序为每个占位符赋值,并执行 SQL 命令。SQL 命令执行完成后返回该 SQL 命令影响的行数,如果行数大于 0,则该方法返回 true,否则该方法返回 false。具体实现的源代码如下:

```
public boolean updateGoods(Goods goods) {
        try {
                String sql="update goods set gdName=? where gdID=?";
                Object[] params= {goods.getName(),goods.getId()};
                int i=executeUpdate(sql, params);
                if(i>0)           {
                        System.out.println(" 更新成功 !!");
                        return true;
                }
        } finally {
                closeResource();
        }
        return false;
}
```

对 updateGoods 方法进行测试，在 main 方法中创建 Goods 类的对象 goods，为 goods 的 gdID 和 gdName 属性赋值，最后调用 updateGoods 方法，测试代码如下所示：

```java
public static void main(String[] args) {
    GoodsDao   dao = new GoodsDao();
    // 更新
    Goods goods = new Goods();
    goods.setId(10);
    goods.setName(" 豆浆机 ");
    dao.updateGoods(goods);
}
```

执行 main 方法后，测试结果如图 8.21 所示。刷新 goods 表中记录可以看到表中商品 ID 为 10 的商品的名称已更新为"豆浆机"。

	gdID	tID	gdName	gdPrice	gdQuantity	gdSaleQty	gdCity	gdInfo
1	1	1	迷彩帽	63	1500	29	长沙	透气夏天棉
2	3	2	牛肉干	94	200	61	重庆	牛肉干一斩
3	4	2	零食礼包	145	17900	234	济南	养生零食
4	5	1	运动鞋	400	1078	200	上海	运动，健康
5	6	5	咖啡壶	50	245	45	北京	一种冲煮咖
6	8	1	A字裙	128	400	200	长沙	2016秋季新
7	9	5	LED小台灯	29	100	31	长沙	皮克斯LED
8	10	3	豆浆机	3980	20	7	深圳	【华为官方

图 8.21　测试结果 3

④在网上商城系统数据库的 goods 表中根据商品 ID 查询商品的名称、库存数量、所在城市。

在 getGoodsById 方法中，首先构造执行查询命令的 SQL 语句，在 SQL 语句中所有需要传递的 gdID 的参数值用占位符"?"来表示，通过调用 DBUtil 类中已封装的通用执行查询方法用入参 id 为占位符赋值，并执行 SQL 命令。SQL 命令执行完成后返回满足条件的结果集，结果集中包含了查询的商品的名称、库存数量、所在城市等信息。具体实现的源代码如下：

```java
public Goods getGoodsById (long id) {
    Goods goods = new Goods();
    try {
        String sql="SELECT * FROM goods WHERE gdID=? ";
        Object[] params= {id};
        ResultSet rs = executeSQL(sql, params);
        while(rs.next()){
            int gdID=rs.getInt("gdID");
            String gdName= rs.getString("gdName");
            int gdQuantity=rs.getInt("gdQuantity");
```

```
                    String gdCity= rs.getString("gdCity");
                    System.out.println(gdName+"\t"+gdQuantity+"\t"+gdCity);
                    goods.setId(gdID);
                    goods.setName(gdName);
                    goods.setQty(gdQuantity);
                    goods.setCity(gdCity);
                    break;
                }
        } catch (SQLException e) {
            // TODO Auto-generated catch block
            e.printStackTrace();
        }finally {
            closeResource();
        }
        return goods;
    }
```

对 getGoodsById 方法进行测试,在 main 方法中调用 getGoodsById 方法,将待查询的商品 ID 值作为方法入参,测试代码如下所示:

```
public static void main(String[] args) {
        GoodsDao    dao = new GoodsDao();
        dao.getGoodsById(10);
}
```

执行 main 方法后,能正常查询到商品 ID 为 10 的商品的名称、库存数量、所在城市等信息,测试结果如图 8.22 所示。

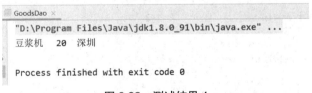

图 8.22　测试结果 4

⑤对网上商城系统数据库的 orders 表和 ordersDetail 表进行关联查询,打印输出指定订单的详细信息,包括订单 ID、下单时间、订单金额、商品 ID、购买数量、商品评价和评价时间。

在该任务中,主要涉及多表关联查询的 Java 实现。其中,orders 表和 ordersDetail 表是一对多的关联关系,即:一个订单会有多条订单详细信息。因此,首先需要分别创建两张表的 JavaBean 实体类 Order 和 OrderDetail,实体类中的属性需要与表的字段信息一一对应。

Order 类定义如下所示：

```java
package com.mall.entity;
import java.sql.Date;

public class Order {
    private long id;
    private long userID;
    private Date time;
    private float totalAmount;
    private String address;
    public long getId() {
        return id;
    }
    public void setId(long id) {
        this.id = id;
    }
    public long getUserID() {
        return userID;
    }
    public void setUserID(long userID) {
        this.userID = userID;
    }
    public Date getTime() {
        return time;
    }
    public void setTime(Date time) {
        this.time = time;
    }
    public float getTotalAmount() {
        return totalAmount;
    }
    public void setTotalAmount(float totalAmount) {
        this.totalAmount = totalAmount;
    }
    public String getAddress() {
        return address;
    }
}
```

```java
    public void setAddress(String address) {
        this.address = address;
    }
    @Override
    public String toString() {
        return "Order{" +
                "id=" + id +
                ", userID=" + userID +
                ", time=" + time +
                ", totalAmount=" + totalAmount +
                ", address='" + address + '\'' +
                '}';
    }
}
```

OrderDetail 类定义如下所示:

```java
package com.mall.entity;
import java.sql.Date;

public class OrderDetail {
    private long id;
    private long orderId;
    private long goodsId;
    private long salesNum;
    private String eval;
    private Date evalTime;
    public long getId() {
        return id;
    }
    public void setId(long id) {
        this.id = id;
    }
    public long getOrderId() {
        return orderId;
    }
    public void setOrderId(long orderId) {
        this.orderId = orderId;
```

```java
    }
    public long getGoodsId() {
        return goodsId;
    }
    public void setGoodsId(long goodsId) {
        this.goodsId = goodsId;
    }
    public long getSalesNum() {
        return salesNum;
    }
    public void setSalesNum(long salesNum) {
        this.salesNum = salesNum;
    }
    public String getEval() {
        return eval;
    }
    public void setEval(String eval) {
        this.eval = eval;
    }
    public Date getEvalTime() {
        return evalTime;
    }
    public void setEvalTime(Date evalTime) {
        this.evalTime = evalTime;
    }
    @Override
    public String toString() {
        return "OrderDetail{" +
                "id=" + id +
                ", orderId=" + orderId +
                ", goodsId=" + goodsId +
                ", salesNum=" + salesNum +
                ", eval='" + eval + '\"' +
                ", evalTime=" + evalTime +
                '}';
    }
}
```

接下来分析多表关联查询所需打印输出的信息。其中，订单 ID、下单时间、订单金额来自 orders 表，商品 ID、购买数量、商品评价和评价时间等信息来自 ordersDetail 表。基于以上分析可知，需要从 Order 类中获取 id、time、totalAmount 等属性，从 OrderDetail 类中获取 goodsId、salesNum、eval、evalTime 等属性。因此，要将这两个类的属性进行整合。可以创建 com.mall.view 包，并在包中创建两个类 OrderView 和 OrderDetailView。

在 OrderDetailView 类中定义 OrderDetail 实体类中需要打印输出的属性，包括 orderId、goodsId、salesNum、eval、evalTime 等属性，OrderDetailView 类的具体定义如下：

```java
package com.mall.view;
import java.sql.Date;

public class OrderDetailView {
    private long id;    //OrderDetail 类中的 orderId
    private long goodsId;
    private long salesNum;
    private String eval;
    private Date evalTime;
    public long getId() {
        return id;
    }
    public void setId(long id) {
        this.id = id;
    }
    public long getGoodsId() {
        return goodsId;
    }
    public void setGoodsId(long goodsId) {
        this.goodsId = goodsId;
    }
    public long getSalesNum() {
        return salesNum;
    }
    public void setSalesNum(long salesNum) {
        this.salesNum = salesNum;
    }
    public String getEval() {
        return eval;
```

```
        }
        public void setEval(String eval) {
            this.eval = eval;
        }
        public Date getEvalTime() {
            return evalTime;
        }
        public void setEvalTime(Date evalTime) {
            this.evalTime = evalTime;
        }
        @Override
        public String toString() {
            return "OrderDetailView{" +
                    "id=" + id +
                    ", goodsId=" + goodsId +
                    ", salesNum=" + salesNum +
                    ", eval='" + eval + '\"' +
                    ", evalTime=" + evalTime +
                    '}' + "\n";
        }
    }
```

在 OrderView 类中定义 Order 实体类中需要输出打印的属性,包括: id、time、total-Amount。由于需要整合 Order 和 OrderDetail 两个类的属性,而一个 Order 对象会包含多个 OrderDetail 对象,因此需要在 Order 类中定义一个 List 类型的集合对象,将 List 的泛型指定为 OrderDetail 类,表示一个包含多个 OrderDetail 的 List 对象。同样,该属性也需要定义 setXxx() 和 getXxx() 方法。OrderView 类的具体定义如下:

```
package com.mall.view;
import java.sql.Date;
import java.util.List;

public class OrderView {
    private long id;
    private Date time;
    private float totalAmount;
    private List<OrderDetailView> details;
    public long getId() {
```

```java
            return id;
        }
        public void setId(long id) {
            this.id = id;
        }
        public Date getTime() {
            return time;
        }
        public void setTime(Date time) {
            this.time = time;
        }
        public float getTotalAmount() {
            return totalAmount;
        }
        public void setTotalAmount(float totalAmount) {
            this.totalAmount = totalAmount;
        }
        public List<OrderDetailView> getDetails() {
            return details;
        }
        public void setDetails(List<OrderDetailView> details) {
            this.details = details;
        }
        @Override
        public String toString() {
            return "OrderView{" +
                    "id=" + id +
                    ", time=" + time +
                    ", totalAmount=" + totalAmount +
                    ", \n details=[" + details + "]" +
                    '}';
        }
    }
```

　　最后，在 com.mall.dao 包中创建 OrderDao 类，并在该类中实现 Order 和 OrderDetail 类关联查询输出打印的方法。定义方法 searchOrdersWithDetail(long orderID)，该方法中的重点内容是 SQL 语句和结果集中需处理部分的处理逻辑。其中，SQL 语句需要使用 orders 表和 ordersDetail 表的内连接，连接条件是 orders 表和 ordersDetail 表的 ID 属性值相等。对于查询结果集的打印输出部分,需要将其中的 orders 表和 ordersDetail 表的属性分别封装到 OrderView 和 List<OrderDetailView> 的对象中,最后打印输出 OrderView 的对象 oView,具体实现的源代码如下所示:

```java
public void searchOrdersWithDetail( long orderID ) {
        try {
                // ①构造 SQL 语句,使用声明来执行 SQL 语句
                String sql = "select o.oID as ID, o.oTime as Time, o.oTotal as Total, " +
                        " d.odID as odID, d.gdID as gdID, d.odNum as Num, d.dEvalu-
tion as Eval, d.odTime as EvalTime " +
                        " from orders o " +
                        " inner join ordersDetail d on o.oID = d.oID " +
                        " where o.oID=?";
                Object[] params= {orderID};
                rs = executeSQL(sql, params);
                // ②返回结果,打印输出
                OrderView oView = new OrderView();
                List<OrderDetailView>   detailViewList = new  ArrayList<OrderDetail-
View>();

                oView.setDetails( detailViewList );
                while (rs.next()) {
                    oView.setId(rs.getLong("ID"));
                    oView.setTime(rs.getDate("Time"));
                    oView.setTotalAmount(rs.getFloat("Total"));

                    OrderDetailView detail = new OrderDetailView();
                    detail.setId(rs.getLong("odID"));
                    detail.setGoodsId(rs.getLong("gdID"));
                    detail.setSalesNum(rs.getLong("Num"));
                    detail.setEval(rs.getString("Eval"));
                    detail.setEvalTime(rs.getDate("EvalTime"));
                    detailViewList.add( detail );
                }
                System.out.println( oView );
        } catch (SQLException e) {
                e.printStackTrace();
        } finally {
                closeResource();
```

```
        }
    }
```

对 searchOrdersWithDetail 方法进行测试，在 main 方法中调用 searchOrdersWithDetail 方法，将待查询的订单 ID 值作为方法入参，测试代码如下所示：

```
public static void main(String[] args) {
    OrderDao dao = new OrderDao();
    dao.searchOrdersWithDetail(1);
}
```

执行 main 方法后，能正常查询到订单 ID 为 1 的订单 ID、下单时间、订单金额、商品 ID、购买数量、商品评价和评价时间。测试结果如图 8.23 所示。

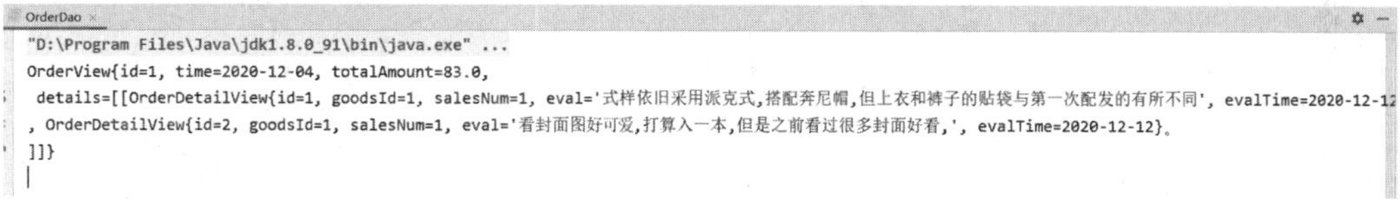

```
OrderDao
"D:\Program Files\Java\jdk1.8.0_91\bin\java.exe" ...
OrderView{id=1, time=2020-12-04, totalAmount=83.0,
 details=[[OrderDetailView{id=1, goodsId=1, salesNum=1, eval='式样依旧采用派克式,搭配奔尼帽,但上衣和裤子的贴袋与第一次配发的有所不同', evalTime=2020-12-12
 , OrderDetailView{id=2, goodsId=1, salesNum=1, eval='看封面图好可爱,打算入一本,但是之前看过很多封面好看,', evalTime=2020-12-12}。
]]}
```

图 8.23　测试结果 5

【思政小贴士】

案例： 在企业真实项目开发过程中，往往需要团队协作来完成一个项目，正如在设计数据库时，单张表实现的功能往往是有限的，多张表组合起来便能够实现一个复杂的系统功能。当代大学生在平时的学习实践中，要注重培养自己与他人和谐相处的能力，培养自身的团队协作精神；步入职场后，也要与同事一起协同攻关、合作共赢。

8.6　本章小结

本章重点讲解了 JDBC API 中主要的类与接口，以及 Java 程序连接和访问数据库的五个基本步骤；并通过两个项目案例演示了如何利用 Java 程序的 JDBC 接口实现数据库表的增、删、改、多表关联查询等基本操作。

本章的关键知识点主要包括：①了解 JDBC API 主要的类和接口；②理解 JDBC 驱动程序的作用；③掌握 JDBC 连接数据库的主要步骤以及 JDBC API 中主要的类和接口的用法。

学习的关键技能点主要包括：①使用 IntelliJ IDEA 创建 Java 项目和加载驱动程序；②使用 JDBC 连接数据库并实现数据库表的增、删、改、多表关联查询等基本操作。

8.7 知识拓展

1. 使用 JDBC 进行批处理

在实际的项目开发中,有时候需要向数据库发送一批需要执行的 SQL 语句,这时应避免向数据库一条条发送,而应采用 JDBC 的批处理机制,以提升执行效率。

JDBC 实现批处理有 Statement 和 PreparedStatement 两种方式。

1)使用 Statement 完成批处理

(1)操作步骤。

步骤 1:使用 Statement 对象添加要批量执行的 SQL 语句,代码如下所示:

```
Statement.addBatch(sql1);
Statement.addBatch(sql2);
Statement.addBatch(sql3);
```

步骤 2:执行批处理 SQL 语句:

```
Statement.executeBatch();
```

步骤 3:清除批处理命令:

```
Statement.clearBatch();
```

(2)采用 Statement.addBatch(sql) 方式实现批处理的优缺点。

优点:可以向数据库发送多条不同的 SQL 语句。

缺点:SQL 语句没有预编译。当向数据库发送多条语句相同、仅参数不同的 SQL 语句时,需重复写很多条 SQL 语句。

2)使用 PreparedStatement 完成批处理

(1)操作步骤。

步骤 1:使用 PreparedStatement 对象添加要批量执行的 SQL 语句,如下所示:

```
PreparedStatement st = conn.prepareStatement(sql);
st.addBatch();
st.addBatch();
st.addBatch();
```

步骤 2:执行批处理 SQL 语句:

```
PreparedStatement.executeBatch();
```

步骤 3:清除批处理命令:

```
PreparedStatement.clearBatch();
```

（2）采用 PreparedStatement.addBatch() 方式实现批处理的优缺点。

优点：发送的是预编译后的 SQL 语句，执行效率高。

缺点：只能应用在 SQL 语句相同但参数不同的批处理中。因此，此种形式的批处理经常用于在同一个表中批量插入数据，或批量更新表的数据。

2. 在 JDBC 中使用事务

当 JDBC 驱动程序向数据库提交一个 Connection 对象时，默认情况下这个 Connection 对象会自动向数据库提交在它上面发送的 SQL 语句。若想关闭这种默认提交方式，让多条 SQL 在一个事务中执行，可使用下列 JDBC 控制事务语句：

```
Connection.setAutoCommit(false);// 开启事务 (start transaction)
Connection.rollback();// 回滚事务 (rollback)
Connection.commit();// 提交事务 (commit)
```

在 JDBC 代码中演示银行转账案例，使转账操作在同一事务中执行如下两条命令：

```
update account set money=money-100 where name='A';
update account set money=money+100 where name='B';
```

示例代码如下：

```
package me.gacl.demo;

import java.sql.Connection;
import java.sql.PreparedStatement;
import java.sql.ResultSet;
import java.sql.SQLException;
import me.gacl.utils.JdbcUtils;
import org.junit.Test;

/**
* @ClassName: TransactionDemo1
* @Description:
* JDBC 中使用事务来模拟转账
    create table account(
        id int primary key auto_increment,
        name varchar(40),
        money float
    );
    insert into account(name,money) values('A',1000);
    insert into account(name,money) values('B',1000);
```

```
        insert into account(name,money) values('C',1000);
*/
public class TransactionDemo1 {
    /**
    * @Method: testTransaction1
    * @Description: 模拟转账成功时的业务场景
    */
    @Test
    public void testTransaction1(){
        Connection conn = null;
        PreparedStatement st = null;
        ResultSet rs = null;
        try{
            conn = JdbcUtils.getConnection();
            conn.setAutoCommit(false);// 通知数据库开启事务 (start transaction)
            String sql1 = "update account set money=money-100 where name='A'";
            st = conn.prepareStatement(sql1);
            st.executeUpdate();
            String sql2 = "update account set money=money+100 where name='B'";
            st = conn.prepareStatement(sql2);
            st.executeUpdate();
            conn.commit();// 上面的两条 SQL 执行 Update 语句成功之后就通知数
据库提交事务 (commit)
            System.out.println(" 成功！！ ");
        }catch (Exception e) {
            e.printStackTrace();
        }finally{
            JdbcUtils.release(conn, st, rs);
        }
    }
```

8.8　章节练习

1. 选择题

（1）【单选题】下面的选项加载 MySQL 驱动正确的是（　　　）。

A. Class.forname("com.mysql.JdbcDriver");

B. Class.forname("com.mysql.jdbc.Driver");

C. Class.forname("com.mysql.driver.Driver");

D. Class.forname("com.mysql.jdbc.MySQLDriver");

（2）【单选题】Java 中的 String 类型对应数据库中（　　）类型。

A. CHAR

B. VARCHAR

C. FLOAT

D. DATE

（3）【单选题】下列（　　）不是 JDBC 用到的接口和类。

A. System

B. Class

C. Connection

D. Statement

（4）【单选题】有关 Connection 描述错误的是（　　）。

A. Connection 是 Java 程序与数据库建立的连接对象，这个对象只能用来连接数据库，不能执行 SQL 语句

B. JDBC 的数据库事务控制要靠 Connection 对象完成

C. Connection 对象使用完毕后要及时关闭，否则会对数据库造成负担

D. 只有 MySQL 和 Oracle 数据库的 JDBC 驱动程序需要创建 Connection 对象，其他数据库的 JDBC 程序不用创建 Connection 对象即可执行 CRUD 操作

（5）【单选题】JDBC 中，可以使用（　　）对象来防止 SQL 注入。

A. Statement

B. SQLStatement

C. PreparedStatement

D. MySQLStatement

（6）【单选题】使用 Connection 的（　　）方法可以建立一个 PreparedStatement 接口。

A. createPrepareStatement()

B. prepareStatement(sql)

C. createPreparedStatement()

D. preparedStatement()

（7）【单选题】下面的描述错误的是（　　）。

A. Statement 的 executeQuery() 方法会返回一个结果集

B. Statement 的 executeUpdate() 方法会返回是否更新成功的 boolean 值

C. Statement 的 execute () 方法会返回 boolean 值，含义是是否返回结果集

D. Statement 的 executeUpdate() 方法会返回 int 类型的值，含义是 DML 操作影响记录数

（8）【多选题】JDBC 多表关联查询的结果集（　　）。

A. 通过构建一个 Map 返回

B. 构建一个包含多表数据的 view 类,通过 view 对象封装数据返回

C. 利用数组接收数据进行返回

D. 无法返回多表数据

(9)【多选题】下列选项有关 ResultSet 说法错误的是(   )。

A. ResultSet 是查询结果集对象,如果 JDBC 执行查询语句没有查询到数据,那么 ResultSet 将会是 null 值

B. 判断 ResultSet 是否存在查询结果集,可以调用它的 next() 方法

C. 如果 Connection 对象关闭,那么 ResultSet 也无法使用

D. ResultSet 有一个记录指针,指针所指的数据行叫作当前数据行,初始状态下记录指针指向第一条记录

2. 判断题

(1)JDBC 驱动程序是 JDBC API 在各个数据库上的具体实现。(   )

(2)PreparedStatement 继承自 Statement。(   )

(3)数据库表之间为一对多的关系时,映射到 Java 类中,在一的一方对应的 Java 类中维护多的一方的数据,可以使用 List 这种数据结构。(   )

(4)JDBC 访问数据库的步骤:①加载一个 Driver 驱动;②创建数据库连接 Connection;③创建 SQL 命令发送器 Statement,通过 Statement 发送 SQL 命令并得到结果;④处理结果,封装数据;⑤关闭数据库资源。(   )

(5)养成好的编程习惯,应在不需要 Statement 对象和 Connection 对象时显式关闭它们。(   )

3. 简答题

(1)什么是 JDBC,什么时候会用到它?

(2)请用自己的语言描述什么是 JDBC ResultSet。

(3)什么是 SQL 注入?

(4)试比较使用 Java 连接数据库与使用 SQLyog 等图形化工具操作数据库的异同。

(5)在 JDBC 执行多表关联查询时,除了可以创建 view 类封装多表数据外,还有其他方法可以获取到多表关联查询结果吗?

拓展篇

第9章 GaussDB 数据库管理系统

> **本章学习目标**
>
> **知识目标**
> - 了解华为云数据库的背景、演进历史和多款华为云数据库产品。
> - 掌握华为云数据库 GaussDB（for openGauss）和 GaussDB（for MySQL）的架构、功能、特点和行业应用场景。
>
> **技能目标**
> - 掌握使用华为云 GaussDB（for MySQL）数据库实现数据库实例和弹性公网 IP 的购买，以及常用的数据库运维操作。
>
> **态度目标**
> - 培养学生以客户为中心的职业精神和精益求精的创新精神。

本章主要介绍了华为云数据库的发展背景、技术演进过程和华为云数据库 GaussDB 全生态产品；重点介绍华为云数据库 GaussDB（for openGauss）和 GaussDB（for MySQL）的架构、功能、特点和行业应用场景；通过案例演示华为云 GaussDB（for MySQL）实例和弹性公网 IP 的购买和运维操作，以及 JDBC 连接的操作流程。

9.1 华为云数据库

数据库在企业中有着重要的地位和应用，数据库技术革新正在打破现有秩序，云数据库、分布式数据库、多模数据库是未来主要发展趋势，华为 GaussDB 数据库在鲲鹏生态中是主力场景之一。本节重点介绍华为云数据库的发展背景、技术演进过程和多种产品形态。

9.1.1 华为云数据库介绍

云计算、大数据、物联网、人工智能等技术的发展，促进了云数据库的诞生。云数据库的目标就是让数据库在"云"上运行，如果让人去做这个事情，就是在"云"上购买一个虚拟机，把数据库部署上去并启动运行,然后远程的应用程序就可以连接这个数据库。如果数据库出现故障,则需要查看日志以及手动恢复。因此,为了防止数据丢失,需要定期进行数据备份。基于这样的想法,华为云上的第一个数据库 HWSQL 应运而生,它实际上就是把购买虚拟机、安装部署数据库以及故障恢复、数据库备份、设备监控等运维工作通过自动化方式提供给客户,从而实现按需付费、按需扩展、高可用以及存储整合等优势。

华为云数据库 RDS(Relational Database Service)是一种基于云计算平台的稳定可靠、弹性伸缩、便捷管理的在线云数据库服务。云数据库 RDS 服务具有完善的性能监控体系和多重安全防护措施,并提供了专业的数据库管理平台,让用户能够在"云"上轻松地设置和扩展云数据库。通过云数据库 RDS 服务的管理控制台,用户无须编程就可以执行所有必需任务,其简化了运营流程,减少了日常运维工作量,从而使用户能够专注于开发应用和发展业务。

目前,华为云数据库产品已经服务了超过 500 家大型政企客户,其客户遍布金融、电信、能源、交通、物流、电商等行业和政府部门。

针对华为云数据库的优势,专家总结出了以下三点:服务企业的基因、全面均衡的产品、优秀的软硬件结合底层支撑。

1. 服务企业的基因

与如今许多以个人业务起家的互联网公司不同,华为自诞生起 30 多年以来一直扎根于运营商、企业,在企业客户领域有着相当丰富的服务经验。

比如在企业数据存储上,有云盘和本地盘两种存储方式,其中本地盘在 24×365 长时间运行下很容易出问题,云盘的数据可靠性更高。多年经验使华为深知对企业而言数据可靠性是最重要的一环,所以华为在云数据库服务方案选型阶段就选择了云盘存储,而许多云商最初存储数据使用的是本地盘,随后才提供云盘存储。细节之处以小见大,华为奉行"以客户为中心",华为云正是其践行这一企业文化的最佳示例。

2. 全面均衡的产品

与许多领域不同的是,云服务讲究的是"木桶理论",此前就出现过云商丢失客户千万级数据的事故,一旦出现这种事故,对于客户而言,其结果是灾难性的。

华为下大力气做云服务,提供从软件到硬件的全面且均衡的企业级服务。以数据库为例,软件方面,华为在国内外有多个研究所和实验室,主攻数据库架构、数据库内核、数据库分布式技术研究;硬件方面,华为有国内领先的专门从事数据库研发的工程师团队,研发投入规模在国内首屈一指。出众的一软一硬,不仅为客户提供了更全面且更可靠的云数据库服务,也保证了华为云的顺利腾飞。

3. 优秀的软硬件结合底层支撑

还是以云数据库为例,它分为三部分:数据库、算力、存储。在这三方面,华为云都做到了他人难以企及的高度。数据库方面,华为具有数据库研究室级别的内核与架构设计能力;算力方面,基于"鲲鹏 + 昇腾"的自研芯片,其多样化组合让算力有巨大的突破;存储方面,华为很早的时候就开发了新一代的存储架构,实现了数据的高可靠性。

9.1.2 华为云数据库演进

华为进军数据库领域,始于 2001 年。再往后发展,华为数据库的历史基本上可以分为以下三个阶段。

(1)第一阶段:2001—2011 年,内部自用阶段。其间,自 2007 年开始,华为开始研究数据库技术原型,主要围绕公司的电信业务展开,研发了分布式内存数据库,并应用于自身业务。

(2)第二阶段:2011—2019 年,联合创新阶段。华为于 2011 年启动 GaussDB 内核开发,并于 2012 年成立实验室,打造自己的"诺亚方舟"。在 2014 年和 2017 年先后推出了企业级的分布式 OLAP(联机分析处理)数据库和分布式 OLTP(联机事务处理)数据库产品。

(3)第三阶段:2019 年之后,华为数据库正式进入产业化阶段。2019 年 5 月,华为面向全球正式发布了以 GaussDB 为品牌的企业级分布式数据库,开启了与合作伙伴打造数据库产业生态的道路。

2020 年 7 月 20 日,在华为云 TechWave 技术峰会上,华为正式发布两大战略性数据库新品,包括关系型数据库 GaussDB(for MySQL)和非关系型数据库 GaussDB NoSQL 系列,这标志着华为数据库的战略性升级,其依托华为公有云和华为云 Stack 全面布局云数据库。

2020 年 9 月 17 日,华为又在关系型领域正式推出了 GaussDB(for openGauss)等新品,以统一的架构面向政企客户,提供高性能、高可靠、高安全的云服务。

9.1.3 华为云数据库产品

由于云、AI、5G 等技术的驱动,数据库行业迎来了新的需求。依托华为云与华为云 Stack,通过全栈软硬件优化,华为云 GaussDB 以统一的架构,支持关系型与非关系型的数据库引擎,为客户提供了高效稳定的使用体验,并衍生出了关系型和非关系型数据库、数据库工具类服务等众多数据库产品。

华为云数据库总体可以分为关系型数据库和非关系型数据库。对于关系型数据库,有企业生产交易的 OLTP 数据库和企业分析的 OLAP 数据库。针对 OLTP 应用场景,华为推出云数据库 GaussDB(for MySQL)和 GaussDB(for openGauss)。其中,GaussDB(for open-Gauss)基于 openGauss 生态持续发展,而 GaussDB(for MySQL)则 100% 兼容 MySQL 等开放生态,便于应用迁移和开发,保护客户的数据;针对 OLAP 应用场景,华为则推出数据仓库服务 GaussDB(DWS)。对于非关系型数据库,华为云推出 GaussDB NoSQL 多模融合技术,目前有 GaussDB(for Mongo)、GaussDB(for Cassandra)、GaussDB(for Redis)、GaussDB(for InfluxDB)等主流 NoSQL 协议接口,具备多模数据管理能力。华为云数据库产品如表9-1 所示。

表 9-1　华为云数据库产品

数据库分类	数据库产品	功能描述
关系型数据库	云数据库 GaussDB（for open-Gauss）（华为自研）	应用于金融、电信等行业和政府部门的关键核心系统和高性能场景
	云数据库 GaussDB（for MySQL）（华为自研）	中大型企业生产系统（高性能,大数据容量）,例如金融、互联网等
	云数据库 RDS for MySQL	开源 MySQL 业务上"云",享受云数据库的安全、弹性、高可用,降低企业 TCO
	云数据库 RDS for PostgreSQL	开源 PostgreSQL 业务上"云",享受云数据库的安全、弹性、高可用,降低企业 TCO
	云数据库 RDS for SQL Server	企业用户微软生态上"云",满足高可靠数据业务需求
非关系型数据库	云数据库 GaussDB（for Mongo）（华为自研）	应用于游戏（装备、道具）、泛互联场景
	云数据库 GaussDB（for Cassandra）（华为自研）	泛互联网日志数据存储（并发写入量大,存储容量高）,工业互联网数据存储（写入规模大;存储容量大）
	云数据库 GaussDB（for Influx）（华为自研）	工业互联网时序数据、用户银行流水数据、物联网数据存储（时序）
	云数据库 GaussDB（for Redis）（华为自研）	Key-Value 存储模式,应用于互联网场景
	文档数据库服务 DDS	兼容 MongoDB 协议,应用于游戏（装备、道具）、泛互联网场景
数据库生态工具 & 中间件	数据复制服务 DRS	用于数据库在线迁移和数据库实时同步
	数据管理服务 DAS	数据库一站式开发,DBA 智能运维,企业流程审批,享受便捷、智能、安全、高效的数据库管理手段
	数据库和应用迁移 UGO	异构数据库迁移,数据库对象 DDL 的 SQL 转化和应用 SQL 转化
	分布式数据库中间件 DDM	配套 RDS for MySQL 的分库分表场景

【思政小贴士】

案例:华为数据库,以客户为中心,做坚实的数据底座,共创行业新未来

华为云数据库的核心竞争力,即"三驾马车",具体内容如下。

以客户为中心。更加贴合客户需求去服务是华为云数据库的核心服务理念,华为一直服务于企业,无论是大企业还是小企业。华为拥有贴近客户服务的意识,更加了解企业的需求与痛点,可以有针对性地用技术为企业解决难题。

全栈的整合能力。华为云数据库正向云化数据库服务拓展,将数据库软件与底层硬件、CPU、网络、存储芯片等垂直整合,发挥出软硬件结合后的整体最大优势。这对于拥有公有云全栈技术解决方案的华为来说,更容易做到。与此同时,华为云从"芯"打造软硬件全栈技术,发挥"云 + 联接"优势,能够为企业客户提供开放互通、敏捷灵活的混合云和多云部署方案。

深厚的技术积累。华为自 2001 年开始,就开启了一些嵌入式数据库以及数据库软件的开发。发展至今天,目前已经拥有了国内一流的数据库专家团队,具备强大的内核研发和技术运维能力。

9.2 GaussDB(for openGauss)

GaussDB(for openGauss)是华为结合自身技术积累推出的全自研新一代企业级分布式数据库,支持集中式和分布式两种部署形态,应用于金融、电信等行业和政府部门的关键核心系统和高性能场景。

9.2.1 GaussDB(for openGauss)总体架构

GaussDB(for openGauss)定位为企业级云分布式数据库,主要采用分布式架构,在架构上着重构筑传统数据库的企业级能力和互联网分布式数据库的高扩展和高可用能力。它是华为基于 openGauss 自研生态推出的企业级分布式关系型数据库,该产品具备企业级复杂事务混合负载、支持分布式事务强一致、同城跨 AZ 部署、数据零丢失、支持 1000+ 扩展能力、支持 PB 级海量存储等企业级数据库特性,同时拥有"云"上高可用、高可靠、高安全、弹性伸缩、一键部署、快速备份恢复、监控告警等关键能力,能为企业提供功能全面、稳定可靠、扩展性强、性能优越的企业级数据库服务。同时,华为开源 openGauss 单机主备社区版本,鼓励更多伙伴、开发者共同繁荣中国数据库生态。GaussDB(for openGauss)分布式形态整体架构如图 9.1 所示。

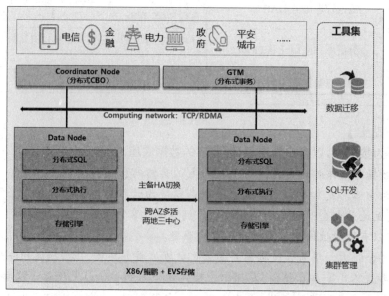

图 9.1　GaussDB(for openGauss)分布式形态整体架构

GaussDB（for openGauss）整体架构包含以下组件。

（1）CN（Coordinator Node），即协调节点。负责接收来自应用的访问请求，并向客户端返回执行结果；负责分解任务，并调度任务分片在各 DN 上并行执行。

（2）DN（Data Node），即数据节点。负责存储业务数据、执行数据查询任务以及向 CN 返回执行结果。

（3）GTM（Global Transaction Management）节点，即全局事务管理节点。它是保证分布式事务的组件，主要负责生产全局唯一序列号，保证全局事务一致性。

（4）CM，即集群管理节点。主要由 cm_server 和 cm_agent 组成，当系统中有实例出现异常的时候，cm_agent 收集获取异常状态，cm_server 下发主备切换等异常处理策略。

（5）OM，运维管理模块。提供集群日常运维、配置管理的接口、工具。

（6）etcd 组件。用于存储集群各个实例的状态信息。

GaussDB（for openGauss）分布式架构的经典部署形态主要包括独立部署和混合部署。其中，混合部署是在一个物理节点上交叉部署不同实例的部署形态，对外只体现数据库节点；独立部署是在每个数据库节点上只部署一个数据库实例的部署形态。混合部署适用于每个物理节点资源配置都比较高，部署多个实例可以让资源得到充分利用的架构，独立部署适用范围刚好相反。

GaussDB（for openGauss）的技术路线是先内核开源，然后联合数据库发行商、数据库服务商、云数据库、高校等共同构建数据库生态。

9.2.2　GaussDB（for openGauss）的关键特性及优点

1.GaussDB（for openGauss）的关键特性

1）高性能分布式并行执行框架

分布式并行计算是 GaussDB（for openGauss）产品的核心特性。分布式并行计算的最大优势就是把算子下推到各个 DN 并发执行。当业务应用下发给 CN 时，CN 利用数据库的优化器生成执行计划，然后将执行计划下发到各个 DN 上，每个 DN 会按照执行计划的要求去处理数据。DN 节点并行计算，涉及其他节点的数据时，通过 Streaming 算子完成数据聚合。DN 将执行结果返回给 CN 进行汇总，CN 将汇总后的结果返回给业务应用。

因为数据是通过一致性 Hash 技术均匀分布在每个节点上的，因此 DN 在处理数据的过程中，可能需要从其他 DN 获取数据，GaussDB 提供了三种 Streaming 流（广播、聚合和重分布）来减少数据在 DN 间的流动。

2）分布式一致性的处理技术 GTM-Lite

GTM-Lite 技术可以在保证事务全局强一致的同时，提供高性能事务处理能力，避免了单 GTM 的性能瓶颈。这里的高性能事务处理指的是无锁、多版本、高并发事务技术。而且分布式的 GTM-Lite 方案提供全局事务快照和提交号管理，实现强一致性，且无中心节点性能瓶颈。

GTM 通过原子操作下发 csn 号，各个节点间的事务交互只需要一个 csn 号，降低了节点间网络交互的开销。GTM 节点也是主备多副本，无中心节点性能瓶颈。

3）基于 NUMA-Aware 实现高性能事务处理

GaussDB（for openGauss）基于华为鲲鹏服务器的多核 CPU 架构，其硬件环境做过特有的优化。针对全局数据结构 NUMA 化改造，其主要实现了 NUMA 绑核、NUMA 分区化，降低了 CPU 冲突，同时数据库 wal 日志也可以并行操作。此外，在关键指令方面也做了优化，主要涉及 NUMA-Aware 自旋锁、保护全局位置索引等优化，提高指令效率。

4）集群 HA，并行回放实现极致 RTO，多层级冗余实现系统无单点故障

GaussDB（for openGauss）通过日志流水线、批量回放和 Block 级物理并行恢复等关键技术，使得日志回放效率大幅提升，实现大压力下 RTO 小于 10 s 的极致高可靠。GaussDB（for openGauss）通过硬件冗余、实例冗余、数据冗余，实现整个系统无单点故障和高可用。

其中，多层级冗余主要是指从物理硬件到数据库各种实例，都做了冗余存储，实现了真正意义上的无单点故障。硬件层的冗余技术包括存储磁盘 RAID 冗余、网络双交换机冗余、多网卡冗余、主机 UPS 电源保护。软件层的冗余技术包括协调节点 CN 实例多活冗余、数据节点 / 全局事务管理 / 集群管理器实例 Active-Standby 冗余。

5）跨 AZ/Region 容灾的高可用技术

GaussDB（for openGauss）支持同城双 AZ、两地三中心、异地多活等容灾方式。

同城双 AZ 是指通过数据复制，保证两个 AZ 下数据库双活，当遇到 AZ 级故障后，另外一个 AZ 快速切换提供服务。其不足是当自然灾害场景同时覆盖到两个 AZ 时，无法选择。

两地三中心是指在同城 AZ 的基础上增加了一个异地容灾副本，其不足是有一定的额外开销且容灾副本无法提供实时的业务服务。

异地多活是当前规划的版本，能够有效解决以上两种方案的不足，且时效性和可靠性都有所提高。

6）scale out 的高扩展能力

GaussDB（for openGauss）支持在业务不中断的情况下的在线扩容，当前支持最大扩展到 256 个节点，扩展比大于 0.9，资源利用率很高。

在扩容的过程中，通过 hashbucket 聚集存储，扩容过程中以 bucket 为单位快速迁移；然后用多轮追增的方式，补齐重分布过程中的增量数据，对表持锁时间非常短，可以做到在线业务基本不感知。

2. GaussDB(for openGauss)的优点

1）性能卓越

GaussDB（for openGauss）在交易事务处理方面，通过 NUMA-Aware 技术大幅度降低单节点内 CPU 跨核的内存访问时延，同时结合分布式 GTM-Lite 的分布式强一致与轻量化事务快照，将单节点和分布式性能提升了五倍。

在复杂查询性能方面，它主要通过分布式全并行架构提供极致的吞吐量性能。首先，通过 MPP 节点并行，把执行计划动态均匀分布到所有节点；其次，利用 SMP 算子级并行，将单节点内的多个 CPU 核心做并行计算；最后，通过指令级并行，实现一个指令同时操作多条数据，进而大幅度降低查询时延。

2）金融级高可用

GaussDB（for openGauss）为金融政企客户提供同城 AZ 内高可用、跨 AZ 高可用、异地

跨 Region 的两地三中心容灾等多种高可用方案,满足金融级监管要求。GaussDB(for open-Gauss)通过独有的 Switch Turbo 技术保障同城 AZ 内单点故障 10 秒内切换,保障业务的可靠性和可用性。

3)弹性扩展

GaussDB(for openGauss)具备在线弹性扩展能力,提供 1000+ 超大分布式集群的能力。单集群分片扩展支持数据自动在线完成重分布操作,提供 PB 级海量事务型存储扩展能力,可以轻松应对海量高并发数据处理和复杂查询场景的考验。

4)数据安全可靠

传统云数据库只能实现数据的传输与存储态加密,GaussDB(for openGauss)作为业界首款纯软全密态数据库,提供强大的数据库安全保障能力,可实现数据从传输、计算到存储的全程加密,从用户认证、角色管理、对象访问控制、动态脱敏、统一审计、全密态等多维度来守护系统和数据安全,解决数据库"云"上隐私泄露及第三方信任问题。

5)AI-Native 自治,管理智能高效

GaussDB(for openGauss)将 AI 技术融入分布式数据库的全生命周期,可以实现数据库智能调优、索引推荐、自诊断、自运维等能力,协助 DBA 降低运维难度,大幅提升管理效率。

其中,在参数自调优中,当前,它已经覆盖了 500+ 重点参数,通过深度强化学习与全局调优算法,结合不同业务负载模型进行针对性调优,相比 DBA 人工根据经验调优,在性能提升 30% 的同时,将耗费时间从天缩短到分钟级。在智能索引推荐中,通过启发式推荐算法,实现了语句级和负载级智能索引推荐,将效率从小时级提升到秒级,并在 benchmark 测试中将实测性能提升了约 40 倍。

9.2.3　GaussDB(for openGauss)的行业应用

GaussDB(for openGauss)主要应用于以下几方面。

1. 交易型应用

GaussDB(for openGauss)适合大并发、大数据量、以联机事务处理为主的交易型应用,如在政务、金融、电商、O2O、电信 CRM/ 计费等领域的应用,其支持高扩展、弹性扩缩,应用时可按需选择不同的部署规模。

2. 详单查询

GaussDB(for openGauss)具备 PB 级数据负载能力,通过内存分析技术满足海量数据边入库边查询要求,适用于安全、电信、金融、物联网等行业的详单查询业务。

9.3　GaussDB(for MySQL)

GaussDB(for MySQL)云数据库是华为公司自研的最新一代企业级高扩展海量存储分布式云原生数据库,完全兼容 MySQL 8.0。GaussDB(for MySQL)是基于华为最新一代 DFV(Data Function Virtualisation)存储软件架构支撑的云数据库,采用计算存储分离架构,实现 128TB 的海量存储,无须分库分表,实现数据零丢失。它是鲲鹏生态中的核心产品之

一,既拥有商业数据库的高可用性和高性能,又具备开源数据库的低成本效益。

9.3.1 GaussDB(for MySQL)总体架构

1. 云原生数据库

"云"上的计算与存储之间的数据通信需要经过网络,即"计算存储分离",相比于使用PCIe总线的本地存储设备,"网络 IO"成为传统 RDS 数据库直接上"云"的性能瓶颈。使用超高性能的存储设备,比如 SSD、RDMA 网络甚至计算存储直连,可以在一定程度上提高数据库性能,但随之而来的却是成本的提高。以 AWS Aurora 为代表,包括 GaussDB(for MySQL)在内的云原生数据库应运而生。之所以称它们为云原生数据库,是因为它们的设计人员在设计之初就清晰地认识到云"计算存储分离"的特点,优化架构,让数据库在"计算存储分离"的环境中仍然提供与本地存储相当甚至更高的性能。MySQL"计算存储分离"的架构如图 9.2 所示。

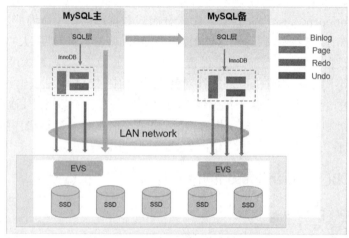

图 9.2　MySQL"计算存储分离"的架构

从图 9.2 中可以看出,主备之间的复制线程会消耗较多的计算资源,EVS 存储服务本身提供的是三份副本,进行可靠性保障,而主备库又是独立的数据 copy,冗余严重,计算向存储写入的数据本身又很多,包括双份的数据页、预写日志(redo log)还有 binlog,加上 SSD的写放大,性能会大打折扣。另外,数据的冗余和 MySQL 本身的一些特点,也造成了添加只读实例慢、主备复制延迟高和备份恢复慢的情况。

2. GaussDB(for MySQL)架构

GaussDB(for MySQL)的设计核心在于以"redo everything"的方式减少计算、存储之间的数据量,同时以共享存储的方式消除数据冗余。计算写入存储的只有少量的 redo 日志,存储层持久化并回放 redo 日志到数据页面,按需返回数据页面给计算层,同一集群内的主节点和只读实例共享同一份数据,数据的可靠性由华为新一代高性能存储服务 DFV 提供。GaussDB(for MySQL)的架构如图 9.3 所示。

GaussDB(for MySQL)整体架构自下而上分为三层。

（1）SQL Node 基于开源 MySQL 8.0，在语法上完全兼容 MySQL。主节点处理所有的写请求，产生 redo 日志并写入存储层；只读实例可以处理读请求，由于计算层是无状态的，只读实例可以快速在线升主，添加和删除只读实例也非常快。

（2）SAL 是存储抽象层，负责 redo 日志的高效分发和读取，数据页组织为 slice 分片，分布在各个 slice server 节点；每个数据页都有至少三份副本，每个副本保证存储在不同的 slice server 节点上；redo 日志根据所属的数据页被分发到各个 slice server 节点。

（3）存储层则负责为数据库实例分配和维护 slice 分片，保证数据库实例之间的数据隔离，存储、解析 redo 日志，并修改、保存数据页面，处理读页面请求，将数据页面返回给计算节点。

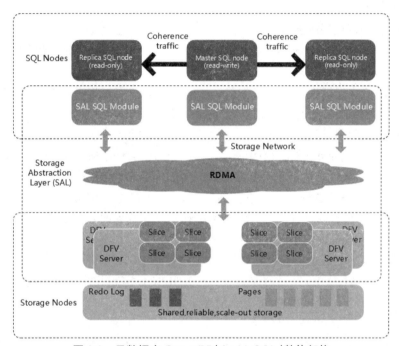

图 9.3　云数据库 GaussDB（for MySQL）整体架构

9.3.2　GaussDB(for MySQL) 的核心技术及优点

1. GaussDB（for MySQL）的核心技术

GaussDB（for MySQL）是国产数据库，它除了具有传统数据库管理系统的功能及特点外，还具有其独特的核心技术，具体如下。

1）100% 兼容开源 MySQL 生态

GaussDB（for MySQL）100% 兼容 MySQL 8.0 数据库对象和语法，全面支持 PL/SQL 语法，应用代码改动少，应用迁移周期短，开发人员学习成本低，降低了新业务开发周期。

2）软硬垂直优化，性能达到开源数据库的 7 倍，最大 1 写 15 读

GaussDB（for MySQL）深度优化数据库内核，同时采用物理复制、RDMA 高速网络和分布式共享存储，性能大幅提高。集群包含 1 个主节点和最多 15 个只读节点，满足高并发场景对性能的要求，尤其适用于读多写少的场景。基于共享存储的一写多读集群，数据只需要

一次修改,所有节点立即生效。

3)基于华为自研 DFV 分布式存储,海量存储

底层存储按需付费,最大 128TB,自动扩容,业务无感知。计算存储仅通过日志实现持久化,IO 精简,网络开销相比传统方式减少 86%。

4)跨 AZ 部署高可用,数据安全可靠

GaussDB(for MySQL)这个特性在国内以及对比友商都是领先的,它能做到跨 3AZ 部署,任何一个节点故障都不会给业务带来致命影响,故障切换速度达到 10 秒以内,做到数据零丢失。采用白名单、VPC 网络、数据多副本存储等全方位的手段,为数据库数据访问、存储、管理等各个环节提供安全保障。

5)做到只读节点的分钟级扩展

GaussDB(for MySQL)采用容器虚拟化技术和共享的分布式块存储技术,使得数据库服务器的 CPU、内存能够快速扩容,配置升降级 5 分钟生效。

此外,增减节点也能在 5 分钟内生效,动态增减节点,可以提升性能或节省成本。使用集群地址,可以屏蔽底层的变化,应用对于增减节点无感知。

6)快速备份恢复

GaussDB(for MySQL)采用快照的方式备份,相比传统的 MySQL 物理备份,整个备份的恢复时间提高了数倍。基于底层存储系统的多时间点特性,不需增量日志回放,可直接实现按时间点回滚。备份及恢复逻辑下沉到各存储节点,本地访问数据并直接与第三方存储系统交互,实现高并发、高性能。通过异步数据拷贝及按需实时数据加载机制,GaussDB(for MySQL)实例可在数分钟内达到完整功能可用。

7)并行查询,最大限度提升资源利用率,加快复杂 BI 分析

GaussDB(for MySQL)针对实时检索、复杂 BI SQL 定制并行查询功能,这一功能开启后相同的多表关联查询速度能提高 10 倍有余。

2.GaussDB(for MySQL)的优点

GaussDB(for MySQL)是计算与存储分离、云化架构的关系型数据库管理系统,它具有如下特点。

1)超高性能

GaussDB(for MySQL)融合了传统数据库、云计算与新硬件技术等多方面技术,采用云化分布式架构,一台服务器每秒能够响应的查询次数(Query Per Second, QPS)可达百万级。支持高吞吐、强一致的事务管理,性能接近于原生 MySQL 的 7 倍,支持读/写分离,自动负载均衡。

2)高扩展性

GaussDB(for MySQL)基于华为最新一代 DFV 存储,采用计算存储分离架构,支持只读副本、快速故障迁移和恢复,主机与备机共享存储,存储量可达 128TB;通过分布式和虚拟化技术大大提升了 IT 资源的利用率,自动化分库、分表,拥有"应用透明开放架构"特性,可随时根据业务情况增加只读节点,扩展系统的数据存储能力和查询分析性能,即容量和性能可按照用户的需求进行自动扩展。

3)高可靠性

GaussDB(for MySQL)具有高可用的跨 AZ 部署方案,支持数据透明加密,还支持自动

数据全量、增量备份,一组数据拥有三份副本,可做到数据零丢失,安全可靠。

4)高兼容性

GaussDB(for MySQL)完全兼容 MySQL,原有 MySQL 应用无须任何改造便可运行;并在兼容 MySQL 的基础上,针对性能进行了高度优化,提升了数据库管理系统的性能,同时改善了交互环境,有非常友好的用户工作界面,用户进行数据库操纵时更方便、快捷。

5)超低成本

GaussDB(for MySQL)既拥有商业数据库的高可用性,又具备开源低成本效益;开箱即用,也可选择性地按需使用,无论是大中型数据库用户,还是中小型数据库的所有者,都可以找到满足自己需求的云数据库服务。

6)易开发

GaussDB(for MySQL)兼容 SQL2003 标准,支持存储过程和丰富的 API(如 JDBC、ODBC、Python、C-API、Go),为数据库应用系统开发提供了便利;有一定关系型数据库基础和编程经验的用户可毫无障碍地快速进入,即便零基础的用户也能够很容易地熟悉、学会相关数据库管理技术。

9.3.3　GaussDB(for MySQL)的行业应用

1. 金融行业

金融行业对于数据安全和可靠性有非常严格的要求,RPO 即数据恢复点目标,主要指业务系统所能容忍的数据丢失量。RTO 即恢复时间目标,主要指所能容忍的业务停止服务的最长时间,也就是从灾难发生到业务系统恢复服务功能所需要的最短时间周期。RPO=0 和 RTO≈0 的诉求一直以来都是商业数据库的领地。GaussDB(for MySQL)既拥有商业数据库的稳定可靠性,又拥有开源数据库的灵活性和低成本。

GaussDB(for MySQL)在解决金融行业痛点问题方面的主要优势表现在以下几个方面。

(1)100% 兼容 MySQL,应用无须改造,Gauss DB(for MySQL)采用最新一代计算与存储分离架构、分布式共享存储,数据强一致性,保证数据不丢失。平滑上"云"。

(2)保证存储数据强一致性,RPO=0。

(3)RTO≈0,可实现故障实时转移,秒级切换。

2. 保险行业

保险业务对于数据库的诉求主要有以下几个,GaussDB(for MySQL)则提供了相应的解决方案。

(1)要求高性能:客户上线业务为保险核心业务,这块业务需要数据库具备高并发、大表查询的能力,尤其是对接互联网和渠道的业务,对数据库性能要求很高。在保单的批量下单场景方面,GaussDB(for MySQL)凭借其强大的性能完美支撑业务核心交易场景。

(2)要求极致可靠性:保险行业监管极其严格,绝对不能接受数据丢失,故障恢复需要达到秒级,可靠性和可用性是核心诉求。GaussDB(for MySQL)凭借存储计算分离架构的天然优势,保证数据的强一致性,同时做到秒级故障切换。

(3)要求兼容性:客户新开发系统适配过 MySQL,所以需要一款能完全兼容 MySQL 的分布式数据库。GaussDB(for MySQL)无论是语法、函数还是生态工具都可以做到完全兼容,客户无须做修改即可迁移上"云"。

（4）要求海量存储：保险行业业务量是巨大的，磁盘空间需求在数个 TB 级别，传统的 MySQL无法满足。GaussDB（for MySQL）凭借架构上的天然优势，最大支持 128TB 海量存储，能完美满足保险行业业务对海量数据存储的要求。

3. 互联网行业

互联网行业的发展经常呈爆发式，业务波动、变化频繁，流量高峰难以预测。GaussDB（for MySQL）凭借其强大的弹性能力，特别契合这一行业的特点。GaussDB（for MySQL）在解决互联网行业痛点问题方面的主要优势表现在以下几个方面。

1）快速添加只读

GaussDB（for MySQL）支持 1 写 15 读，分钟级添加只读实例，满足性能水平扩展需求。

2）在线升级规格

GaussDB（for MySQL）可在线对节点进行规格变更，满足性能垂直扩展需求。

3）海量数据存储

容量按需使用，最大达 128TB。

4. 华为内部业务上"云"和数字化转型

华为消费者业务支撑了全球超过上亿客户的同时访问，大家熟知的如华为手机、手环、手表、应用市场、运动健康等相关业务都是华为消费者业务的重要组成部分。

如此庞大的业务、海量数据的存储、超高并发访问都是数据库面临的挑战，比如华为手机相关模块的数据量达到数百个 TB 级别，并发访问量也高达百万 QPS，相关的核心交易系统需要支持跨 AZ 部署，在跨 AZ 部署的同时还要求 RTO 小于 10 秒。

面对这些巨大挑战，GaussDB（for MySQL）凭借强大的性能，灵活的扩展性，跨 AZ 高可用等能力支撑了整个消费者业务的迁移上"云"。华为消费者业务数据库顺利迁移到 GaussDB（for MySQL），也证明了它足以满足任何高要求的企业级场景。

9.4 项目案例分析——图书馆管理系统

9.4.1 情景引入

图书馆管理系统主要通过信息化手段管理不同种类的图书信息，从而让读者在系统中高效查阅所需的图书信息，方便读者借阅和归还图书。本节以图书馆管理系统为项目案例，以华为云 GaussDB（for MySQL）为实验环境，演示实验环境建设、数据库的基本操作以及应用程序的开发等功能。

9.4.2 任务目标

（1）任务一：GaussDB（for MySQL）实验环境建设，主要包括华为云上 GaussDB（for MySQL）数据库实例的购买、安装、配置、绑定公网 IP 等相关任务。

（2）任务二：建立图书馆管理系统数据模型。

（3）任务三：使用 GaussDB（for MySQL）数据库创建图书馆管理系统数据库、创建表、插入数据。

（4）任务四：使用 GaussDB（for MySQL）数据库实现读者借书、还书、查询图书信息等功能。

（5）任务五：开发 Java 应用程序，连接 GaussDB（for MySQL）数据库，实现读者借书和还书的功能。

9.4.3　任务实施

1. 任务一实施过程

1）购买 GaussDB（for MySQL）数据库

（1）登录华为云，https://www.huaweicloud.com/（图 9.4）。

进入华为云官网，输入账号密码，登录。

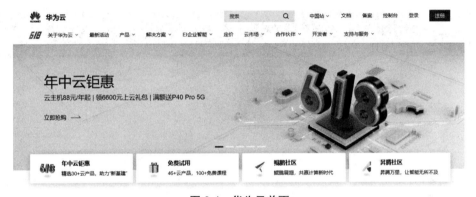

图 9.4　华为云首页

（2）购买华为云 GaussDB（for MySQL）数据库。

进入控制台，点击服务列表，选择云数据库 GaussDB（图 9.5）。

图 9.5　GaussDB（for MySQL）

（3）进入数据库购买界面（图9.6）。

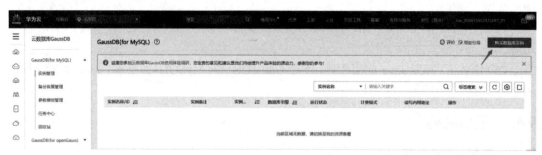

图9.6　进入数据库购买界面

（4）配置数据库，选择按需计费→华东 - 上海—，规格选择 16 核 /64GB（视具体情况选择），其余默认即可（图9.7），并输入数据库密码（图9.8）。

图9.7　配置数据库

276

主节点数量	1
只读节点数量	− 1 + ②
存储设置	购买时无需选择存储容量，存储费用按照实际使用量每小时计费。 ②

虚拟私有云、子网、安全组与实例关系。

虚拟私有云	vpc-default ▾ C subnet-default(192.168.0.0/24) ▾ C 自动分配IP地址 ▾ 查看已使用IP地址 ②

目前GaussDB实例创建完成后不支持切换虚拟私有云，请谨慎选择所属虚拟私有云。如需创建新的虚拟私有云，可前往控制台创建。批量创建数据库实例时，不支持指定IP地址。可用私有IP地址有221个。为确保实例创建成功，请确认子网、IP地址是否充足。

内网安全组	mrs_mrs_Peihua03_FTID ▾ 查看内网安全组 ②

内网安全组可以设置数据库访问策略，内网安全组规则的修改会对相关联的数据库立即生效。

请确保所选安全组规则允许需要连接实例的服务器能访问3306端口。

安全组规则详情 ∨ 设置规则

管理员账户名	root
管理员密码	●●●●●●●●●●●● 　　请妥善管理密码，系统无法获取您设置的密码内容。
确认密码	●●●●●●●●●●●●

参数模板	Default-GaussDB-for-MySQL 8.0 ▾ C 查看参数模板 ②
表名大小写敏感	是　否　② 创建后无法修改，请谨慎选择。

标签	如果您需要使用同一标签标识多种云资源，即所有服务均可在标签输入框下拉选择同一标签，建议在TMS中创建预定义标签。 C 查看预定义标签
	标签键　　　　标签值
	您还可以添加 20 个标签。

购买数量	− 1 + ② 您还可以创建 200 个数据库实例，包括主实例。如需申请更多配额请点击申请扩大配额。

配置费用 ¥4.74/小时
参考价格，具体扣费请以账单为准。 了解计费详情

图 9.8　输入数据库密码

（5）点击立即购买，在确认页面提交订单（图 9.9）。

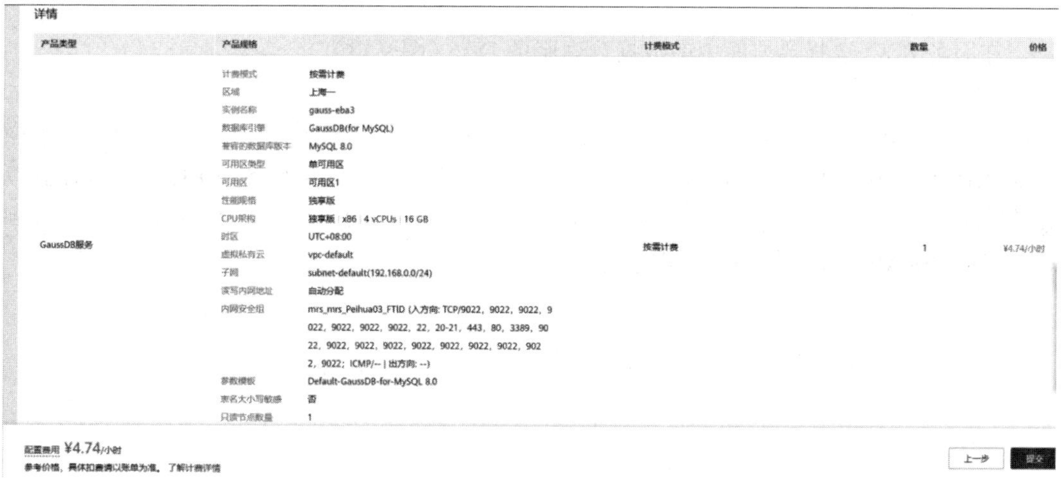

详情					
产品类型	产品规格		计费模式	数量	价格
GaussDB服务	计费模式	按需计费	按需计费	1	¥4.74/小时
	区域	上海一			
	实例名称	gauss-eba3			
	数据库引擎	GaussDB(for MySQL)			
	兼容的数据库版本	MySQL 8.0			
	可用区类型	单可用区			
	可用区	可用区1			
	性能规格	独享版			
	CPU架构	独享版 ｜ x86 ｜ 4 vCPUs ｜ 16 GB			
	时区	UTC+08:00			
	虚拟私有云	vpc-default			
	子网	subnet-default(192.168.0.0/24)			
	读写内网地址	自动分配			
	内网安全组	mrs_mrs_Peihua03_FTID (入方向: TCP/9022, 9022, 9022, 9022, 9022, 9022, 9022, 22, 20-21, 443, 80, 3389, 9022, 9022, 9022, 9022, 9022, 9022, 9022, 9022, 9022; ICMP/--; 出方向: --)			
	参数模板	Default-GaussDB-for-MySQL 8.0			
	表名大小写敏感	否			
	只读节点数量	1			

配置费用 ¥4.74/小时
参考价格，具体扣费请以账单为准。 了解计费详情

上一步　提交

图 9.9　提交订单

（6）提交完成后，返回实例界面（图 9.10）。

任务提交成功！

您的数据库实例gauss-eba3已经开始创建。

返回云数据库GaussDB列表

搭配华为云数据复制服务，轻松迁移上云。

图 9.10　返回实例界面

（7）等待数据库创建（图 9.11）。

图 9.11　等待数据库创建

等待几分钟后，数据库创建成功（图 9.12）。

图 9.12　数据库创建成功

2）配置 DAS 服务

（1）进入 DAS 服务。

在服务列表，选择数据库中的数据管理服务 DAS（图 9.13）。

（2）登录 DAS 服务。

单击"新增数据库实例登录"，在新增数据库登录信息界面中，数据库引擎选择 GaussDB（for MySQL），GaussDB 实例选择刚刚购买的数据库实例，输入用户名和密码，单击"测试连接"，显示连接成功后，单击"立即新增"（图 9.14）。此时在页面中就可以看到 GaussDB（for MySQL）的数据库连接实例了。

图 9.13 选择数据管理服务 DAS

图 9.14 新增数据库登录信息

（3）数据库登录。

单击"登录"按钮（图 9.15），在弹出框（图 9.16）中输入数据库密码。

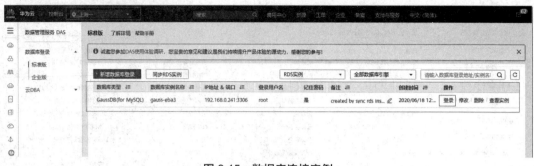

图 9.15　数据库连接实例

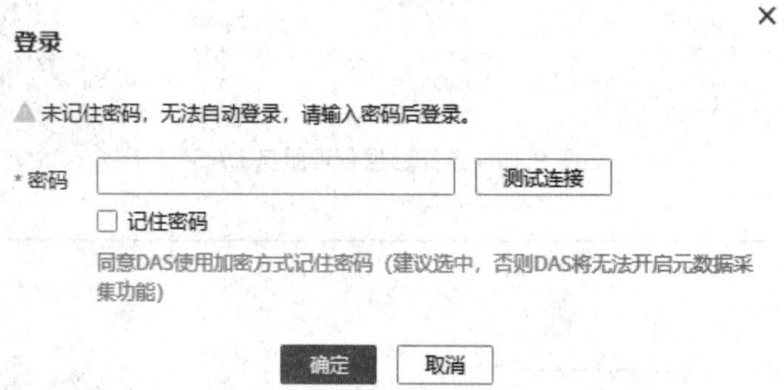

登录　　　　　　　　　　　　　　　　　　　　　　　　　　　×

⚠ 未记住密码，无法自动登录，请输入密码后登录。

* 密码　[　　　　　　　　　　　]　　[测试连接]
　□ 记住密码
　同意DAS使用加密方式记住密码（建议选中，否则DAS将无法开启元数据采集功能）

　　　　　　　[确定]　[取消]

图 9.16　输入数据库密码

（4）单击"测试连接"（图 9.17）。

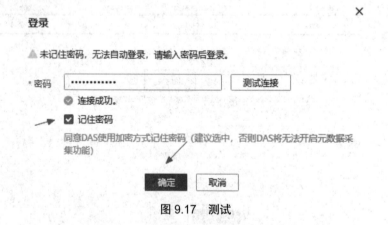

图 9.17　测试

连接成功后，勾选"记住密码"，单击"确定"，回到主界面（图 9.18）。

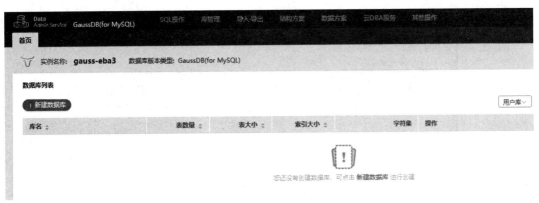

图 9.18　主界面

3）公网 IP 绑定

（1）购买弹性公网 IP，选择弹性公网 IP 服务。在服务列表中选择弹性公网 IP（图 9.19）。

图 9.19　选择弹性公网 IP

（2）单击"弹性公网 IP"，进入弹性公网 IP 控制台（图 9.20）。

图 9.20　弹性公网 IP 控制台

选择弹性公网 IP，单击"购买弹性公网 IP"（图 9.21），进入购买界面。

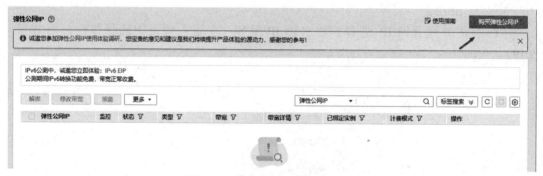

图 9.21　单击"购买弹性公网 IP"

（3）配置弹性公网 IP，区域选择需与数据库实例所在区域一致，这里选择"华东 - 上海—"（视具体情况而定）（图 9.22）。

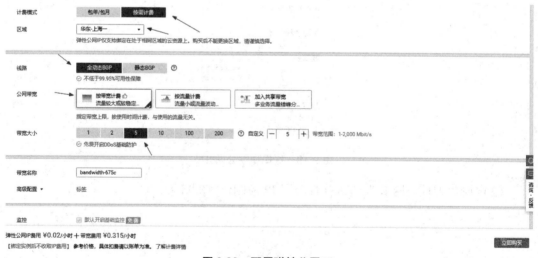

图 9.22　配置弹性公网 IP

（4）单击"立即购买"，在确认购买界面，再次确认信息（图 9.23），然后单击"提交"。

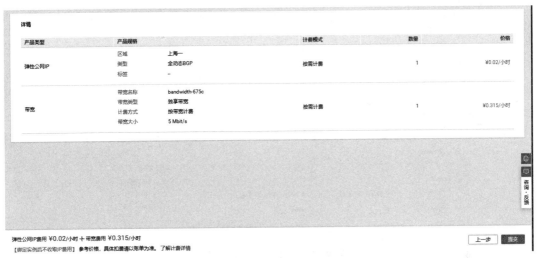

图 9.23　确认购买信息

（5）等待一会儿，弹性公网 IP 即购买成功（图 9.24）。

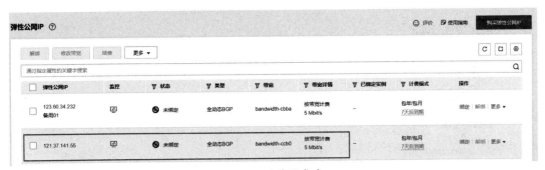

图 9.24　购买成功

4）绑定 GaussDB（for MySQL）数据库

（1）进入 GaussDB（for MySQL）概览界面，在数据库实例信息界面中单击数据库实例名称（图 9.25）。

图 9.25　单击数据库实例名称

（2）进入数据库实例概览界面，下拉找到网络信息中的"绑定"按钮（图 9.26）。

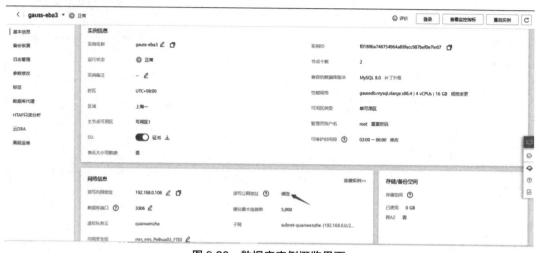

图 9.26　数据库实例概览界面

（3）单击"绑定"，绑定公网 IP，在弹出框中选择要绑定的弹性公网 IP（图 9.27）。

图 9.27　绑定弹性公网 IP

（4）在图 9.27 所示界面中单击"确定"后，右上角会弹出绑定信息（图 9.28）。

图 9.28　弹出绑定信息

（5）弹性公网 IP 绑定成功（图 9.29）。

图 9.29　绑定成功

　　（6）修改安全组（图9.30）（可选），默认安全组并未打开3306端口，需要人为开放3306端口，如果已开放则无须操作。

图 9.30　安全组

　　（7）单击图9.30中"内网安全组"，在弹出的界面中单击"入方向规则"→"添加规则"（图9.31）。

图 9.31　添加规则

　　（8）在 TCP 下方的空白框中输入"3306"，然后单击"确定"（图9.32）。

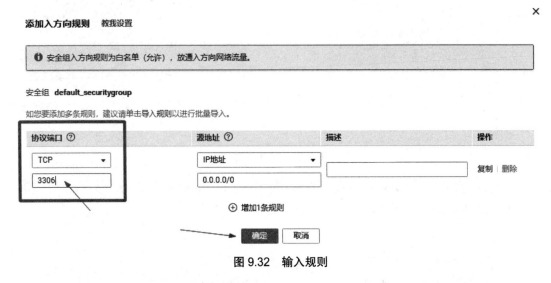

图 9.32　输入规则

完成后可以看到规则中多了一条 3306 端口的规则（图 9.33），之后可以通过其他第三方工具完成远程连接 GaussDB（for MySQL）。

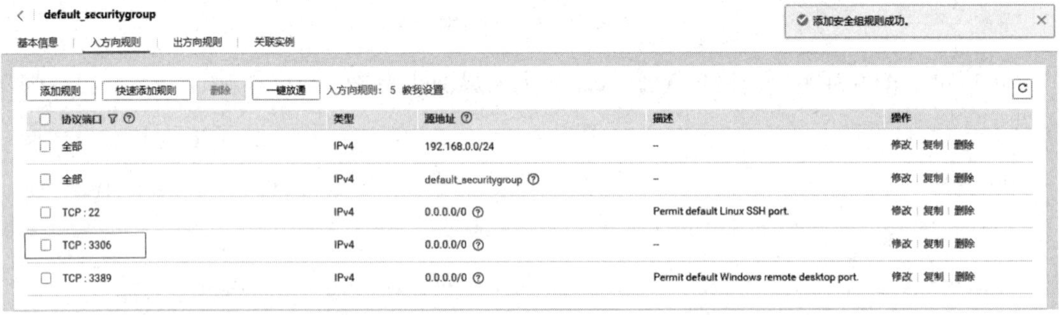

图 9.33　添加完成

2. 任务二实施过程

假设 A 市 B 图书馆为了加强图书信息化管理，引入了华为 GaussDB（for MySQL）数据库。在图书馆管理系统中，主要涉及的对象有借阅者、管理员和图书。本任务中，假设在 B 图书馆管理系统数据库中，借阅者可借阅在馆图书与归还所借图书，管理员可以管理在馆图书。根据此关系，本任务设计了相应的概念模型（E-R 模型）、关系模型和物理模型。

1）图书馆管理系统功能设计

根据图书馆管理系统的功能，用户按角色可划分为借阅者和管理员。下面针对不同角色设计不同功能。本系统用户的功能需求总结如下。

（1）借阅者功能需求。

①图书馆管理系统用户登录和注册功能。

②已注册借阅者根据图书名称查询所有在馆图书功能。

③已注册借阅者根据图书名称查询自己已借阅图书功能。

④在馆图书借阅、已借图书归还功能。

⑤借阅历史查询功能。

⑥用户个人资料查询、修改密码功能。

（2）管理员功能需求。

①图书管理：查询所有图书（精确匹配和模糊匹配）、修改指定图书的信息、删除指定图书、增加图书等。

②读者管理：查询所有读者列表、修改读者的信息、删除读者、增加读者等。

③图书分类管理：查询所有图书分类列表、修改指定图书分类信息、删除图书分类、增加图书分类等。

④图书借阅管理：查看已借阅图书列表、对指定图书进行还书操作。

⑤图书归还管理：查看已归还图书列表。

根据以上图书馆管理系统的功能需求，设计出图书馆管理系统的功能框架，如图 9.34 所示。

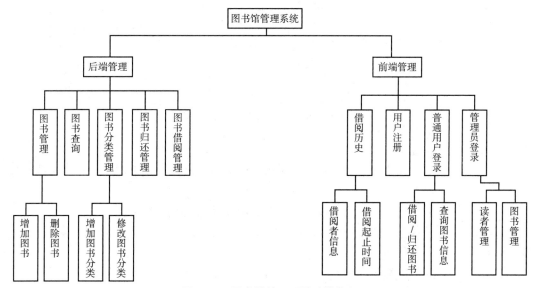

图 9.34　图书馆管理系统功能框架

2）概念模型设计（E-R 模型）

根据图书馆管理系统的功能，抽象出系统中的实体和关联关系。其中实体包括借阅者、管理员、图书、图书分类。

实体间的关联关系如下。

（1）一名管理员可以管理多本图书。

（2）一名管理员可以管理多名借阅者。

（3）一名借阅者可以借阅多本在馆图书，一本在馆图书也可以被多名借阅者借阅。

（4）一个图书分类包含多本图书。

图书馆管理系统的概念模型（E-R 模型）设计如图 9.35 所示。

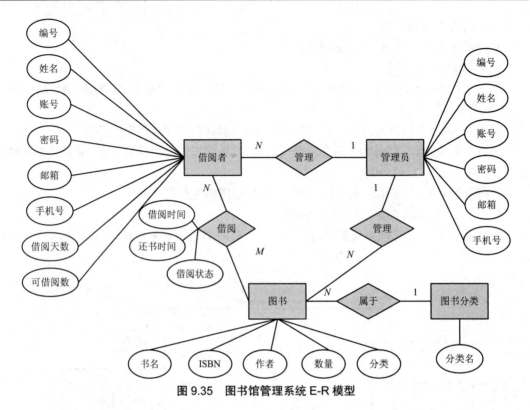

图 9.35 图书馆管理系统 E-R 模型

3）关系模型设计

针对 B 图书馆管理系统中的对象，分别建立属于每个对象的属性集合，具体属性描述如下。

（1）图书（图书编号，书名，ISBN，作者，数量，出版社，分类编号）。

（2）用户（用户编号，姓名，账号，密码，邮箱，手机号，是否为管理员，已借阅数目，最大借阅数）。

（3）借阅历史（借阅编号，用户编号，图书编号，借阅时间，还书时间，借阅状态）。

（4）图书分类（分类编号，分类名）。

4）物理模型设计

根据 B 图书馆管理系统的场景描述，本任务分别针对借阅者 / 管理员（user）、图书（book）、图书分类（booktype）、借阅历史（history）创建对应关系的物理模型，具体如表 9-2 至表 9-5 所示。

表 9-2　user 表的表结构

字段名称	数据类型	长度	是否允许 NULL 值	说明
aid	int	11	否	主键，用户编号
username	varchar	20	否	账号
name	varchar	20	是	姓名

字段名称	数据类型	长度	是否允许 NULL 值	说明
password	varchar	64	是	密码
email	varchar	255	是	邮箱
phone	varchar	20	是	手机号
status	int	2	1	是否为管理员
lend_num	int	11	是	已借阅数目
max_num	int	11	是	最大借阅数目

表 9-3 book 表的表结构

字段名称	数据类型	长度	是否允许 NULL 值	说明
bid	int	11	否	主键,图书编号
name	varchar	205	否	书名
card	varchar	205	否	ISBN
autho	varchar	205	是	作者
num	int	11	否	数量
press	varchar	205	是	出版社
type	varchar	205	是	类型

表 9-4 booktype 表的表结构

字段名称	数据类型	长度	是否允许 NULL 值	说明
tid	int	11	否	主键,分类编号
tname	varchar	20	否	分类名

表 9-5 history 表的表结构

字段名称	数据类型	长度	是否允许 NULL 值	说明
hid	int	11	否	主键,借阅编号
aid	int	11	是	用户编号
bid	int	11	是	图书编号
begintime	char	255	是	借阅时间
endtime	char	255	是	还书时间
status	int	11	是	借阅状态

3. 任务三实施过程

1）表的创建

（1）新建数据库，如图 9.36 所示。

图 9.36　新建数据库

（2）创建图书馆管理系统数据库"library"（图 9.37），单击"确定"，完成创建数据库。

图 9.37　创建图书管理系统数据库"library"

单击库名称，即可进入数据库（图 9.38）。

图 9.38　进入数据库

（3）创建 book 表。

单击"SQL 窗口"，进入 SQL 编辑界面，在 SQL 编辑框中输入如下语句，创建 book 表。

```
# 删除表 book
DROP TABLE IF EXISTS book;
# 创建表 book
CREATE TABLE book
(
    'bid' int(11) NOT NULL AUTO_INCREMENT,
    'name' varchar(205) NOT NULL,
    'card' varchar(205) CHARACTER SET utf8 NOT NULL,
    'autho' varchar(205) DEFAULT NULL,
    'num' int(11) NOT NULL,
    'press' varchar(205) DEFAULT NULL,
    'type' varchar(205) DEFAULT NULL,
    PRIMARY KEY ('bid'),
    UNIQUE KEY 'ISBN' ('card')
);
```

单击"执行 SQL"，完成 SQL 语句执行，如图 9.39 所示。

图 9.39　执行 SQL 语句

单击"刷新",查看表。如图 9.40 所示,book 表已创建成功。

图 9.40 book 创建完成

(4)创建 user 表。

在 SQL 编辑框中输入如下语句,创建 user 表。

```
# 删除表 user
DROP TABLE IF EXISTS user;
# 创建表 user
CREATE TABLE user
(
    'aid' int(11) NOT NULL AUTO_INCREMENT,
    'username' varchar(20) CHARACTER SET gbk COLLATE gbk_bin NOT NULL,
    'name' varchar(20) DEFAULT NULL,
    'password' varchar(64) DEFAULT NULL,
    'email' varchar(255) DEFAULT NULL,
    'phone' varchar(20) DEFAULT NULL,
    'status' int(2) DEFAULT '1',
    'lend_num' int(11) DEFAULT NULL,
    'max_num' int(11) DEFAULT NULL,
    PRIMARY KEY ('aid')
);
```

(5)创建 booktype 表。

在 SQL 编辑框中输入如下语句,创建 booktype 表。

```
# 删除表 booktype
DROP TABLE IF EXISTS booktype;
# 创建表 booktype
CREATE TABLE booktype (
    'tid' int(11) NOT NULL AUTO_INCREMENT,
    'name' varchar(20) NOT NULL,
    PRIMARY KEY ('tid')
);
```

（6）创建 history 表。

在 SQL 编辑框中输入如下语句，创建 history 表。

```
# 删除表 history
DROP TABLE IF EXISTS history;
# 创建表 history
CREATE TABLE history (
    'hid' int(11) NOT NULL AUTO_INCREMENT,
    'aid' int(11) DEFAULT NULL,
    'bid' int(11) DEFAULT NULL,
    'begintime' char(255) DEFAULT NULL,
    'endtime' char(255) DEFAULT NULL,
    'status' int(11) DEFAULT NULL,
    PRIMARY KEY ('hid')
);
```

刷新表信息，如图 9.41 所示，表已经创建成功。

图 9.41 表 history 创建完成

2）表数据的插入

为了实现对表数据的相关操作，本任务需要以执行 SQL 脚本的方式向图书管理系统数据库的相关表插入部分数据。在 SQL 界面执行以下插入数据脚本。

```
insert into 'booktype'('tid','name') values (1,' 大数据 '),(2,' 程序设计 '),(4,' 文学 ');
insert into 'book'('bid','name','card','autho','num','press','type') values (4,'  数  据
库 ','12','1',1,'1',' 大数据 '),(2,' 大数据 ','5','5',5,'5',' 大数据 '),(3,'C 语言程序设计 ','6','4',4,'4','
程序设计 '),(5,' 心灵鸡汤 ','9','9',9,'9',' 文学 ');
insert into 'user'('aid','username','name','password','email','phone','status','lend_num',
'max_num') values (1,' 张三 ','12355678','123','12348','1234558',1,0,5),(2,' 李四 ','13','13','1
3','13',2,13,13),
(4,' 李明 ','456','456','456','456',1,30,5),(5,' 王楠 ','5','5','5','5',1,5,5);
Insert Into 'history'('hid','aid','bid','begintime','endtime','status') values
(1,1,2,'2018-2-10','2018-3-10',0),
(2,1,3, '2018-2-10','2018-2-10',0),
(3,1,2, '2018-2-11','2018-2-11',0),
(4,4,3, '2018-2-11','2018-2-12',0),
(5,1,4, '2018-2-12','2018-2-12',0),
(6,1,4, '2021-0-19','2021-0-19',0),
(7,1,2, '2021-0-19','2021-1-19',1),
(8,1,3, '2021-0-19','2021-1-19',1),
(9,1,5, '2021-0-19','2021-1-19',1);
```

执行结果如图 9.42 所示。

图 9.42　执行结果

4. 任务四实施过程

1）单表查询

查询图书馆管理系统数据库 book 表的所有信息，代码如下。

```
SELECT * from book;
```

执行结果如图 9.43 所示。

图 9.43 单表查询执行结果

2）条件查询

查询图书馆管理系统 book 表中书名为"数据库"的图书的所有信息,具体代码如下。
执行结果如图 9.44 所示。

```
select * from book where name=' 数据库 ';
```

图 9.44 条件查询执行结果

3）分组聚合

查询 book 表中不同分类的图书的数目,具体代码如下。执行结果如图 9.45 所示。

```
select type,count(*) from book group by type;
```

图 9.45 分组聚合执行结果

4)图书借阅

图书借阅功能是根据借阅的图书的图书编号和当前登录的用户的信息,在 history 表中新插入一条记录,且设置该记录的状态 status 为 1,表示已借阅状态,具体 SQL 语句如下所示。

```
Insert Into 'history'('hid','aid','bid','begintime','endtime','status') values
(1,1,2,'2022-6-15','2022-7-15',1);
```

5)图书归还

图书归还功能是更新 history 表中指定 hid 的记录的还书时间 endtime 并将借阅状态 status 设置为 0,具体 SQL 语句如下所示:

```
update history set endtime='2022-6-18',status=0 where hid=1;
```

5. 任务五实施过程

1)使用 JDBC 访问数据库

使用 JDBC 访问数据库的代码中需要设置连接数据库的 IP 地址为已购买并绑定数据库实例的弹性公网 IP(121.37.141.55),JDBC 使用步骤如下。

(1)加载驱动。华为云 GaussDB(for MySQL)需要使用 MySQL 8.0 版本的驱动程序,代码如下:

```
Class.forName("com.mysql.cj.jdbc.Driver");
```

(2)连接数据库,代码如下:

```
String url="jdbc:mysql://121.37.141.55:3306/library?useUnicode=true&characterEncoding=utf-8";
String username = "root";
String password = "123456";
Connection connection = DriverManager.getConnection(url, username, password);
```

(3)向数据库发送 SQL 的对象 Statement,代码如下:

```
Statement statement = connection.createStatement();
```

(4)编写 SQL 语句,代码如下:

```
String sql = "select * from book";
```

(5)执行 SQL 语句,代码如下:

```
ResultSet rs = statement.executeQuery(sql);
```

(6)关闭连接,释放资源,代码如下:

```
rs.close();
statement.close();
connection.close();
```

2）使用 Java 实现读者借书功能

具体代码如下：

```
/**
    * 图书借阅函数,根据图书编号 bid 和用户登录信息,在借阅记录数据表中新插入
一条记录
    * @param bid
    * @param userbean
    */
public void borrowBook(int bid, AdminBean adminbean) {
        BookBean bookbean = new BookBean();
        bookbean = this.get_BookInfo(bid);
        // 生成日期的功能
        Calendar c = Calendar.getInstance();
        int year = c.get(Calendar.YEAR);
        int month = c.get(Calendar.MONTH);
        int day = c.get(Calendar.DATE);
        // 生成借阅开始日期
        String begintime = year+"-"+month+"-"+day;
        month = month + 1;
        // 生成截止还书日期
        String endtime = +year+"-"+month+"-"+day;
        Connection conn = DBUtil.getConnectDb();
        String   sql   =   "insert into history(aid,bid,card,bookname,adminname,user-
name,begintime,endtime,status) values(?,?,?,?,?,?,?,?,?)";
        int rs = 0;
        PreparedStatement stm = null;
        try {
                stm = conn.prepareStatement(sql);
                stm.setInt(1, adminbean.getAid());
                stm.setInt(2, bookbean.getBid());
                stm.setString(3, bookbean.getCard());
                stm.setString(4, bookbean.getName());
                stm.setString(5, adminbean.getUsername());
```

```
                    stm.setString(6, adminbean.getName());
                    stm.setString(7, begintime);
                    stm.setString(8, endtime);
                    stm.setInt(9, 1);
                    rs = stm.executeUpdate();
            } catch (SQLException e) {
                    // TODO Auto-generated catch block
                    e.printStackTrace();
            }
    }
```

3）使用 Java 实现读者还书功能

具体代码如下：

```
    /**
        * 还书功能的函数,根据传入的 hid 借阅记录 id,将 status 字段的值改为 0,并将还
书日期改变为当前日期
        * @param hid
        */
    public void borrowBook2(int hid) {
            // 生成日期
            Calendar c = Calendar.getInstance();
            int year = c.get(Calendar.YEAR);
            int month = c.get(Calendar.MONTH);
            int day = c.get(Calendar.DATE);
            // 生成还书日期
            String endtime = year+"-"+month+"-"+day;
            Connection conn = DBUtil.getConnectDb();
            String sql = "update history set endtime=?,status=? where hid=?";
            PreparedStatement stm = null;
            try {
                    stm = conn.prepareStatement(sql);
                    stm.setString(1, endtime);
                    stm.setInt(2, 0);
                    stm.setInt(3, hid);
                    stm.executeUpdate();
            } catch (SQLException e) {
                    // TODO Auto-generated catch block
```

```
                        e.printStackTrace();
            }
        }
```

9.5　本章小结

本章重点介绍了华为云数据库的发展背景、技术演进过程和华为云数据库 GaussDB 全生态产品；着重介绍了华为云数据库 GaussDB（for openGauss）和 GaussDB（for MySQL）的架构、功能、特点和行业应用场景；通过案例演示华为云 GaussDB（for MySQL）实例和弹性公网 IP 的购买和运维操作，以及 JDBC 连接的操作流程。

9.6　知识拓展

1. 未来数据库发展趋势

目前，数据库领域有六大核心发展趋势，具体如下。

（1）云原生。数据库从设计开始，就要考虑充分利用云的基础设施，利用遍布全球的云服务，提供高可靠的按需、弹性、可自愈的数据库服务。从图 9.46 中可以看出，本地自建数据库、私有云部署数据库和云原生数据库在包含的功能以及运维成本上存在较大的差异。其中，云原生数据库无须购买和安装任何硬件，所有的运维服务都在云上托管，用户更多的是聚焦数据库设计和应用优化。

图 9.46　不同数据库的差异

（2）分布式。单机和分布式界限被打破，使得分布式数据库可以规模更大、性能更高、吞吐能力更强，应用场景更广泛，分布式将是数据库的未来发展趋势。

（3）智能化技术深度融合。随着数据规模越来越大，数据库实例数越来越多，运维和智能化管理的压力也越来越大，这就需要自感知＋自决策＋自恢复＋自优化的智能化运维管理系统。

（4）软硬件一体化。RDMA/RoCE 等新网络技术可以提供低时延、高带宽，使得分布式系统间各个节点的通信成本得到极大降低。

（5）HTAP。交易型业务和分析型业务的融合，能更快对最新数据进行分析，实现实时业务决策。

（6）安全可信技术。即可验证日志、数据隐私保护与安全多方计算、全链路加密。

2. 软件开源的利与弊

1）开源优势

（1）免费。谁能拒绝不要钱的东西，况且很多免费的开源框架已经足够优秀。

（2）透明。开源框架的所有源代码都是公开的，任何人都可以看到。

（3）可更改。大部分开源项目都是自由度很高的 MIT 或 BSD 开源版权，可以按需定制开发。

（4）可协作。Github 是最大的开源项目平台，全球的开发者都可以参与迭代开源项目。

（5）影响力。优秀的开源项目可以提升作者或贡献者在行业内的知名度和影响力。

2）开源劣势

（1）安全隐患。虽然很多优秀的开源项目都由企业或资深专家开发维护，但由于不完全是自己使用，导致贡献者容易疏忽安全性，知名开源项目爆出安全漏洞的例子多不胜数，例如 OpenSSL Heartbleed、Fastjson 远程代码漏洞、Antd 圣诞彩蛋等。

（2）良莠不齐。开源项目开发者、贡献者和维护者可以是任何人，他们各自的经历和专业背景不同，所以必然导致代码或开源项目的质量存在一定的差异。虽然代码规范（Coding Standard）可以规避一些问题，但优秀的项目毕竟是少数，例如托管了几百万项目的 NPM 或 Maven 公共仓库。

（3）学习成本。虽然部分优秀的开源框架有很成熟和完善的文档体系，但大部分还缺乏有效的文档教程支持；即使有了详尽的文档，开发者要阅读学习也需要投入很多时间成本；而大部分付费产品则包含专业技术支持，可以有效帮助开发者节约时间。

（4）持续性问题。优秀的程序员可以开发出高质量的开源项目，但由于开源项目本身并不能带来现金收益，因此很多程序员不愿意长期投入在开源项目上面，导致优秀开源项目得不到持续的维护和迭代。

（5）未知风险。再优秀的框架也会存在风险，由于开源框架初期并没有经历太多的实际业务测试，很多问题无法得到及时修复，因此在使用开源框架的过程中或多或少都会遇到一些出乎意料的问题，解决它们要花费大量时间，甚至有些问题无法解决。

9.7　章节练习

1. 选择题

（1）【多选题】以下（　　　）是 GaussDB（for openGauss）的特性。

A. GaussDB（for openGauss）是一款开源数据库

B. GaussDB（for openGauss）是一款结构化数据库

C. GaussDB（for openGauss）是一款分布式数据库

D. GaussDB（for openGauss）是一款内存数据库

（2）【多选题】关于 OLTP 库和 OLAP 库的应用场景划分描述，正确的（　　　）。

A. OLTP 库对接客户交互，主要处理高并发短事务。

B. OLAP 库主要负责数据分析，主要处理批量作业。

C. OLAP 库分析结果输出给 OLTP 库交互。

D. OLTP 库实时数据归档到 OLAP 库统计分析。

（3）【多选题】以下（　　　）是 GaussDB（for MySQL）数据库产品的优势。

A. 超高性能

B. 高扩展性

C. 高可靠性

D. 高兼容性

E. 超低成本

（4）【多选题】云数据库 GaussDB（for MySQL）支持数据库实例的备份和恢复，以保证数据可靠性。其备份方式有（　　　）

A. 自动备份

B. 手动备份

A. 全量备份

C. 增量备份

（5）【单选题】GaussDB（for MySQL）是基于开源 MYSQL（　　　）版本开发的。

A. 5.5

B. 5.6

C. 5.7

D. 8.0

（6）【单选题】GaussDB（for MySQL）目前最大能支持（　　　）只读节点。

A. 10

B. 15

C. 16

D. 20

（7）【单选题】GaussDB（for MySQL）单实例扩容目前能支持的最大存储大小是（　　　）。

A. 100TB

B. 100PB

C. 128TB

D. 128PB

（8）【单选题】一家电子商务公司的业务使用 GaussDB（for openGauss）数据库。以下
（　　）不属于 GaussDB（for openGauss）数据库的产品优势。

A. 高性能

B. 高扩展

C. 易管理

D. 高可用

E. 高兼容性

（9）【单选题】以下（　　）组件负责接收来自应用的访问请求，并向客户端返回执行
结果。

A. GTM

B. WLM

C. CN

D. DN

（10）【多选题】GaussDB（for openGauss）基于创新性数据库内核，支持提供高性能的事
务实时处理能力，其高性能的特点主要体现在以下（　　）方面。

A. 分布式强一致

B. 鲲鹏 2 路服务器

C. 支持高吞吐强一致性事务能力

D. 兼容 SQL2003 标准语法

2. 判断题

（1）GaussDB（for MySQL）支持计算存储分离。（　　）

（2）在 GaussDB（for MySQL）数据库中存在 emp 表且表结构中有 emp_id 和 salary 两
列，如下 SQL 语句可以正常执行。（　　）

```
SELECT emp_id, AVG(salary)
FROM emp
WHERE AVG(salary) > 8000
GROUP BY emp_id;
```

（3）主备架构可以通过读写分离方式来提高整体的读写并发能力。（　　）

（4）GaussDB（for openGauss）是全球首款支持鲲鹏硬件架构的全自研企业级 OLAP 数
据库。（　　）